아이스크림 더 실전

차례

왜, 더 실전 일까요?

AI 데이터로 구성한 교재입니다.

『**더 실전**』은 누적 체험자 수 130만 명의 선택을 받은
아이스크림 홈런의 **학습 데이터를 기반**으로 만들었습니다.
AI가 추천한 문제들을 난이도별로 배열한 **단원 평가를 총 4회 구성**하여
실전 시험에 충분히 대비할 수 있도록 하였습니다.
또한 AI를 활용하여 정답률 낮은 문제를 선별하였으며 **'틀린 유형 다시 보기'**를 통해
정답률 낮은 문제를 이해하는 기초를 제공하고 반복하여 복습할 수 있도록 하여
빈틈없이 **실전을 준비**할 수 있도록 하였습니다.

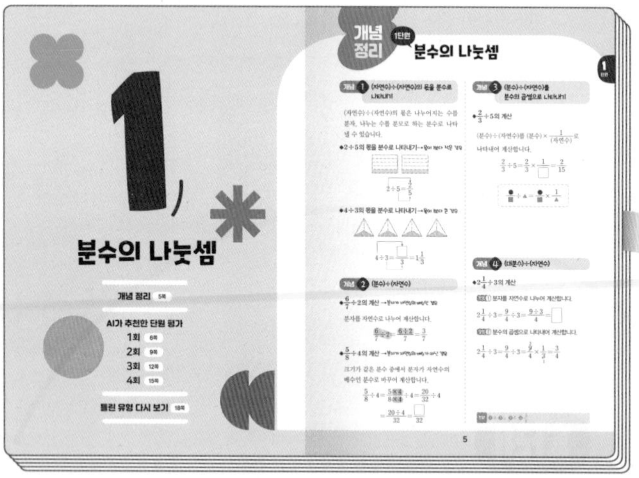

개념을 먼저
정리해요.

단원 평가 1회 ~ 4회로
실전 감각을 길러요.

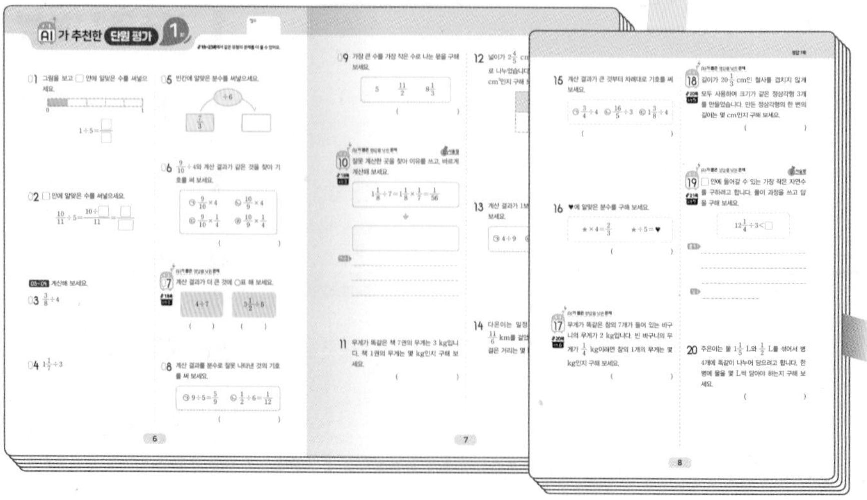

더 실전은 아래와 같은 상황에
더 필요하고 유용한 교재입니다.

☑ 내 실력을 알고 싶을 때

☑ 단원 평가에 대비할 때

☑ 학기를 마무리하는 시험에 대비할 때

☑ 시험에서 자주 틀리는 문제를 대비하고 싶을 때

『더 실전』이 적합합니다.

틀린 유형 다시 보기로
집중 학습을 해요.

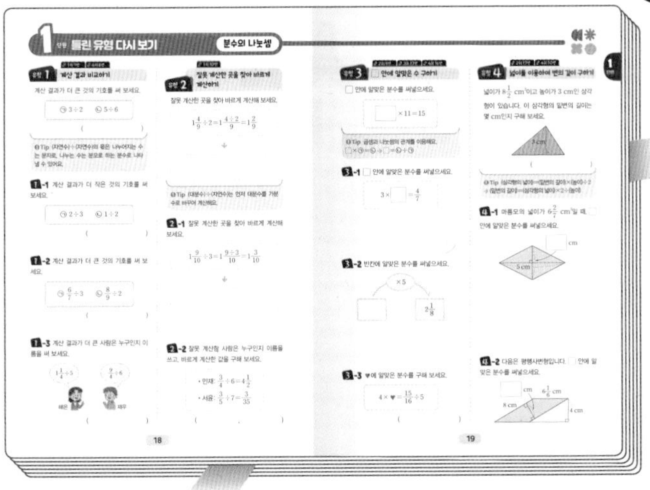

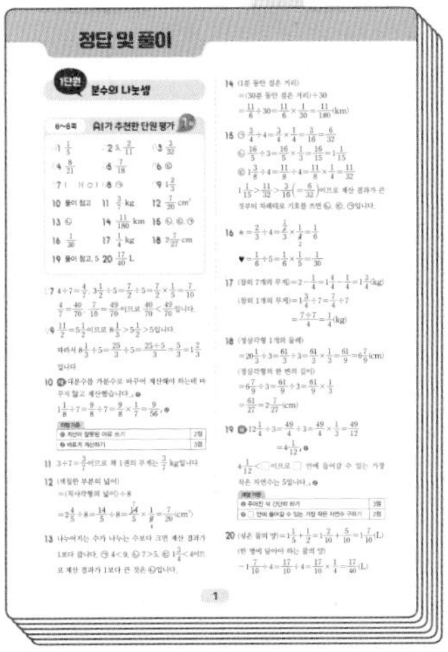

정답 및 풀이로
확인하고 점검해요.

1

분수의 나눗셈

개념 정리 1단원 분수의 나눗셈

개념 1 (자연수)÷(자연수)의 몫을 분수로 나타내기

(자연수)÷(자연수)의 몫은 나누어지는 수를 분자, 나누는 수를 분모로 하는 분수로 나타낼 수 있습니다.

◆2÷5의 몫을 분수로 나타내기 —• 몫이 1보다 작은 경우

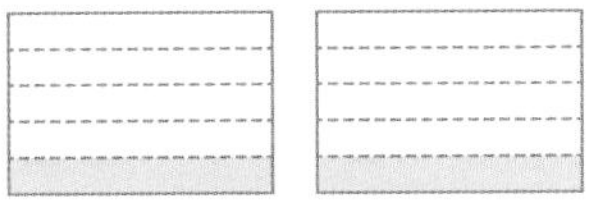

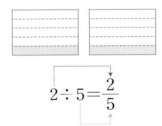

$$2 \div 5 = \frac{2}{5}$$

◆4÷3의 몫을 분수로 나타내기 —• 몫이 1보다 큰 경우

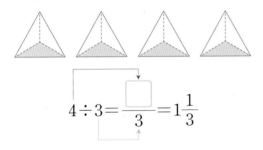

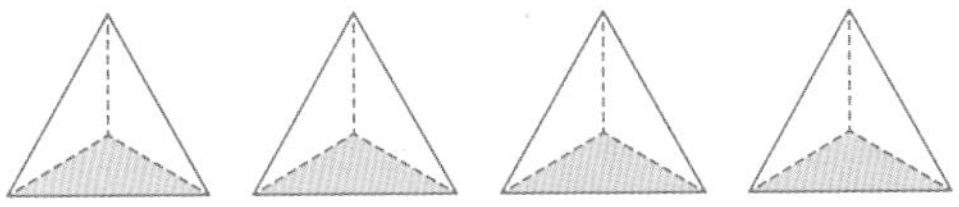

$$4 \div 3 = \frac{\square}{3} = 1\frac{1}{3}$$

개념 2 (분수)÷(자연수)

◆$\frac{6}{7}$÷2의 계산 —• 분자가 자연수의 배수인 경우

분자를 자연수로 나누어 계산합니다.

$$\frac{6}{7} \div 2 = \frac{6 \div 2}{7} = \frac{3}{7}$$

◆$\frac{5}{8}$÷4의 계산 —• 분자가 자연수의 배수가 아닌 경우

크기가 같은 분수 중에서 분자가 자연수의 배수인 분수로 바꾸어 계산합니다.

$$\frac{5}{8} \div 4 = \frac{5 \times 4}{8 \times 4} \div 4 = \frac{20}{32} \div 4$$

$$= \frac{20 \div 4}{32} = \frac{\square}{32}$$

개념 3 (분수)÷(자연수)를 분수의 곱셈으로 나타내기

◆$\frac{2}{3}$÷5의 계산

(분수)÷(자연수)를 (분수)$\times \frac{1}{(\text{자연수})}$로 나타내어 계산합니다.

$$\frac{2}{3} \div 5 = \frac{2}{3} \times \frac{1}{\square} = \frac{2}{15}$$

$$\frac{●}{■} \div ▲ = \frac{●}{■} \times \frac{1}{▲}$$

개념 4 (대분수)÷(자연수)

◆$2\frac{1}{4}$÷3의 계산

방법 1 분자를 자연수로 나누어 계산합니다.

$$2\frac{1}{4} \div 3 = \frac{9}{4} \div 3 = \frac{9 \div 3}{4} = \square$$

방법 2 분수의 곱셈으로 나타내어 계산합니다.

$$2\frac{1}{4} \div 3 = \frac{9}{4} \div 3 = \frac{\overset{3}{\cancel{9}}}{4} \times \frac{1}{\underset{1}{\cancel{3}}} = \frac{3}{4}$$

정답 ❶4 ❷5 ❸5 ❹$\frac{3}{4}$

점수

18~23쪽에서 같은 유형의 문제를 더 풀 수 있어요.

01 그림을 보고 □ 안에 알맞은 수를 써넣으세요.

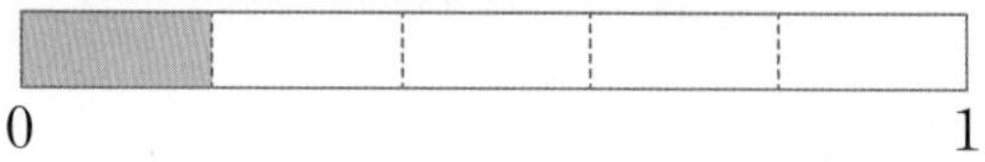

$$1 \div 5 = \frac{\square}{\square}$$

02 □ 안에 알맞은 수를 써넣으세요.

$$\frac{10}{11} \div 5 = \frac{10 \div \square}{11} = \frac{\square}{\square}$$

03~04 계산해 보세요.

03 $\frac{3}{8} \div 4$

04 $1\frac{1}{7} \div 3$

05 빈칸에 알맞은 분수를 써넣으세요.

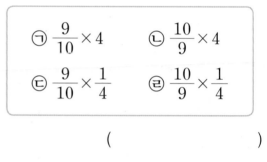

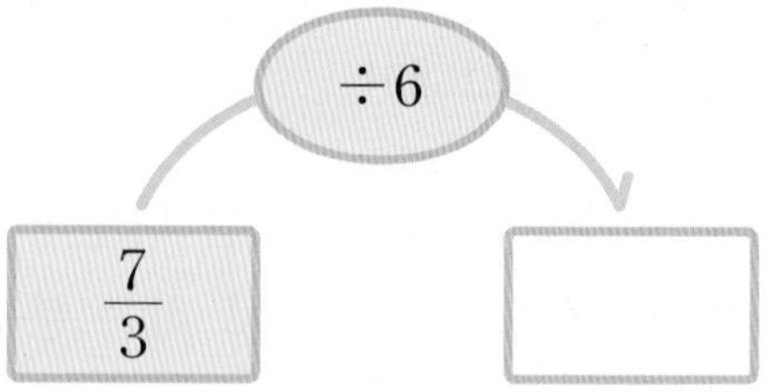

06 $\frac{9}{10} \div 4$와 계산 결과가 같은 것을 찾아 기호를 써 보세요.

㉠ $\frac{9}{10} \times 4$　　㉡ $\frac{10}{9} \times 4$

㉢ $\frac{9}{10} \times \frac{1}{4}$　　㉣ $\frac{10}{9} \times \frac{1}{4}$

(　　　　　　)

AI가 뽑은 정답률 낮은 문제

07 계산 결과가 더 큰 것에 ○표 해 보세요.

18쪽 유형 1

$4 \div 7$	$3\frac{1}{2} \div 5$
(　　)	(　　)

08 계산 결과를 분수로 잘못 나타낸 것의 기호를 써 보세요.

㉠ $9 \div 5 = \frac{5}{9}$　　㉡ $\frac{1}{2} \div 6 = \frac{1}{12}$

(　　　　　　)

09 가장 큰 수를 가장 작은 수로 나눈 몫을 구해 보세요.

5	$\frac{11}{2}$	$8\frac{1}{3}$

(　　　　　　　　)

AI가 뽑은 정답률 낮은 문제　　서술형

10 잘못 계산한 곳을 찾아 이유를 쓰고, 바르게 계산해 보세요.

18쪽 유형 2

$$1\frac{1}{8}\div 7=1\frac{1}{8}\times\frac{1}{7}=\frac{1}{56}$$

↓

이유

11 무게가 똑같은 책 7권의 무게는 3 kg입니다. 책 1권의 무게는 몇 kg인지 구해 보세요.

(　　　　　　　　)

12 넓이가 $2\frac{4}{5}$ cm^2인 직사각형을 똑같이 8로 나누었습니다. 색칠한 부분의 넓이는 몇 cm^2인지 구해 보세요.

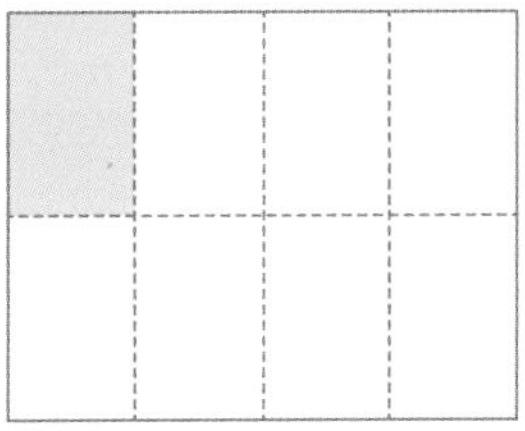

(　　　　　　　　)

13 계산 결과가 1보다 큰 것을 찾아 기호를 써 보세요.

㉠ $4\div 9$　　㉡ $7\div 5$　　㉢ $1\frac{3}{4}\div 4$

(　　　　　　　　)

14 다온이는 일정한 빠르기로 30분 동안 $\frac{11}{6}$ km를 걸었습니다. 다온이가 1분 동안 걸은 거리는 몇 km인지 구해 보세요.

(　　　　　　　　)

15 계산 결과가 큰 것부터 차례대로 기호를 써 보세요.

㉠ $\frac{3}{4}\div 4$ ㉡ $\frac{16}{5}\div 3$ ㉢ $1\frac{3}{8}\div 4$

( )

16 ♥에 알맞은 분수를 구해 보세요.

$★\times 4=\frac{2}{3}$ $★\div 5=♥$

( )

AI가 뽑은 정답률 낮은 문제

17 무게가 똑같은 참외 7개가 들어 있는 바구니의 무게가 2 kg입니다. 빈 바구니의 무게가 $\frac{1}{4}$ kg이라면 참외 1개의 무게는 몇 kg인지 구해 보세요.

20쪽 유형 6

( )

AI가 뽑은 정답률 낮은 문제

18 길이가 $20\frac{1}{3}$ cm인 철사를 겹치지 않게 모두 사용하여 크기가 같은 정삼각형 3개를 만들었습니다. 만든 정삼각형의 한 변의 길이는 몇 cm인지 구해 보세요.

20쪽 유형 5

( )

AI가 뽑은 정답률 낮은 문제 서술형

19 □ 안에 들어갈 수 있는 가장 작은 자연수를 구하려고 합니다. 풀이 과정을 쓰고 답을 구해 보세요.

21쪽 유형 7

$12\frac{1}{4}\div 3<$□

풀이

답

20 주은이는 물 $1\frac{1}{5}$ L와 $\frac{1}{2}$ L를 섞어서 병 4개에 똑같이 나누어 담으려고 합니다. 한 병에 물을 몇 L씩 담아야 하는지 구해 보세요.

( )

01 $\frac{5}{6} \div 4$를 그림에 빗금으로 나타내고 □ 안에 알맞은 수를 써넣으세요.

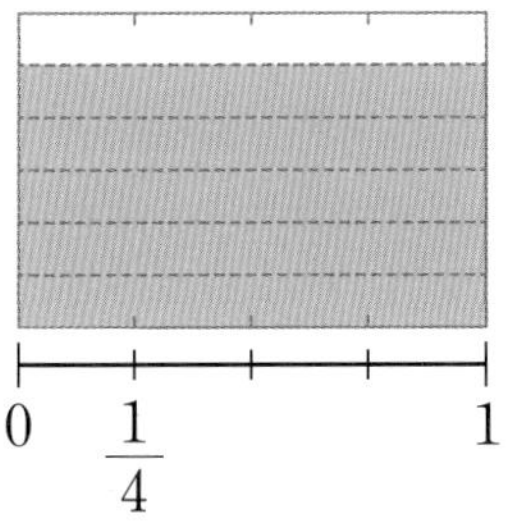

$\frac{5}{6} \div 4$의 몫은 $\frac{5}{6}$를 똑같이 4로 나눈 것 중의 하나이므로 $\frac{5}{6}$의 $\frac{1}{\square}$입니다.

$\frac{5}{6} \div 4$는 $\frac{5}{6} \times \frac{1}{\square}$로 나타낼 수 있으므로 $\frac{5}{6} \div 4 = \frac{5}{6} \times \frac{1}{\square} = \frac{\square}{\square}$ 입니다.

02 □ 안에 알맞은 수를 써넣으세요.

$$\frac{5}{14} \div 2 = \frac{\square}{28} \div 2 = \frac{\square \div 2}{28} = \frac{\square}{\square}$$

03 $1 \div 6$의 몫을 분수로 나타내어 보세요.

( )

04 계산해 보세요.

$\frac{5}{9} \div 4$

05 **보기**와 같은 방법으로 계산해 보세요.

보기

$1\frac{1}{4} \div 9 = \frac{5}{4} \div 9 = \frac{5}{4} \times \frac{1}{9} = \frac{5}{36}$

$2\frac{5}{7} \div 3$ ____________

06 빈칸에 알맞은 분수를 써넣으세요.

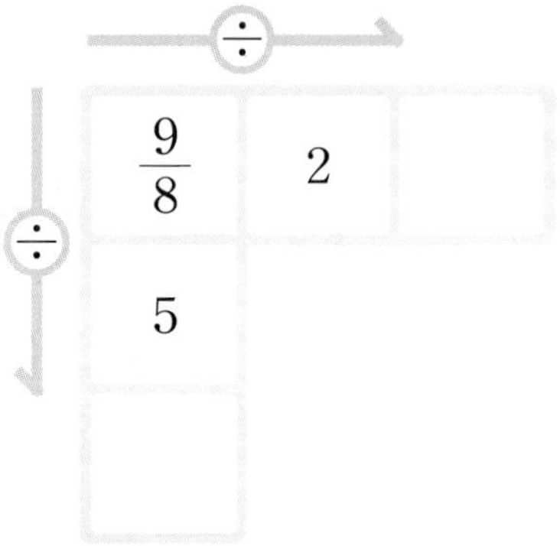

07 계산 결과가 다른 하나를 찾아 ○표 해 보세요.

$3 \div 10$	$\frac{3}{2} \div 5$	$\frac{6}{11} \div 2$
( )	( )	( )

08 계산 결과를 비교하여 ○ 안에 >, =, < 를 알맞게 써넣으세요.

$$\frac{1}{6} \div 4 \bigcirc \frac{3}{4} \div 8$$

AI가 뽑은 정답률 낮은 문제

09 □ 안에 알맞은 분수를 구해 보세요.

19쪽 유형 3

$$\square \times 5 = 2\frac{1}{6}$$

(　　　　　　　　)

10 길이가 5 m인 끈을 똑같이 9도막으로 잘랐습니다. 자른 끈 한 도막의 길이는 몇 m인지 구해 보세요.

(　　　　　　　　)

서술형

11 $2\frac{3}{7} \div 5$의 계산 결과는 $\frac{1}{35}$이 몇 개인 수인지 풀이 과정을 쓰고 답을 구해 보세요.

풀이

답

12 주스 $\frac{15}{14}$ L를 4명이 똑같이 나누어 마셨습니다. 한 명이 마신 주스는 몇 L인지 구해 보세요.

(　　　　　　　　)

AI가 뽑은 정답률 낮은 문제

13 넓이가 $33\frac{1}{3}$ cm^2이고 높이가 4 cm인 평행사변형이 있습니다. 이 평행사변형의 밑변의 길이는 몇 cm인지 구해 보세요.

19쪽 유형 4

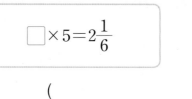

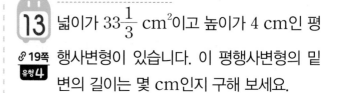

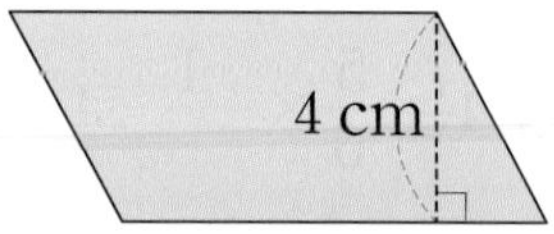

(　　　　　　　　)

14 계산 결과가 가장 작은 것을 찾아 기호를 써 보세요.

㉠ $3 \div 11$　㉡ $4\frac{2}{5} \div 3$　㉢ $4 \div 22$

(　　　　　　　　)

15 계산 결과가 진분수인 것을 찾아 기호를 써 보세요.

㉠ $3\frac{4}{5} \div 3$

㉡ $10\frac{1}{4} \div 11$

㉢ $8\frac{2}{3} \div 8$

( )

16 ㉠과 ㉡에 알맞은 분수의 합을 구해 보세요.

㉠ $= 6 \div 7$　　㉡ $=$ ㉠ $\div 8$

( )

17 정사각형과 정삼각형의 둘레가 같을 때 정삼각형의 한 변의 길이는 몇 m인지 구해 보세요.

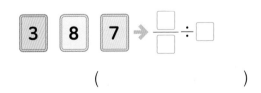

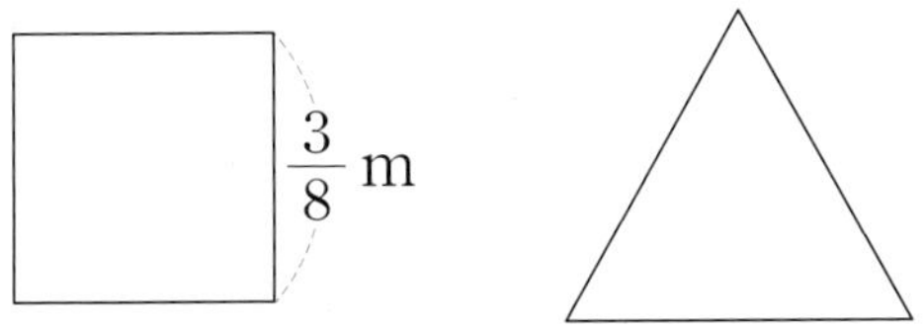

( )

AI가 뽑은 정답률 낮은 문제

18 20쪽 유형 6

무게가 똑같은 오이 5개가 놓여 있는 접시의 무게가 $1\frac{3}{8}$ kg입니다. 빈 접시의 무게가 $\frac{5}{8}$ kg이라면 오이 1개의 무게는 몇 kg인지 구해 보세요.

( )

AI가 뽑은 정답률 낮은 문제　서술형

19 21쪽 유형 8

어떤 수를 5로 나누어야 할 것을 잘못하여 어떤 수에 5를 곱했더니 $\frac{4}{5}$가 되었습니다. 바르게 계산한 값은 얼마인지 풀이 과정을 쓰고 답을 구해 보세요.

풀이

답

AI가 뽑은 정답률 낮은 문제

20 22쪽 유형 9

수 카드 3장을 모두 한 번씩 사용하여 다음과 같은 나눗셈식을 만들려고 합니다. 만든 나눗셈식의 계산 결과가 가장 클 때의 몫을 구해 보세요.

3　8　7 → $\frac{\square}{\square} \div \square$

( )

18~23쪽에서 같은 유형의 문제를 더 풀 수 있어요.

01 그림을 보고 □ 안에 알맞은 수를 써넣으세요.

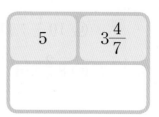

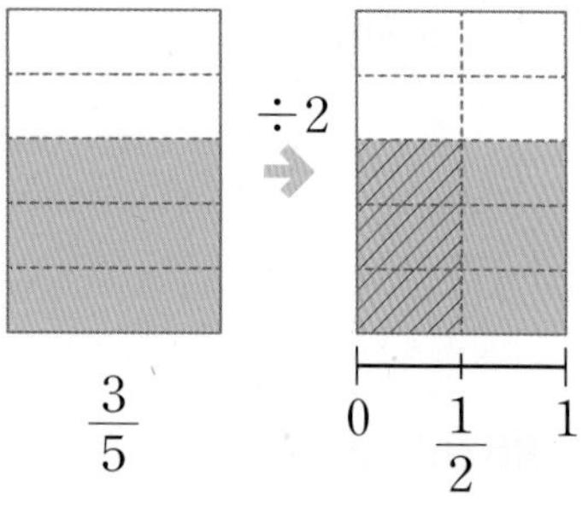

$$\frac{3}{5}\div 2=\frac{3}{5}\times\frac{1}{\square}=\frac{\square}{\square}$$

02~03 계산해 보세요.

02 $\frac{16}{5}\div 4$

03 $\frac{7}{8}\div 6$

04 ㉠+㉡+㉢+㉣의 값을 구해 보세요.

$$\frac{3}{8}\div 10=\frac{3}{8}\times\frac{㉡}{㉠}=\frac{㉣}{㉢}$$

(　　　　　　)

05 빈칸에 대분수를 자연수로 나눈 몫을 써넣으세요.

5	$3\frac{4}{7}$

06 계산 결과를 분수로 바르게 나타낸 것에 ○표 해 보세요.

$5\div 12=\frac{5}{12}$ (　　)　　$8\div 7=\frac{7}{8}$ (　　)

07 큰 수를 작은 수로 나눈 몫을 분수로 나타내어 보세요.

6　　25

(　　　　　　)

08 가장 작은 수를 가장 큰 수로 나눈 몫을 구해 보세요.

$\frac{7}{9}$　　3　　$\frac{5}{18}$

(　　　　　　)

09 관계있는 것끼리 선으로 이어 보세요.

$1\frac{1}{2}\div 5$	$\frac{11}{30}$
$7\div 4$	$1\frac{3}{4}$
$2\frac{1}{5}\div 6$	$\frac{3}{10}$

10 계산 결과가 $\frac{1}{2}$보다 큰 것의 기호를 써 보세요.

㉠ $\frac{10}{9}\div 5$　㉡ $\frac{15}{4}\div 5$

(　　　　　　　　)

11 쌀 2봉지를 사서 7일 동안 똑같이 나누어 먹었습니다. 하루에 먹은 쌀은 몇 봉지인지 분수로 나타내어 보세요.

(　　　　　　　　)

12 소금물 $\frac{7}{10}$ L를 비커 6개에 똑같이 나누어 담았습니다. 비커 한 개에 담은 소금물은 몇 L인지 구해 보세요.

(　　　　　　　　)

AI가 뽑은 정답률 낮은 문제

13 어떤 수에 3을 곱했더니 $3\frac{5}{7}$가 되었습니다. 어떤 수는 얼마인지 구해 보세요.

19쪽 유형 3

(　　　　　　　　)

서술형

14 계산 결과가 큰 것부터 차례대로 기호를 쓰려고 합니다. 풀이 과정을 쓰고 답을 구해 보세요.

㉠ $\frac{11}{6}\div 4$　㉡ $\frac{22}{3}\div 5$　㉢ $\frac{36}{5}\div 6$

풀이

답

15 삼각형의 밑변을 3등분했습니다. 색칠한 부분의 넓이는 몇 cm^2인지 구해 보세요.

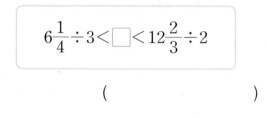

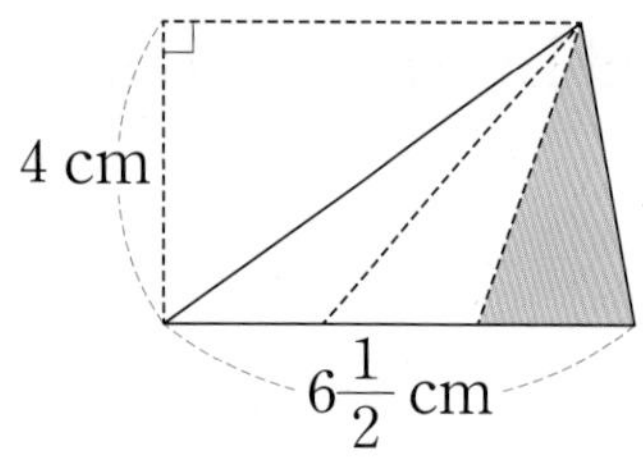

(　　　　　　　　　)

AI가 뽑은 정답률 낮은 문제

16 둘레가 $6\frac{2}{5}$ cm인 정오각형이 있습니다. 이 정오각형과 한 변의 길이가 같은 정육각형의 둘레는 몇 cm인지 구해 보세요.

20쪽 유형 5

(　　　　　　　　　)

서술형

17 10분 동안 일정한 빠르기로 $12\frac{2}{5}$ km를 달리는 자동차가 있습니다. 이 자동차가 같은 빠르기로 7분 동안 달리는 거리는 몇 km인지 풀이 과정을 쓰고 답을 구해 보세요.

풀이

답

AI가 뽑은 정답률 낮은 문제

18 □ 안에 들어갈 수 있는 자연수는 모두 몇 개인지 구해 보세요.

21쪽 유형 7

$$6\frac{1}{4} \div 3 < \square < 12\frac{2}{3} \div 2$$

(　　　　　　　　　)

AI가 뽑은 정답률 낮은 문제

19 계산 결과가 가장 작은 자연수가 되도록 ▲에 알맞은 자연수를 구해 보세요.

22쪽 유형 10

$$4\frac{1}{8} \div 66 \times ▲$$

(　　　　　　　　　)

AI가 뽑은 정답률 낮은 문제

20 길이가 $\frac{7}{10}$ km인 직선 도로의 양쪽에 일정한 간격으로 표지판을 18개 세우려고 합니다. 도로의 처음과 끝에도 표지판을 세운다면 표지판 사이의 간격을 몇 km로 해야 하는지 구해 보세요. (단, 표지판의 두께는 생각하지 않습니다.)

23쪽 유형 11

(　　　　　　　　　)

점수

18~23쪽에서 같은 유형의 문제를 더 풀 수 있어요.

01 □ 안에 알맞은 수를 써넣으세요.

$$\frac{3}{4} \div 7 = \frac{3}{4} \times \frac{1}{\square} = \frac{\square}{\square}$$

02 나눗셈의 몫을 분수로 나타내어 보세요.

$2 \div 9$

(　　　　　　　)

03~04 계산해 보세요.

03 $\frac{5}{6} \div 9$

04 $\frac{13}{10} \div 7$

05 작은 수를 큰 수로 나눈 몫을 구해 보세요.

$\frac{49}{8}$　　9

(　　　　　　　)

06 $3\frac{6}{7} \div 3$을 바르게 계산한 것의 기호를 써 보세요.

㉠ $3\frac{6}{7} \div 3 = 3\frac{6 \div 3}{7} = 3\frac{2}{7}$

㉡ $3\frac{6}{7} \div 3 = \frac{27}{7} \div 3 = \frac{27 \div 3}{7}$
$= \frac{9}{7} = 1\frac{2}{7}$

(　　　　　　　)

07 ㉠과 ㉡의 합을 구해 보세요.

• $\frac{5}{18} \div 4 = \frac{5}{18} \times \frac{1}{㉠}$

• $3\frac{1}{2} \div 9 = \frac{7}{2} \times \frac{1}{㉡}$

(　　　　　　　)

AI가 뽑은 정답률 낮은 문제

08 계산 결과가 더 큰 것의 기호를 써 보세요.

18쪽 유형 1

㉠ $3\frac{2}{7} \div 4$　　㉡ $1\frac{1}{4} \div 2$

(　　　　　　　)

09 ㉠－㉡의 값을 구해 보세요.

㉠ $3\frac{1}{2} \div 4$　　㉡ $1\frac{1}{8} \div 3$

(　　　　　　　　)

AI가 뽑은 정답률 낮은 문제

10 넓이가 25 cm^2이고 세로가 8 cm인 직사각형이 있습니다. 이 직사각형의 가로는 몇 cm인지 분수로 나타내어 보세요.

19쪽 유형4

(　　　　　　　　)

서술형

11 가장 작은 수를 8로 나눈 몫은 얼마인지 풀이 과정을 쓰고 답을 구해 보세요.

$4\frac{1}{3}$　　$2\frac{5}{6}$　　$3\frac{3}{5}$

풀이

답

12 무게가 똑같은 구슬 8개의 무게는 $\frac{96}{5}$ g입니다. 구슬 1개의 무게는 몇 g인지 구해 보세요.

(　　　　　　　　)

13 계산 결과가 1보다 작은 것은 어느 것인가요? (　　)

① $6 \div 5$　　② $9 \div 7$

③ $4\frac{9}{10} \div 3$　　④ $6\frac{2}{3} \div 8$

⑤ $7\frac{2}{9} \div 5$

14 은우는 빨간색 끈을 $5\frac{5}{9}$ cm, 파란색 끈을 4 cm 가지고 있습니다. 은우가 가지고 있는 빨간색 끈의 길이는 파란색 끈의 길이의 몇 배인지 구해 보세요.

(　　　　　　　　)

15 ㉮는 ㉯의 몇 배인지 구해 보세요.

㉮ $2\frac{5}{11} \div 5$　　㉯ 6

(　　　　　　　　)

AI가 뽑은 정답률 낮은 문제

16 ★에 알맞은 분수를 구해 보세요.

19쪽 유형 3

$7 \times ★ = 2 \div 13$

(　　　　　　　　)

서술형

17 '19÷4'에 알맞은 문제를 만들고, 답을 구해 보세요.

문제 ▶ ______________________

____

____

답 ▶ ______________

18 가◆나=가÷나×4일 때, 다음을 계산해 보세요.

$3\frac{5}{6}$ ◆ 9

(　　　　　　　　)

AI가 뽑은 정답률 낮은 문제

19 수 카드 3장을 모두 한 번씩 사용하여 계산 결과가 가장 큰 (대분수)÷(자연수)를 만들고 계산해 보세요.

22쪽 유형 9

3　5　4

$\square\frac{\square}{\square} \div 7 = \frac{\square}{\square}$

AI가 뽑은 정답률 낮은 문제

20 3일에 $\frac{9}{2}$분씩 일정한 빠르기로 빨라지는 시계가 있습니다. 어느 날 오후 2시에 이 시계를 정확히 맞추어 놓았다면 다음 날 오후 2시에 이 시계가 가리키는 시각은 오후 몇 시 몇 분 몇 초인지 구해 보세요.

23쪽 유형 12

(　　　　　　　　)

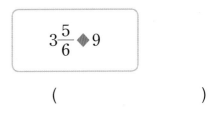

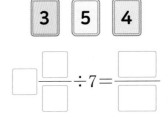

1 단원 틀린 유형 다시 보기

1회 7번 4회 8번

유형 1 계산 결과 비교하기

계산 결과가 더 큰 것의 기호를 써 보세요.

㉠ $3 \div 2$　　㉡ $5 \div 6$

(　　　　　　　　)

Tip (자연수)÷(자연수)의 몫은 나누어지는 수는 분자로, 나누는 수는 분모로 하는 분수로 나타낼 수 있어요.

1-1 계산 결과가 더 작은 것의 기호를 써 보세요.

㉠ $2 \div 3$　　㉡ $1 : 2$

(　　　　　　　　)

1-2 계산 결과가 더 큰 것의 기호를 써 보세요.

㉠ $\frac{6}{7} \div 3$　　㉡ $\frac{8}{9} \div 2$

(　　　　　　　　)

1-3 계산 결과가 더 큰 사람은 누구인지 이름을 써 보세요.

(　　　　　　　　)

1회 10번

유형 2 잘못 계산한 곳을 찾아 바르게 계산하기

잘못 계산한 곳을 찾아 바르게 계산해 보세요.

$$1\frac{4}{9} \div 2 = 1\frac{4 \div 2}{9} = 1\frac{2}{9}$$

↓

Tip (대분수)÷(자연수)는 먼저 대분수를 가분수로 바꾸어 계산해요.

2-1 잘못 계산한 곳을 찾아 바르게 계산해 보세요.

$$1\frac{9}{10} \div 3 = 1\frac{9 \div 3}{10} = 1\frac{3}{10}$$

↓

2-2 잘못 계산한 사람은 누구인지 이름을 쓰고, 바르게 계산한 값을 구해 보세요.

- 민재: $\frac{3}{4} \div 6 = 4\frac{1}{2}$
- 서윤: $\frac{3}{5} \div 7 = \frac{3}{35}$

(　　　　　,　　　　　)

2회 9번 | 3회 13번 | 4회 16번

유형 3 □ 안에 알맞은 수 구하기

□ 안에 알맞은 분수를 써넣으세요.

$$\square \times 11 = 15$$

Tip 곱셈과 나눗셈의 관계를 이용해요.
□×㉠=㉡ → □=㉡÷㉠

3-1 □ 안에 알맞은 분수를 써넣으세요.

$$3 \times \square = \frac{4}{7}$$

3-2 빈칸에 알맞은 분수를 써넣으세요.

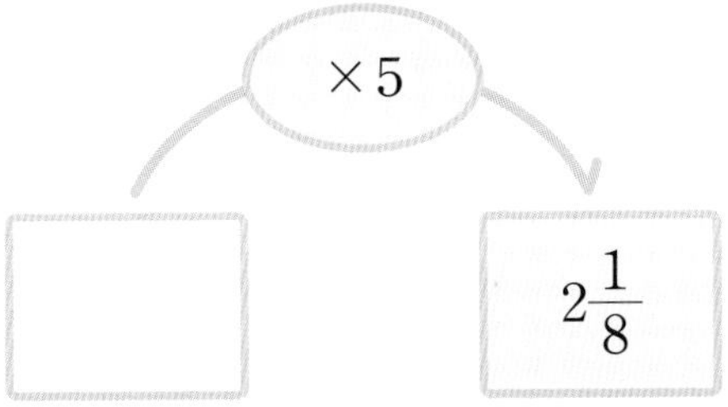

3-3 ♥에 알맞은 분수를 구해 보세요.

$$4 \times ♥ = \frac{15}{16} \div 5$$

(　　　　　　　　)

2회 13번 | 4회 10번

유형 4 넓이를 이용하여 변의 길이 구하기

넓이가 $8\frac{1}{2}$ cm²이고 높이가 3 cm인 삼각형이 있습니다. 이 삼각형의 밑변의 길이는 몇 cm인지 구해 보세요.

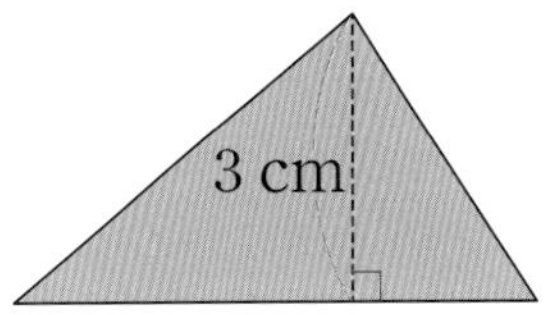

(　　　　　　　　)

Tip (삼각형의 넓이)=(밑변의 길이)×(높이)÷2
→ (밑변의 길이)=(삼각형의 넓이)×2÷(높이)

4-1 마름모의 넓이가 $6\frac{2}{7}$ cm²일 때, □ 안에 알맞은 분수를 써넣으세요.

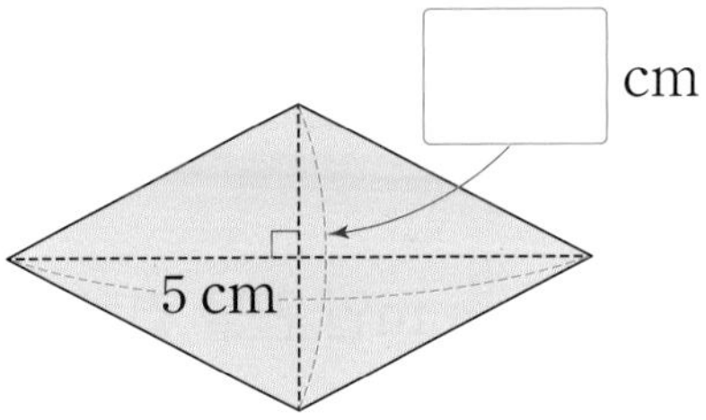

4-2 다음은 평행사변형입니다. □ 안에 알맞은 분수를 써넣으세요.

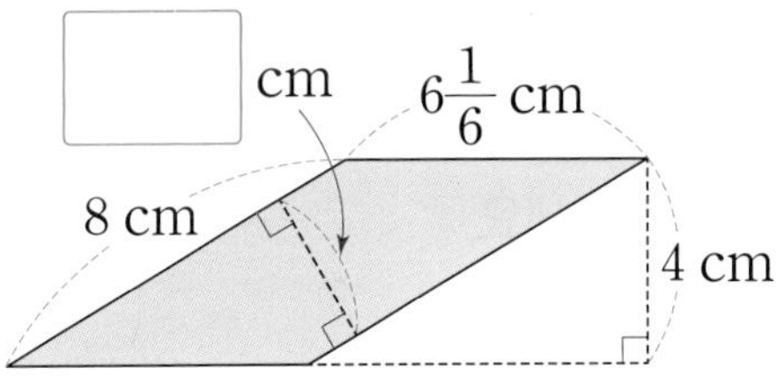

1회 18번 3회 16번

유형 5 정다각형의 한 변의 길이 구하기

둘레가 17 cm인 정육각형이 있습니다. 이 정육각형의 한 변의 길이는 몇 cm인지 분수로 나타내어 보세요.

(　　　　　　　　)

Tip 정육각형은 6개의 변의 길이가 같아요.
(정육각형의 한 변의 길이)
=(정육각형의 둘레)÷(변의 수)

5-1 둘레가 $\frac{5}{9}$ m인 정팔각형이 있습니다. 이 정팔각형의 한 변의 길이는 몇 m인지 구해 보세요.

(　　　　　　　　)

5-2 길이가 $\frac{6}{7}$ m인 끈을 겹치지 않게 모두 사용하여 정사각형 1개를 만들었습니다. 만든 정사각형의 한 변의 길이는 몇 m인지 구해 보세요.

(　　　　　　　　)

5-3 길이가 $1\frac{2}{5}$ m인 끈을 겹치지 않게 모두 사용하여 크기가 같은 정오각형 3개를 만들었습니다. 만든 정오각형의 한 변의 길이는 몇 m인지 구해 보세요.

(　　　　　　　　)

1회 17번 2회 18번

유형 6 물건의 무게 구하기

무게가 똑같은 사과 6개가 들어 있는 바구니의 무게가 3 kg입니다. 빈 바구니의 무게가 $\frac{1}{5}$ kg이라면 사과 1개의 무게는 몇 kg인지 구해 보세요.

(　　　　　　　　)

Tip 사과 6개의 무게를 구한 다음 사과 1개의 무게를 구해요.

6-1 무게가 똑같은 호박 5개가 들어 있는 바구니의 무게가 $4\frac{1}{2}$ kg입니다. 빈 바구니의 무게가 $\frac{1}{4}$ kg이라면 호박 1개의 무게는 몇 kg인지 구해 보세요.

(　　　　　　　　)

6-2 무게가 똑같은 귤 7개가 놓여 있는 접시의 무게가 $1\frac{34}{35}$ kg입니다. 빈 접시의 무게가 $\frac{4}{7}$ kg이라면 귤 3개의 무게는 몇 kg인지 구해 보세요.

(　　　　　　　　)

1회 19번 3회 18번

유형 7 □ 안에 들어갈 수 있는 자연수 구하기

□ 안에 들어갈 수 있는 가장 작은 자연수를 구해 보세요.

$$\frac{16}{9} \div 4 < \frac{\square}{9}$$

(　　　　　　　　)

Tip $\frac{16}{9} \div 4$를 먼저 계산한 다음 □ 안에 들어갈 수 있는 자연수를 생각해요.

7-1 □ 안에 들어갈 수 있는 가장 큰 자연수를 구해 보세요.

$$\square < 10\frac{3}{8} \div 3$$

(　　　　　　　　)

7-2 □ 안에 들어갈 수 있는 자연수는 모두 몇 개인지 구해 보세요.

$$5 \div 8 < \square < \frac{51}{4} \div 3$$

(　　　　　　　　)

7-3 □ 안에 들어갈 수 있는 자연수는 모두 몇 개인지 구해 보세요.

$$\frac{\square}{10} < 2\frac{2}{5} \div 4$$

(　　　　　　　　)

2회 19번

유형 8 바르게 계산한 값 구하기

어떤 수를 6으로 나누어야 할 것을 잘못하여 어떤 수에 6을 곱했더니 $\frac{11}{5}$이 되었습니다. 바르게 계산한 값을 구해 보세요.

(　　　　　　　　)

Tip 어떤 수를 □라고 하고 잘못 계산한 식을 만든 다음 어떤 수를 먼저 구해요.

8-1 어떤 수를 4로 나누어야 할 것을 잘못하여 어떤 수에 4를 곱했더니 $3\frac{2}{9}$가 되었습니다. 바르게 계산한 값을 구해 보세요.

(　　　　　　　　)

8-2 어떤 수를 9로 나누어야 할 것을 잘못하여 어떤 수를 8로 나누었더니 $\frac{5}{7}$가 되었습니다. 바르게 계산한 값을 구해 보세요.

(　　　　　　　　)

8-3 어떤 수를 6으로 나눈 후 3을 곱해야 할 것을 잘못하여 어떤 수에 6을 곱한 후 3으로 나누었더니 $3\frac{7}{10}$이 되었습니다. 바르게 계산한 값을 구해 보세요.

(　　　　　　　　)

2회 20번 4회 19번

유형 9 수 카드로 나눗셈식 만들기

수 카드 3장을 모두 한 번씩 사용하여 다음과 같은 나눗셈식을 만들려고 합니다. 만든 나눗셈식의 계산 결과가 가장 작을 때의 몫을 구해 보세요.

5 7 4 → $\frac{\square}{\square} \div \square$

( )

Tip 계산 결과가 가장 작은 나눗셈식을 만들려면 계산 결과의 분모가 커지도록 식을 만들어야 해요.

9-1 수 카드 3장을 모두 한 번씩 사용하여 다음과 같은 나눗셈식을 만들려고 합니다. 만든 나눗셈식의 계산 결과가 가장 클 때의 몫을 구해 보세요.

9 4 5 → $\frac{\square}{\square} \div \square$

( )

9-2 수 카드 4장 중 2장을 골라 한 번씩 사용하여 다음과 같은 나눗셈식을 만들려고 합니다. 만든 나눗셈식의 계산 결과가 가장 클 때의 몫을 구해 보세요.

6 5 7 3 → $2\frac{4}{5} \div \square \times \square$

( )

3회 19번

유형 10 계산 결과가 가장 작은 자연수가 되도록 알맞은 수 구하기

계산 결과가 가장 작은 자연수가 되도록 ★에 알맞은 자연수를 구해 보세요.

$2\frac{2}{7} \div 8 \times$ ★

( )

Tip $2\frac{2}{7} \div 8$을 먼저 계산하고, 그 계산 결과와 ★의 곱이 가장 작은 자연수가 되도록 ★에 알맞은 자연수를 구해요.

10-1 계산 결과가 가장 작은 자연수가 되도록 ◆에 알맞은 자연수를 구해 보세요.

$1\frac{2}{9} \div 22 \times$ ◆

( )

10-2 계산 결과가 가장 작은 자연수가 되도록 ♥에 알맞은 자연수를 구해 보세요.

$1\frac{4}{11} \times$ ♥ $\div 15$

( )

3회 20번

유형 11 일정한 간격 구하기

길이가 $10\frac{4}{5}$ km인 직선 도로의 한쪽에 일정한 간격으로 나무를 10그루 심으려고 합니다. 도로의 처음과 끝에도 나무를 심는다면 나무 사이의 간격을 몇 km로 해야 하는지 구해 보세요. (단, 나무의 두께는 생각하지 않습니다.)

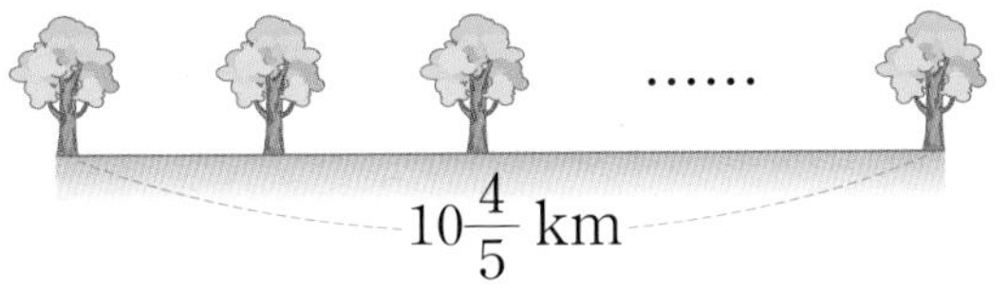

(　　　　　　　　　　)

Tip 직선 도로의 한쪽에 처음과 끝에도 나무를 심을 때 나무 사이의 간격 수는 (나무의 수)$-$1예요.

11-1 길이가 $12\frac{1}{2}$ km인 직선 도로의 양쪽에 일정한 간격으로 가로등을 42개 설치하려고 합니다. 도로의 처음과 끝에도 가로등을 설치한다면 가로등 사이의 간격을 몇 km로 해야 하는지 구해 보세요. (단, 가로등의 두께는 생각하지 않습니다.)

(　　　　　　　　　　)

11-2 둘레가 $2\frac{6}{7}$ km인 원 모양의 호수 둘레에 일정한 간격으로 나무를 7그루 심으려고 합니다. 나무 사이의 간격을 몇 km로 해야 하는지 구해 보세요. (단, 나무의 두께는 생각하지 않습니다.)

(　　　　　　　　　　)

4회 20번

유형 12 빨라지거나 느려지는 시계가 가리키는 시각 구하기

3일에 10분씩 일정한 빠르기로 빨라지는 시계가 있습니다. 어느 날 오전 8시에 이 시계를 정확히 맞추어 놓았다면 다음 날 오전 8시에 이 시계가 가리키는 시각은 오전 몇 시 몇 분 몇 초인지 구해 보세요.

(　　　　　　　　　　)

Tip 먼저 하루에 몇 분 몇 초 빨라지는지 구해요.

12-1 태준이네 집에는 5일에 $8\frac{1}{2}$분씩 일정한 빠르기로 빨라지는 시계가 있습니다. 태준이가 어느 날 오후 3시에 이 시계를 정확히 맞추어 놓았다면 다음 날 오후 3시에 이 시계가 가리키는 시각은 오후 몇 시 몇 분 몇 초인지 구해 보세요.

(　　　　　　　　　　)

12-2 슬아네 집에는 4일에 $9\frac{1}{3}$분씩 일정한 빠르기로 느려지는 시계가 있습니다. 슬아가 어느 날 오전 11시에 이 시계를 정확히 맞추어 놓았다면 다음 날 오전 11시에 이 시계가 가리키는 시각은 오전 몇 시 몇 분 몇 초인지 구해 보세요.

(　　　　　　　　　　)

2

각기둥과 각뿔

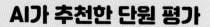

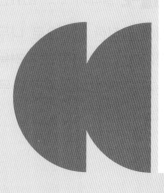

개념 정리 2단원 각기둥과 각뿔

개념 1 각기둥

◆ 각기둥

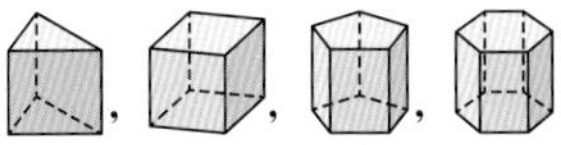 등과 같이 두 면이 서로 평행하고 합동인 다각형으로 이루어진 입체도형을 각기둥이라고 합니다.

◆ 각기둥의 밑면과 옆면

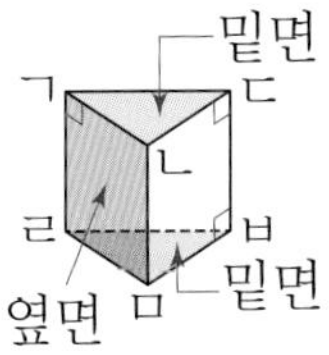

- 밑면: 면 ㄱㄴㄷ과 면 ㄹㅁㅂ과 같이 서로 평행하고 합동이며, 나머지 면들과 모두 수직으로 만나는 두 면
- 옆면: 면 ㄱㄹㅁㄴ, 면 ㄴㅁㅂㄷ, 면 ㄷㅂㄹㄱ과 같이 두 밑면과 만나는 면

◆ 각기둥의 이름

각기둥		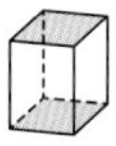	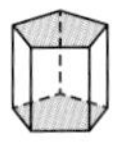
밑면	삼각형	사각형	☐
이름	삼각기둥	사각기둥	오각기둥

◆ 각기둥의 구성 요소

- 모서리: 면과 면이 만나는 선분
- 꼭짓점: 모서리와 모서리가 만나는 점
- 높이: 두 밑면 사이의 거리

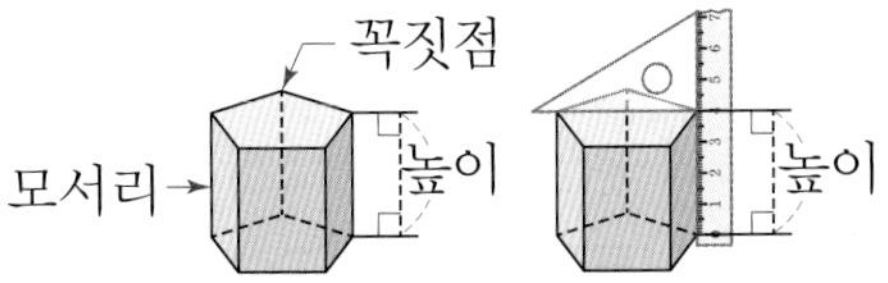

◆ 각기둥의 전개도

각기둥의 모서리를 잘라서 평면 위에 펼쳐 놓은 그림을 각기둥의 전개도라고 합니다.

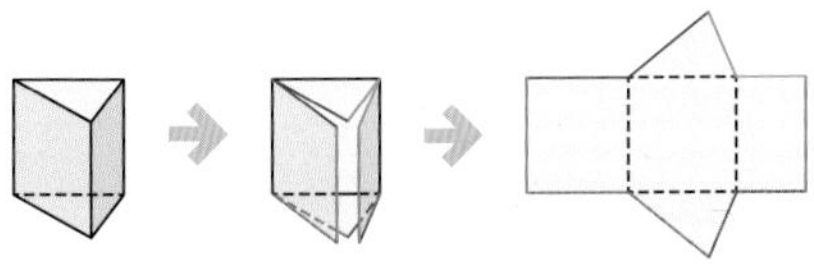

개념 2 각뿔

◆ 각뿔

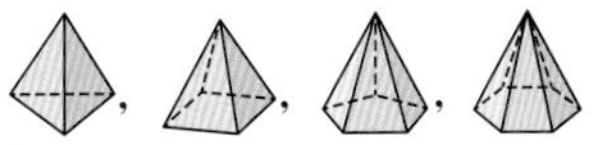 등과 같이 밑에 놓인 면이 다각형이고 옆으로 둘러싼 면이 모두 삼각형인 입체도형을 각뿔이라고 합니다.

◆ 각뿔의 밑면과 옆면

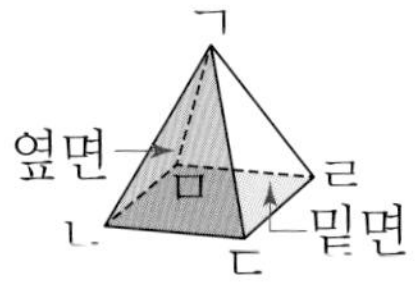

- 밑면: 면 ㄴㄷㄹㅁ과 같은 면
- 옆면: 면 ㄱㄴㄷ, 면 ㄱㄷ☐, 면 ㄱㄹㅁ, 면 ㄱㅁㄴ과 같이 밑면과 만나는 면

◆ 각뿔의 이름

각뿔	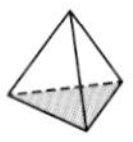		
밑면	삼각형	사각형	오각형
이름	삼각뿔	사각뿔	오각뿔

◆ 각뿔의 구성 요소

- 모서리: 면과 면이 만나는 선분
- 꼭짓점: 모서리와 모서리가 만나는 점
- 각뿔의 꼭짓점: 꼭짓점 중에서도 옆면이 모두 만나는 점
- 높이: 각뿔의 꼭짓점에서 밑면에 수직인 선분의 길이

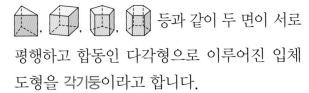

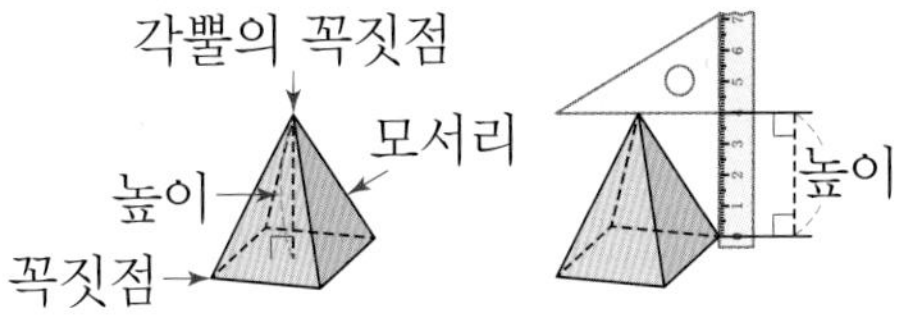

정답 ❶ 오각형 ❷ ㄹ

점수

38~43쪽에서 같은 유형의 문제를 더 풀 수 있어요.

01~02 입체도형을 보고 물음에 답해 보세요.

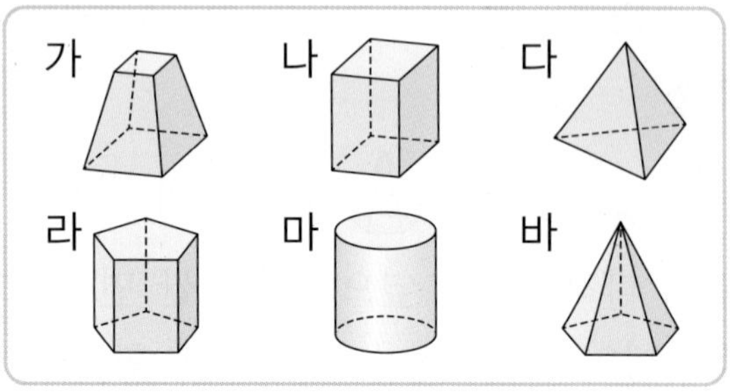

01 각기둥을 모두 찾아 써 보세요.

(　　　　　　　　　　)

02 각뿔을 모두 찾아 써 보세요.

(　　　　　　　　　　)

03 각기둥을 보고 ☐ 안에 알맞은 말을 써넣으세요.

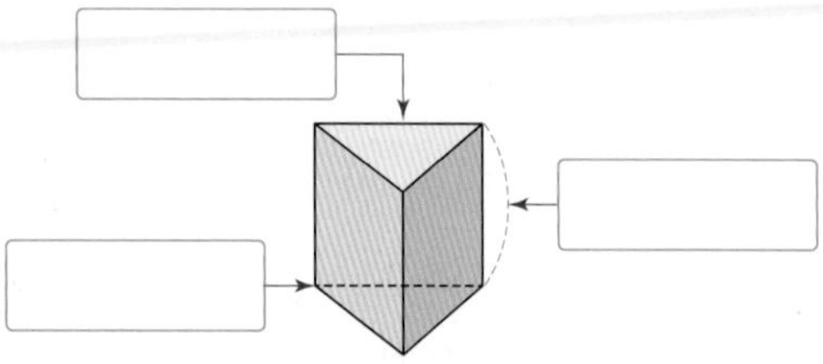

04 각기둥의 이름을 써 보세요.

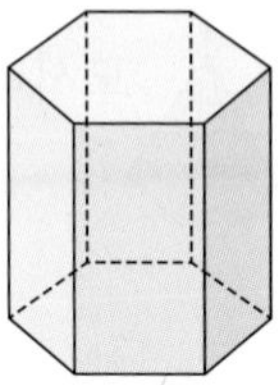

(　　　　　　　　　　)

05~06 각뿔을 보고 물음에 답해 보세요.

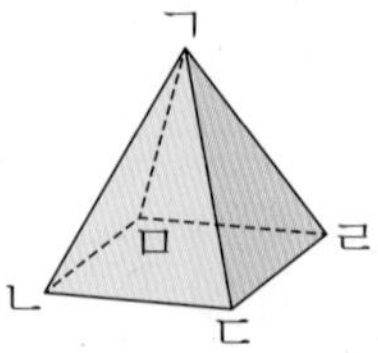

05 각뿔의 이름을 써 보세요.

(　　　　　　　　　　)

06 각뿔에서 각뿔의 꼭짓점을 찾아 써 보세요.

(　　　　　　　　　　)

07 ☐ 안에 알맞은 말을 써넣으세요.

각기둥의 모서리를 잘라서 평면 위에 펼쳐 놓은 그림을 각기둥의 ☐(이)라고 합니다.

08 각기둥의 겨냥도를 바르게 그린 사람은 누구인지 이름을 써 보세요.

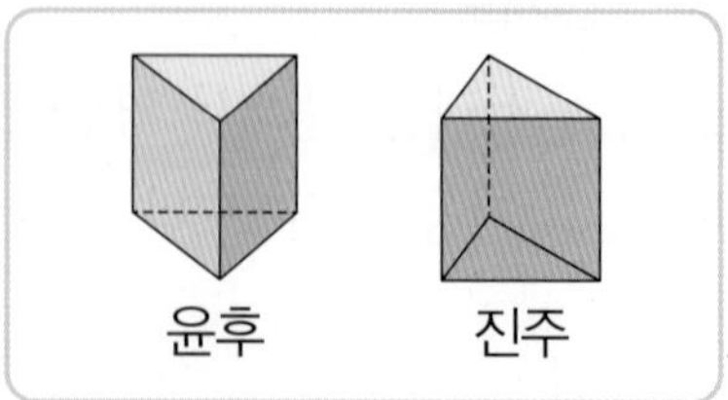

(　　　　　　　　　　)

09 각뿔의 옆면은 몇 개인지 구해 보세요.

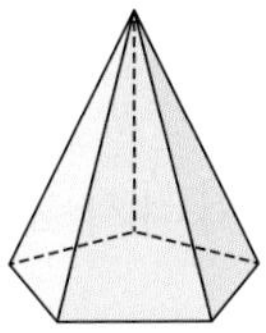

(   )

10 빈칸에 알맞은 수를 써넣으세요.

입체 도형	꼭짓점의 수(개)	면의 수(개)	모서리의 수(개)
삼각뿔			

AI가 뽑은 정답률 낮은 문제 · 서술형

11 다음 입체도형이 각기둥이 아닌 이유를 써 보세요.

38쪽 유형 2

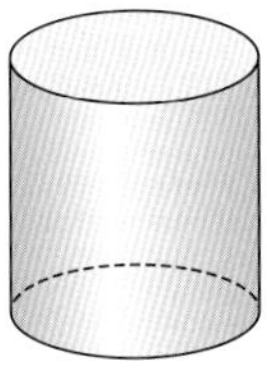

이유 ▶

____

____

____

12~13 전개도를 보고 물음에 답해 보세요.

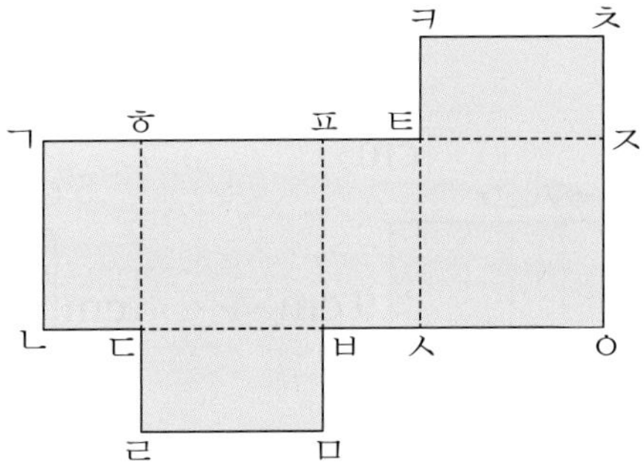

12 전개도를 접었을 때 면 ㄷㄹㅁㅂ과 만나는 면은 모두 몇 개인지 구해 보세요.

(   )

AI가 뽑은 정답률 낮은 문제

13 전개도를 접었을 때 선분 ㄱㄴ과 맞닿는 선분을 찾아 써 보세요.

39쪽 유형 4

(   )

14 각기둥에 대해 잘못 설명한 것은 어느 것인가요? (   )

① 밑면은 2개입니다.
② 밑면과 옆면은 서로 평행합니다.
③ 옆면은 모두 직사각형입니다.
④ 밑면의 모양은 다각형입니다.
⑤ 두 밑면은 서로 평행하고 합동입니다.

15 전개도를 접어서 각기둥을 만들었습니다. □ 안에 알맞은 수를 써넣으세요.

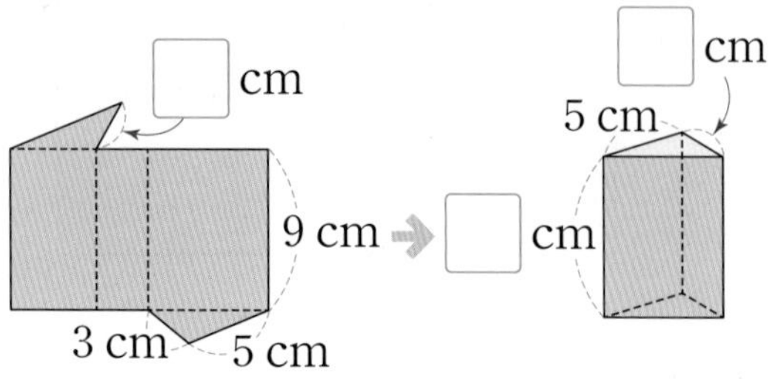

16 육각기둥의 전개도를 완성해 보세요.

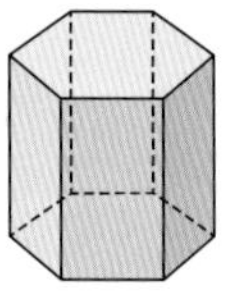

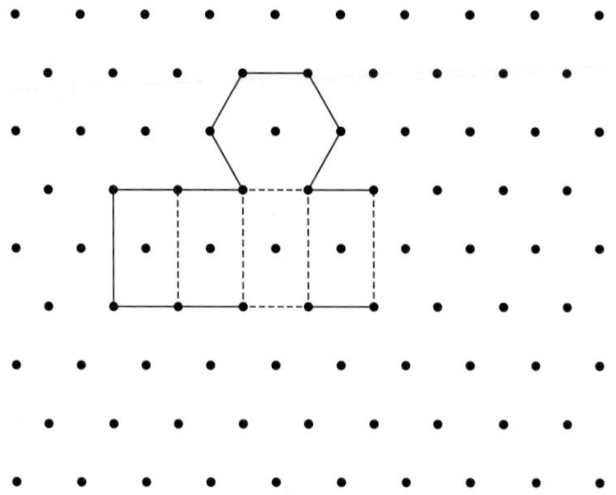

AI가 뽑은 정답률 낮은 문제

17 각기둥과 각뿔에 대해 잘못 설명한 것을 찾아 기호를 써 보세요.

39쪽 유형 3

㉠ 오각기둥과 오각뿔은 옆면의 수가 같습니다.
㉡ 각기둥은 밑면이 2개, 각뿔은 밑면이 1개입니다.
㉢ 삼각뿔의 모서리의 수는 사각기둥의 꼭짓점의 수보다 많습니다.

( )

AI가 뽑은 정답률 낮은 문제 서술형

18 다음 입체도형의 이름은 무엇인지 풀이 과정을 쓰고 답을 구해 보세요.

41쪽 유형 8

모서리가 24개인 각기둥

풀이

답

19 다음과 같은 정삼각형 4개로만 이루어진 입체도형의 이름을 써 보세요.

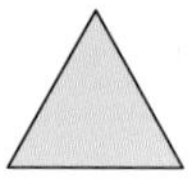

( )

AI가 뽑은 정답률 낮은 문제

20 밑면의 모양이 정오각형인 각기둥의 모든 모서리의 길이의 합은 몇 cm인지 구해 보세요.

43쪽 유형 11

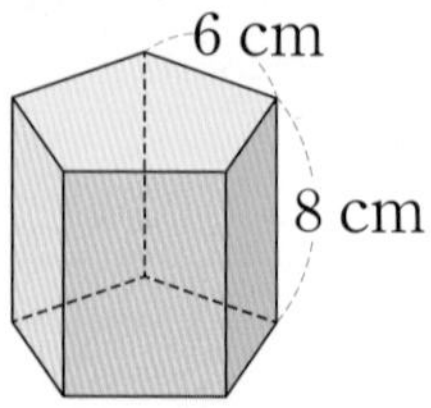

( )

01 각기둥을 모두 고르세요. ( )

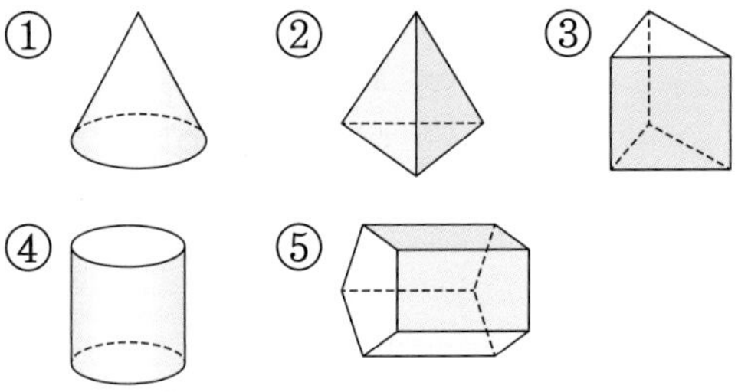

02~03 도형을 보고 물음에 답해 보세요.

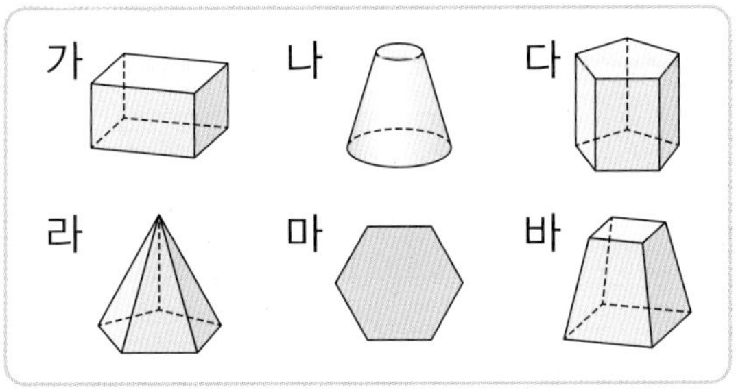

02 각뿔을 찾아 써 보세요.

( )

03 02에서 찾은 각뿔의 이름을 써 보세요.

( )

04 밑면의 모양이 다음과 같은 각기둥의 이름을 써 보세요.

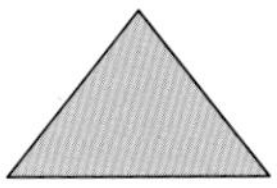

( )

05 **보기**에서 알맞은 말을 골라 □ 안에 써넣으세요.

> **보기**
> 모서리 각뿔의 꼭짓점 높이
> 밑면 옆면

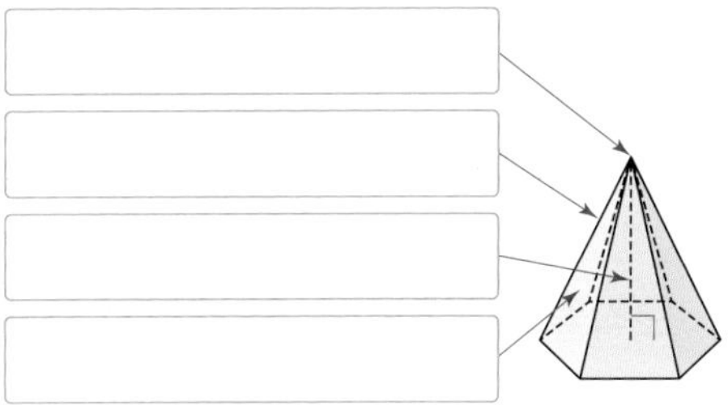

06 전개도를 접었을 때 만들어지는 입체도형의 이름을 써 보세요.

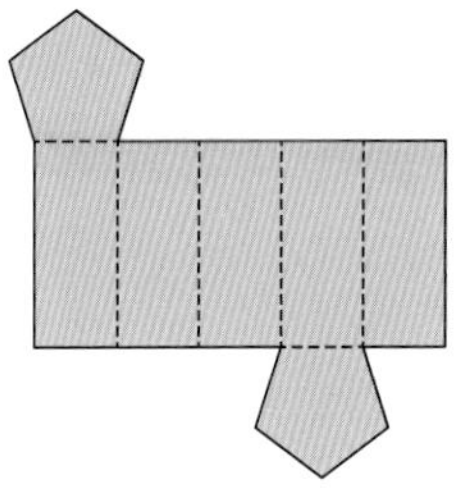

( )

AI가 뽑은 정답률 낮은 문제

07 각기둥의 높이는 몇 cm인지 구해 보세요.

38쪽 유형 1

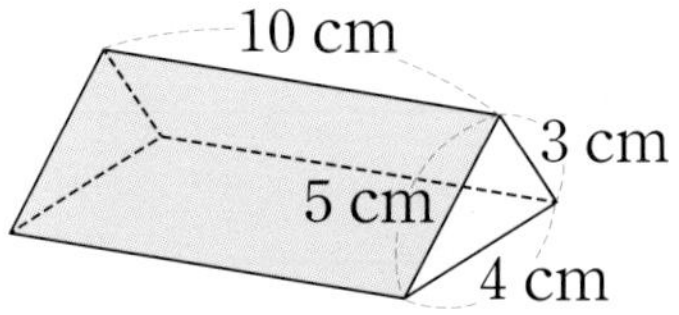

( )

08 각뿔을 보고 밑면을 찾아 써 보세요.

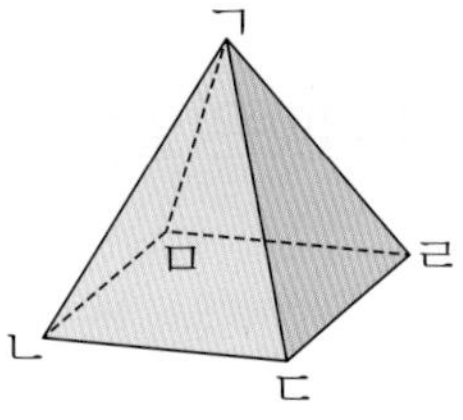

(　　　　　　　　)

09 오각뿔의 꼭짓점은 몇 개인지 구해 보세요.

(　　　　　　　　)

서술형

10 각기둥의 옆면의 수와 밑면의 수의 차는 몇 개인지 풀이 과정을 쓰고 답을 구해 보세요.

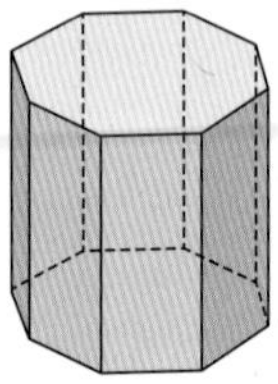

풀이

답

AI가 뽑은 정답률 낮은 문제

11 구각기둥과 구각뿔에서 같은 것을 찾아 기호를 써 보세요.

39쪽 유형 3

㉠ 밑면의 수
㉡ 옆면의 수
㉢ 옆면의 모양

(　　　　　　　　)

12 각기둥의 옆면만 그린 전개도의 일부분입니다. 이 각기둥의 밑면의 모양은 어떤 도형인지 써 보세요.

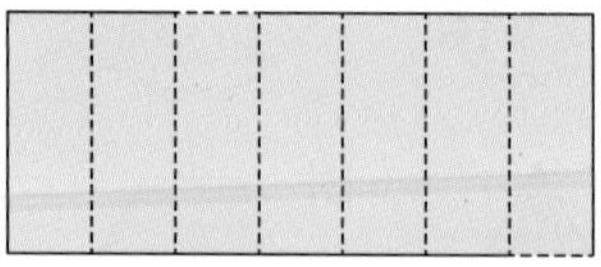

(　　　　　　　　)

13~14 전개도를 보고 물음에 답해 보세요.

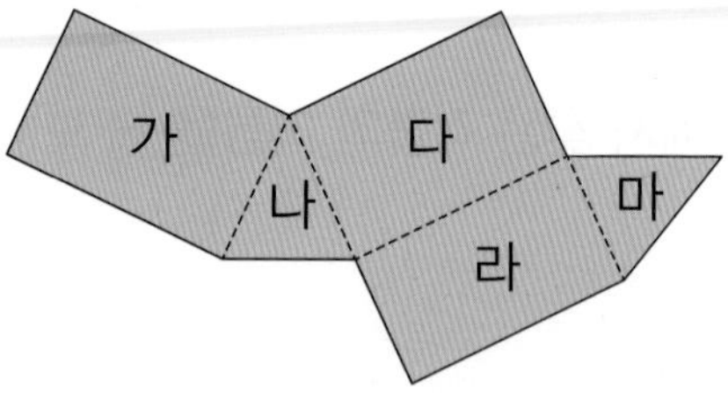

13 전개도를 접었을 때 면 나와 평행한 면을 찾아 써 보세요.

(　　　　　　　　)

14 전개도를 접었을 때 만들어지는 각기둥의 꼭짓점은 몇 개인지 구해 보세요.

(　　　　　　　　)

15 사각기둥을 만들 수 없는 것을 찾아 써 보세요.

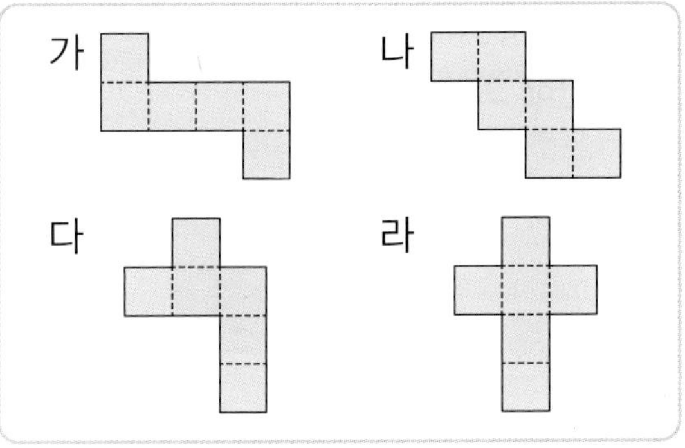

( )

AI가 뽑은 정답률 낮은 문제

16 개수가 가장 많은 것을 찾아 기호를 써 보세요.

41쪽 유형 7

㉠ 육각뿔의 모서리의 수
㉡ 오각기둥의 모서리의 수
㉢ 칠각기둥의 면의 수

( )

AI가 뽑은 정답률 낮은 문제

17 오른쪽 도형을 밑면으로 하고 높이가 4 cm인 사각기둥의 전개도를 그려 보세요.

40쪽 유형 5

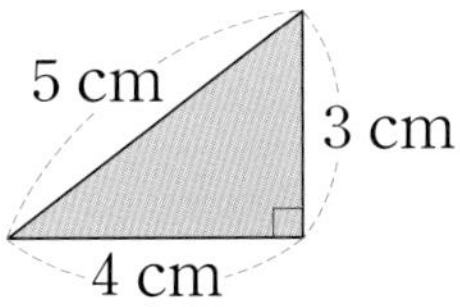

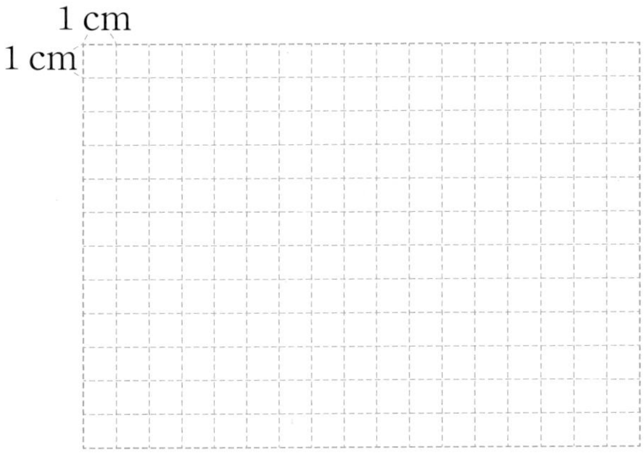

18 옆면이 오른쪽과 같은 직사각형 6개로 이루어진 각기둥의 면은 몇 개인지 구해 보세요.

( )

AI가 뽑은 정답률 낮은 문제

19 설명하는 입체도형의 이름을 써 보세요.

42쪽 유형 10

- 밑면은 다각형으로 1개이고 옆면은 모두 삼각형입니다.
- 모서리는 20개입니다.

( )

서술형

20 꼭짓점이 18개인 각기둥의 면은 몇 개인지 풀이 과정을 쓰고 답을 구해 보세요.

풀이

답

점수

38~43쪽에서 같은 유형의 문제를 더 풀 수 있어요.

01 각기둥과 각뿔을 각각 모두 찾아 써 보세요.

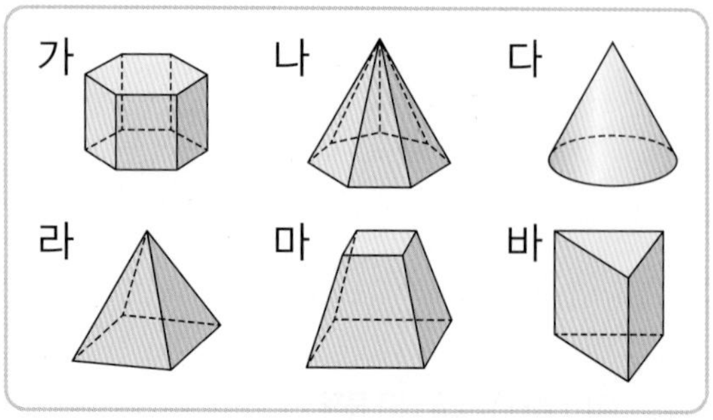

각기둥	각뿔

02 각기둥에서 서로 평행한 두 면을 찾아 색칠해 보세요.

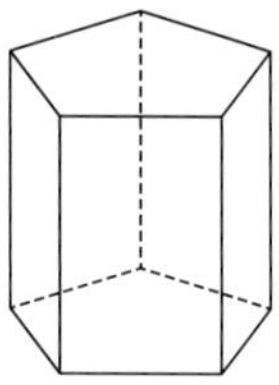

03 오른쪽 각뿔의 이름을 써 보세요.

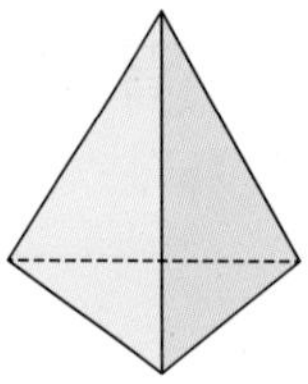

( )

04 오른쪽 각뿔의 밑면과 옆면은 각각 어떤 도형인지 써 보세요.

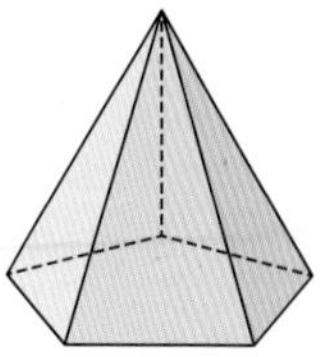

밑면 ( )

옆면 ( )

05 각기둥에서 밑면에 수직인 면은 몇 개인지 구해 보세요.

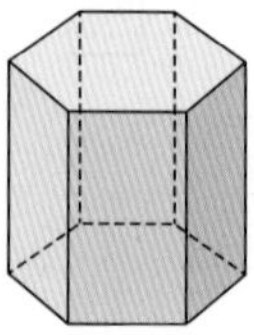

( )

06 각뿔의 높이를 바르게 잰 것의 기호를 써 보세요.

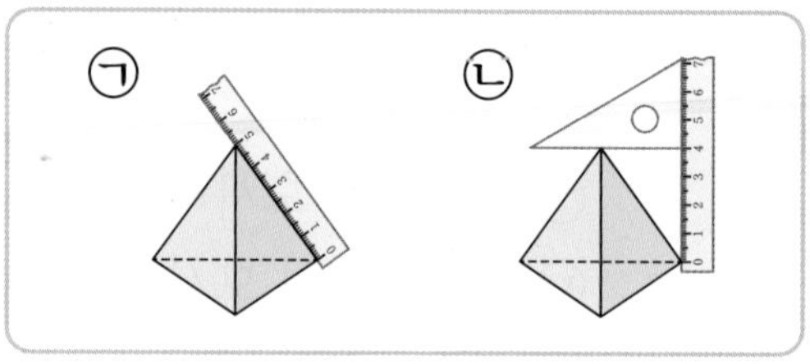

( )

07 각뿔의 면은 몇 개인지 구해 보세요.

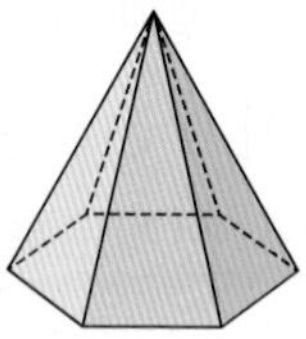

( )

08 각기둥의 겨냥도를 완성해 보세요.

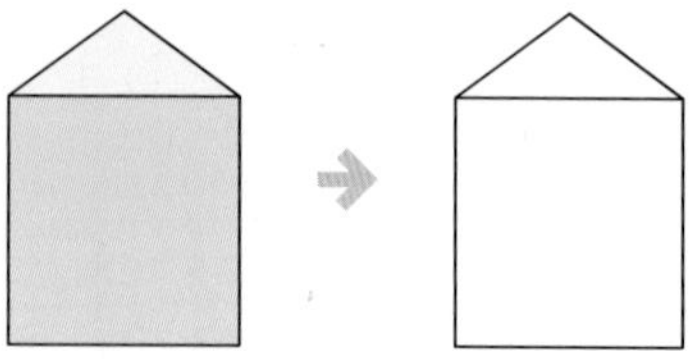

09 각기둥에서 높이가 될 수 있는 모서리는 몇 개인지 구해 보세요.

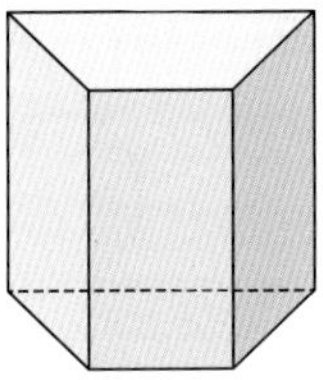

(　　　　　　　　　　)

서술형

10 각기둥의 전개도를 잘못 그린 것입니다. 잘못 그린 이유를 써 보세요.

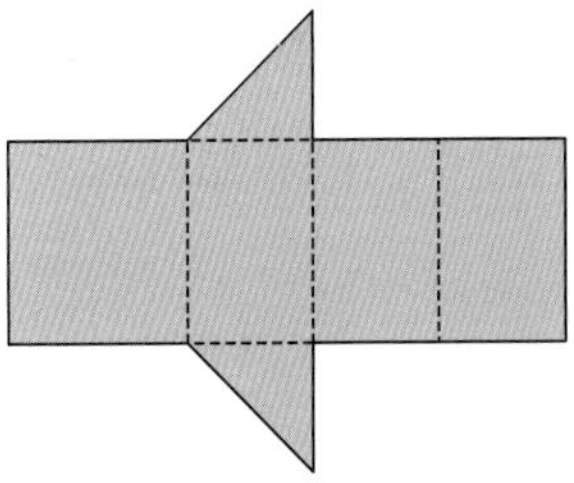

이유 ▶

AI가 뽑은 정답률 낮은 문제

11 각기둥의 높이와 각뿔의 높이의 합은 몇 cm인지 구해 보세요.

38쪽 유형 1

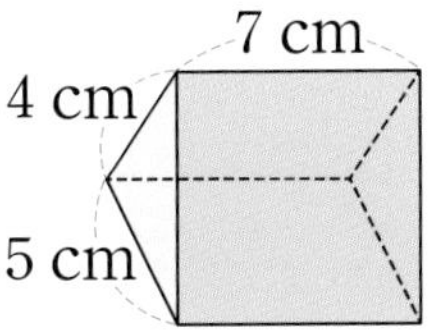

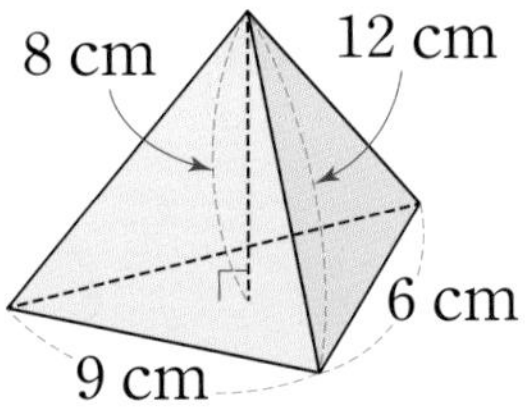

(　　　　　　　　　　)

12 전개도를 접었을 때 점 ㄱ과 만나는 점을 모두 찾아 써 보세요.

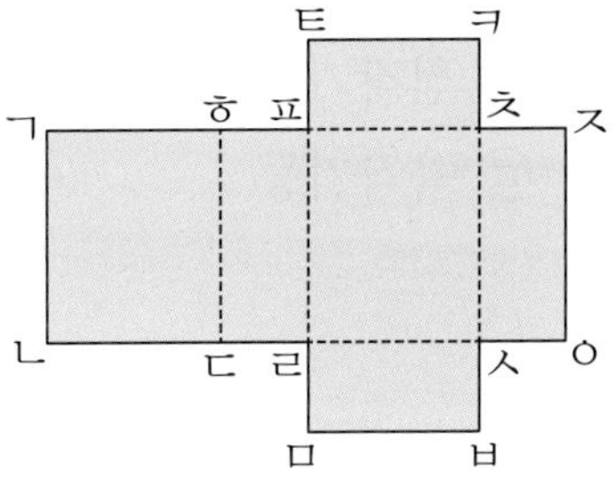

(　　　　　　　　　　)

13 전개도를 접어서 각기둥을 만들었습니다. □ 안에 알맞은 수를 써넣으세요.

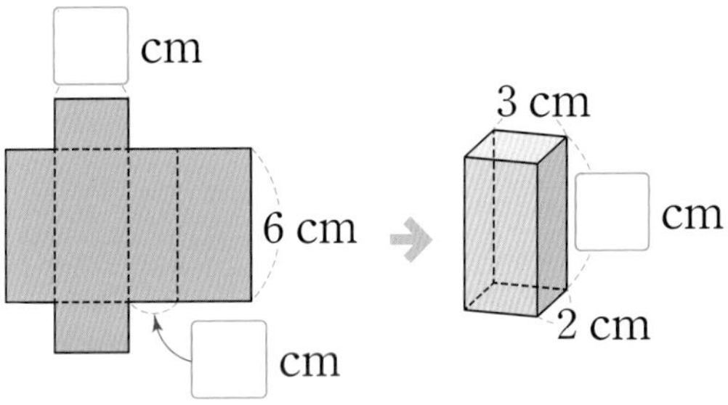

AI가 뽑은 정답률 낮은 문제

14 어떤 입체도형의 밑면과 옆면의 모양입니다. 이 입체도형의 이름을 써 보세요.

40쪽 유형 6

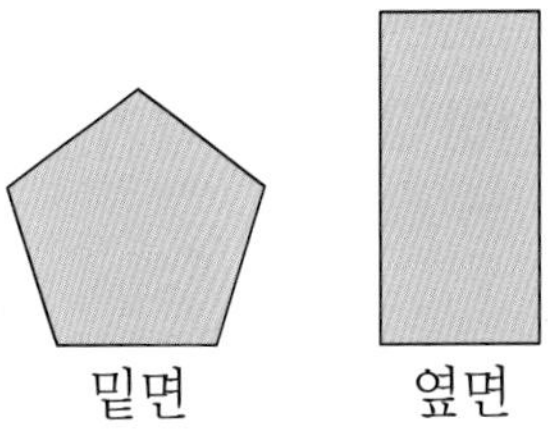

(　　　　　　　　　　)

AI가 뽑은 정답률 낮은 문제

15 모서리의 수가 많은 것부터 차례대로 기호를 써 보세요.

41쪽 유형 7

㉠ 삼각기둥 ㉡ 오각뿔
㉢ 육각기둥 ㉣ 팔각뿔

( )

서술형

16 칠각뿔에서 다음 식의 결과는 얼마인지 풀이 과정을 쓰고 답을 구해 보세요.

(꼭짓점의 수)+(면의 수)−(모서리의 수)

풀이

답

AI가 뽑은 정답률 낮은 문제

17 꼭짓점이 22개인 각기둥의 이름을 써 보세요.

41쪽 유형 8

( )

18 전개도를 접었을 때 만들어지는 각기둥의 면의 수와 모서리의 수의 합은 몇 개인지 구해 보세요.

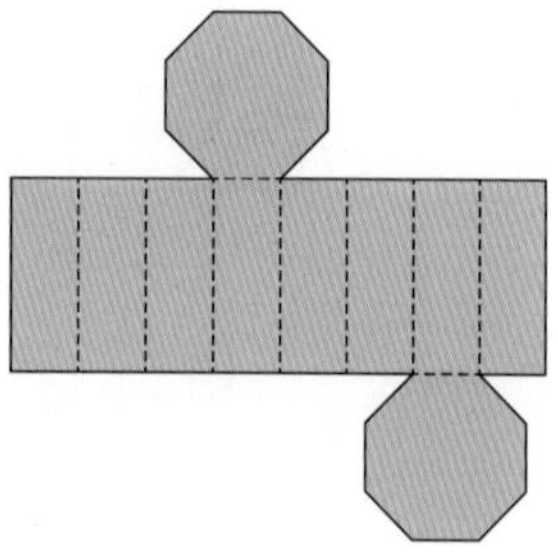

( )

AI가 뽑은 정답률 낮은 문제

19 삼각기둥의 전개도에서 선분 ㄹㅇ의 길이는 몇 cm인지 구해 보세요.

42쪽 유형 9

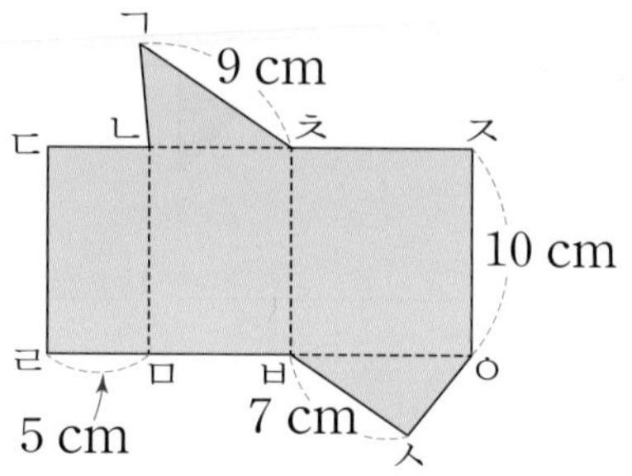

( )

AI가 뽑은 정답률 낮은 문제

20 밑면의 모양이 정육각형인 각기둥의 전개도입니다. 모든 옆면의 넓이의 합은 몇 cm^2인지 구해 보세요.

43쪽 유형 12

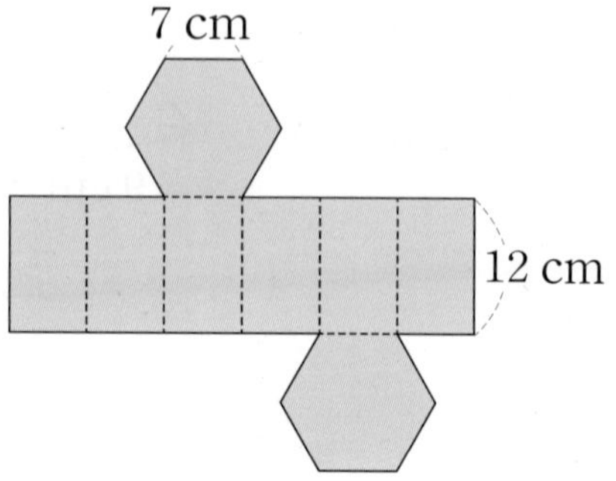

( )

38~43쪽에서 같은 유형의 문제를 더 풀 수 있어요.

01 다음과 같은 입체도형을 무엇이라고 하는지 써 보세요.

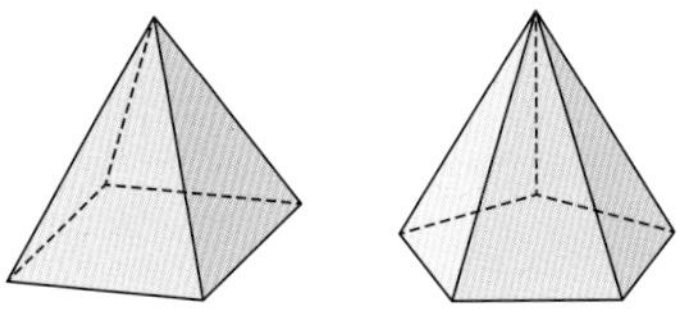

( )

02 각기둥이 아닌 것을 찾아 써 보세요.

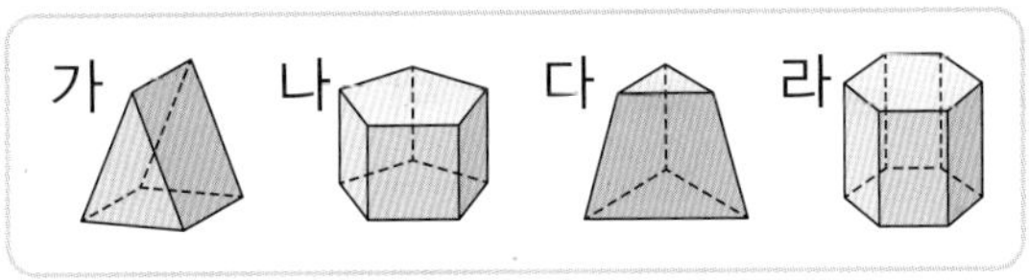

( )

03 각기둥에서 각 부분의 이름을 잘못 나타낸 것은 어느 것인가요? ( )

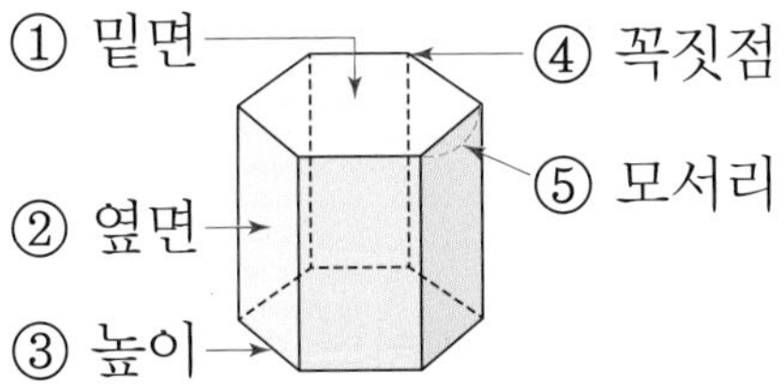

04 빈칸에 알맞은 말을 써넣으세요.

밑면의 모양	삼각형	사각형	오각형
각기둥의 이름			

05 오른쪽 각뿔의 밑면과 옆면은 각각 몇 개인지 구해 보세요.

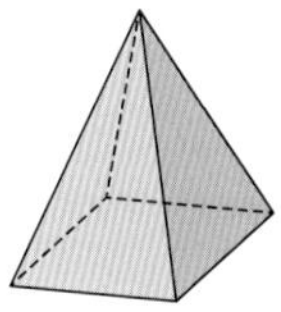

밑면 ( )
옆면 ( )

06 밑면의 모양이 오른쪽과 같은 각뿔의 이름을 써 보세요.

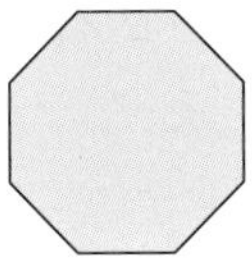

( )

07 오른쪽 각기둥에서 색칠한 면이 밑면일 때 다른 밑면은 어느 것인가요? ( )

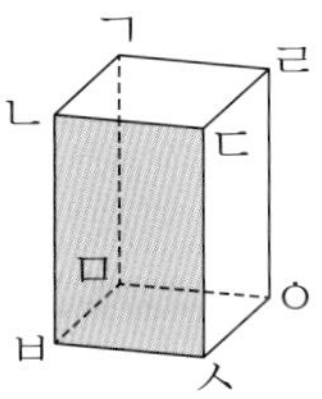

① 면 ㄱㄴㄷㄹ
② 면 ㅁㅂㅅㅇ
③ 면 ㄱㅁㅇㄹ
④ 면 ㄴㅂㅁㄱ
⑤ 면 ㄷㅅㅇㄹ

08 전개도를 접었을 때 만들어지는 입체도형의 이름을 써 보세요.

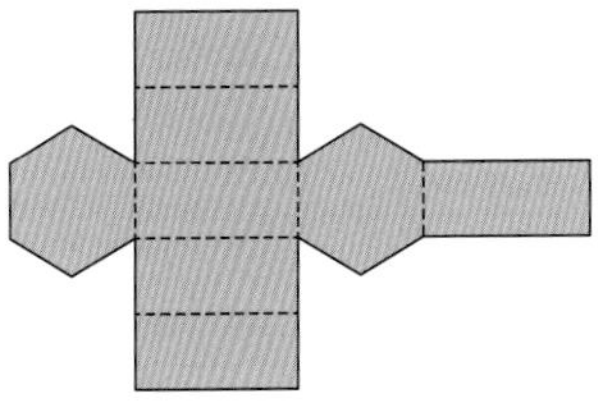

( )

09 밑면의 모양이 오른쪽과 같은 각뿔의 꼭짓점, 면, 모서리는 각각 몇 개인지 구해 보세요.

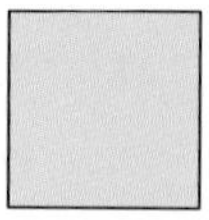

꼭짓점 (　　　　　　　　)

면 (　　　　　　　　)

모서리 (　　　　　　　　)

10 다음 각기둥에 대해 잘못 설명한 것을 찾아 기호를 써 보세요.

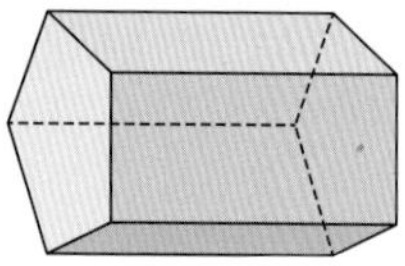

㉠ 옆면은 직사각형입니다.
㉡ 밑면은 옆면과 수직으로 만납니다.
㉢ 밑면은 5개입니다.

(　　　　　　　　)

서술형

11 두 입체도형을 보고 같은 점과 다른 점을 각각 한 가지씩 써 보세요.

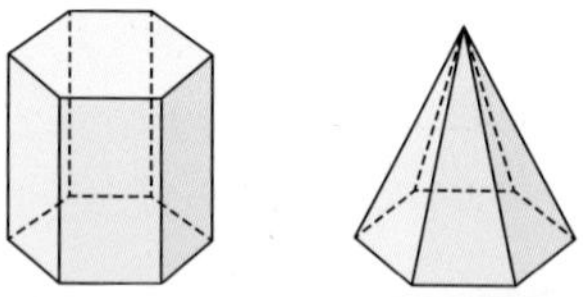

답▶

AI가 뽑은 정답률 낮은 문제

12 전개도를 접었을 때 선분 ㅍㅌ과 맞닿는 선분을 찾아 써 보세요.

39쪽 유형4

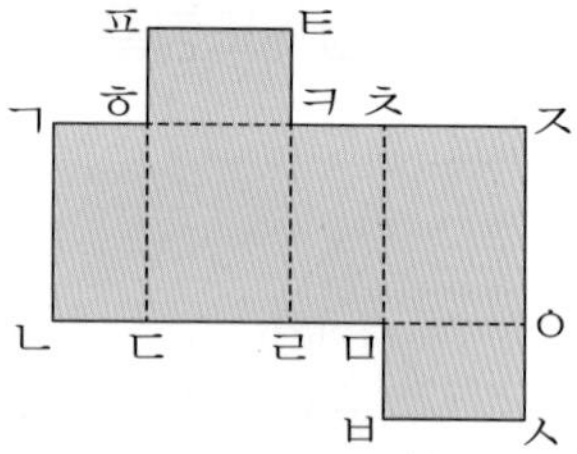

(　　　　　　　　)

13 전개도를 접었을 때 면 마와 수직으로 만나는 면을 모두 찾아 써 보세요.

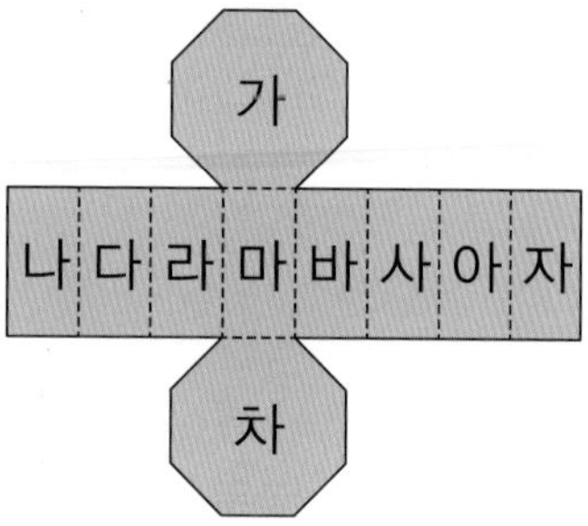

(　　　　　　　　)

14 다음에서 설명하는 입체도형의 이름을 써 보세요.

- 밑면은 2개로 서로 평행하고 합동입니다.
- 옆면은 3개이고 직사각형입니다.

(　　　　　　　　)

AI가 뽑은 정답률 낮은 문제

15 오른쪽 사각기둥의 전개도를 그려 보세요.

40쪽 유형 5

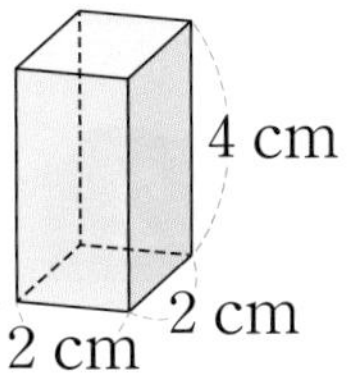

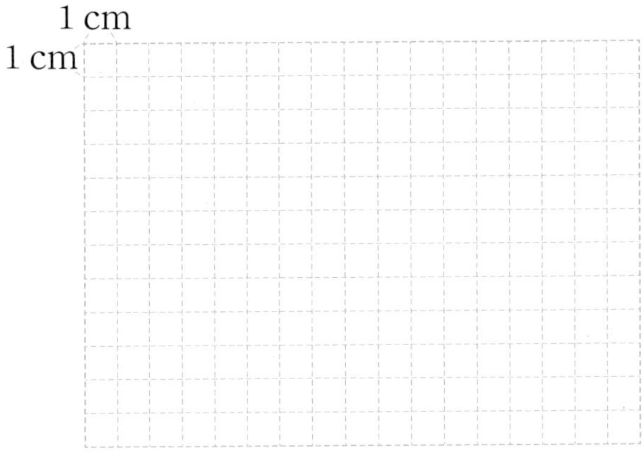

AI가 뽑은 정답률 낮은 문제

16 칠각기둥과 칠각뿔의 모서리 수의 차는 몇 개인지 구해 보세요.

41쪽 유형 7

(　　　　　　　　)

17 밑면의 모양과 옆면의 모양이 같은 각뿔이 있습니다. 이 각뿔의 꼭짓점은 몇 개인지 구해 보세요.

(　　　　　　　　)

AI가 뽑은 정답률 낮은 문제　　서술형

18 다음 입체도형의 이름은 무엇인지 풀이 과정을 쓰고 답을 구해 보세요.

41쪽 유형 8

- 각기둥입니다.
- 모서리가 30개입니다.

풀이

답

AI가 뽑은 정답률 낮은 문제

19 설명하는 입체도형의 이름을 써 보세요.

42쪽 유형 10

- 밑면은 다각형으로 1개이고 옆면은 모두 삼각형입니다.
- 꼭짓점의 수와 면의 수의 합이 12개입니다.

(　　　　　　　　)

AI가 뽑은 정답률 낮은 문제

20 전개도를 접었을 때 만들어지는 각기둥의 모든 모서리의 길이의 합은 몇 cm인지 구해 보세요.

43쪽 유형 11

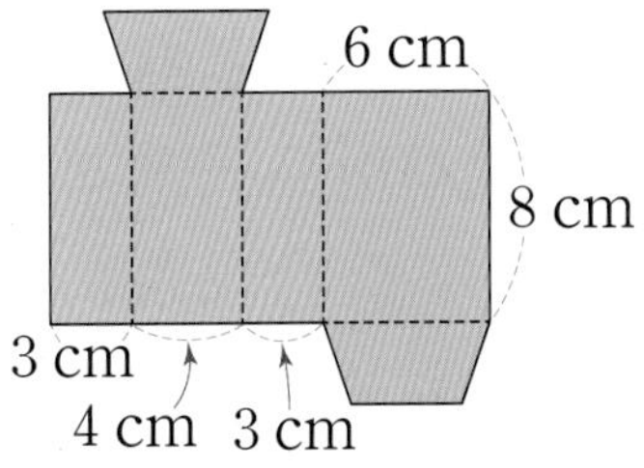

(　　　　　　　　)

2 단원

2회 7번 3회 11번

유형 1 각기둥과 각뿔의 높이 구하기

각뿔의 높이는 몇 cm인지 구해 보세요.

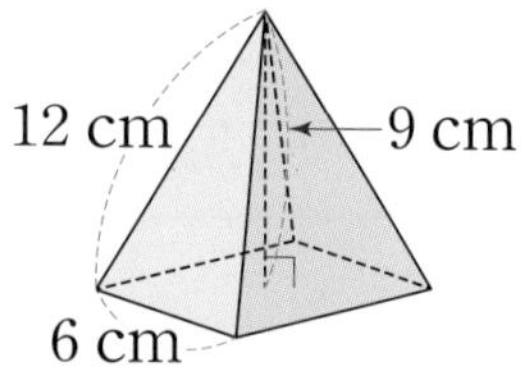

(   )

Tip 각뿔의 꼭짓점에서 밑면에 수직인 선분의 길이를 구해요.

1-1 각기둥의 높이는 몇 cm인지 구해 보세요.

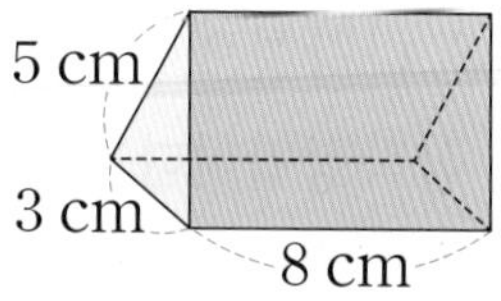

(   )

1-2 전개도를 접었을 때 만들어지는 각기둥의 높이는 몇 cm인지 구해 보세요.

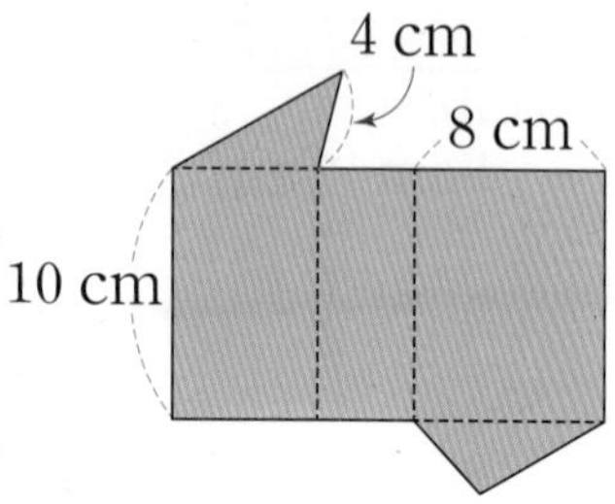

(   )

1회 11번

유형 2 각기둥, 각뿔이 아닌 이유 쓰기

다음 입체도형이 각기둥이 아닌 이유를 써 보세요.

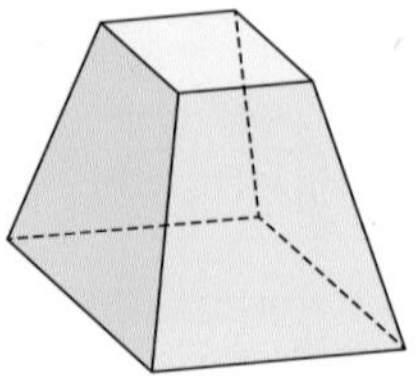

이유

Tip 두 면이 서로 평행하고 합동인 다각형으로 이루어진 입체도형을 각기둥이라고 해요.

2-1 다음 입체도형이 각뿔이 아닌 이유를 써 보세요.

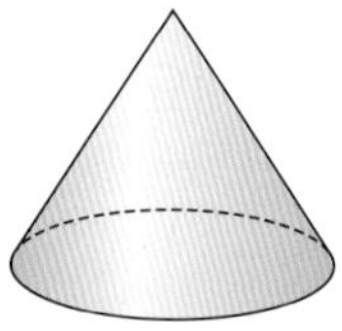

이유

2-2 다음 입체도형이 각뿔이 아닌 이유를 2가지 써 보세요.

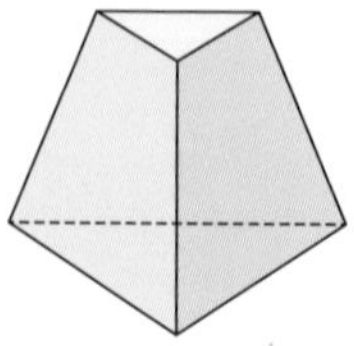

이유

1회 17번 2회 11번

유형 3 각기둥과 각뿔 비교하기

오각기둥과 오각뿔에서 같은 것을 찾아 기호를 써 보세요.

㉠ 밑면의 모양
㉡ 옆면의 모양
㉢ 밑면의 수

(　　　　　　)

Tip

입체도형	밑면의 모양	옆면의 모양	밑면의 수
◆각기둥	◆각형	직사각형	2개
◆각뿔	◆각형	삼각형	1개

3-1 사각기둥과 사각뿔에서 다른 것을 찾아 기호를 써 보세요.

㉠ 밑면의 모양
㉡ 옆면의 모양
㉢ 옆면의 수

(　　　　　　)

3-2 각기둥과 각뿔에 대해 잘못 설명한 것을 찾아 기호를 써 보세요.

㉠ 각기둥과 각뿔은 모두 밑면의 모양에 따라 이름이 정해집니다.
㉡ 육각기둥과 육각뿔은 옆면의 수가 같습니다.
㉢ 각기둥은 밑면이 1개, 각뿔은 밑면이 2개입니다.

(　　　　　　)

1회 13번 4회 12번

유형 4 접었을 때 맞닿는 선분 알아보기

전개도를 접었을 때 선분 ㅅㅂ과 맞닿는 선분을 찾아 써 보세요.

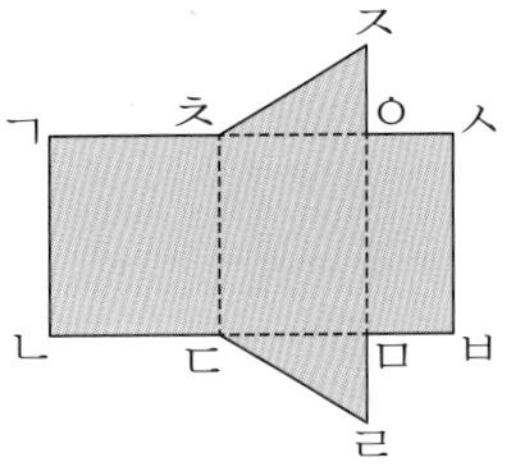

(　　　　　　)

Tip 전개도를 접었을 때 점 ㅅ과 만나는 점과 점 ㅂ과 만나는 점을 찾고, 만나는 점을 이용해서 맞닿는 선분을 찾아요.

4-1 전개도를 접었을 때 선분 ㄴㄷ과 맞닿는 선분을 찾아 써 보세요.

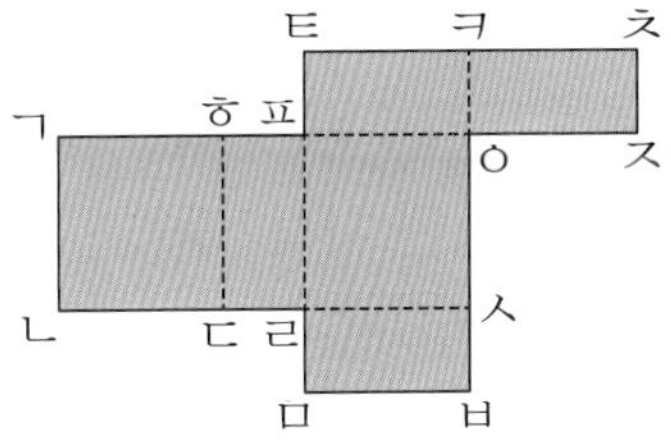

(　　　　　　)

4-2 전개도를 접었을 때 선분 ㄱㅎ과 맞닿는 선분을 찾아 써 보세요.

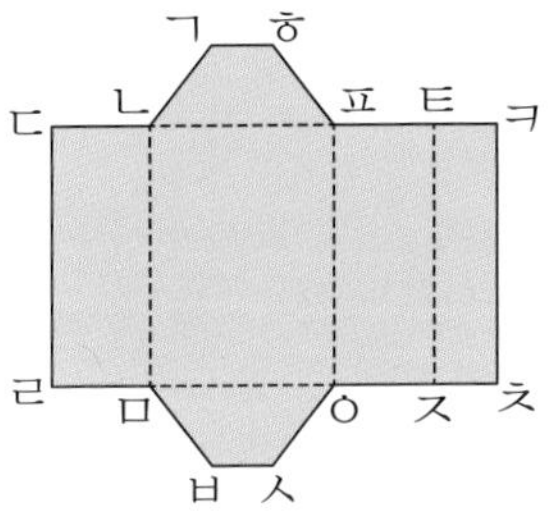

(　　　　　　)

2회 17번 | 4회 15번

유형 5 각기둥의 전개도 그리기

오른쪽 삼각기둥의 전개도를 그려 보세요.

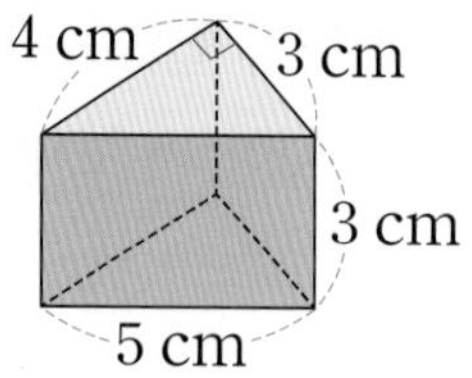

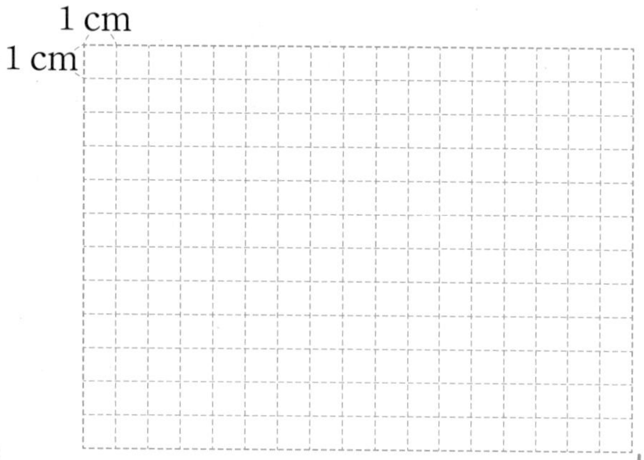

Tip 각기둥의 모서리를 자르는 방법에 따라 여러 가지 모양의 전개도를 그릴 수 있어요.

5-1 오른쪽 도형을 밑면으로 하고 높이가 5 cm인 사각기둥의 전개도를 그려 보세요.

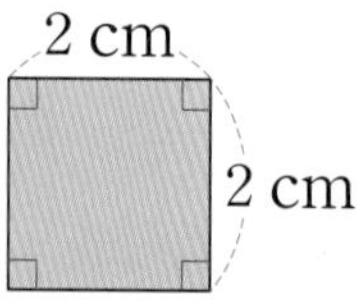

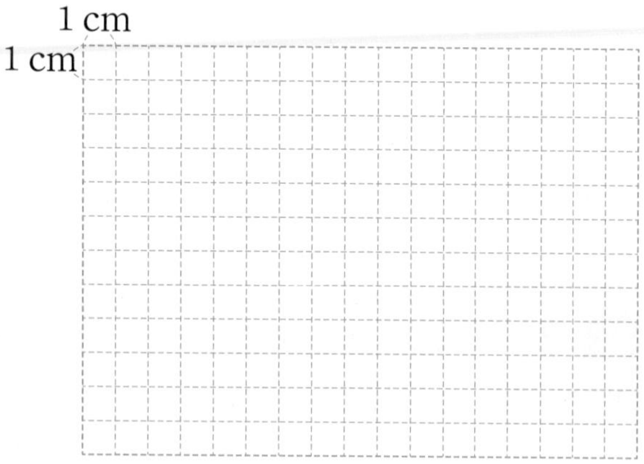

3회 14번

유형 6 밑면과 옆면의 모양으로 입체도형의 이름 알아보기

어떤 입체도형의 밑면과 옆면의 모양입니다. 이 입체도형의 이름을 써 보세요.

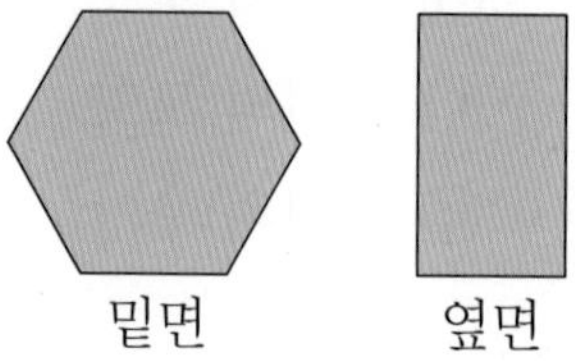

(　　　　　　　　)

Tip 옆면의 모양이 직사각형이므로 각기둥이에요.

6-1 어떤 입체도형의 밑면과 옆면의 모양입니다. 이 입체도형의 이름을 써 보세요.

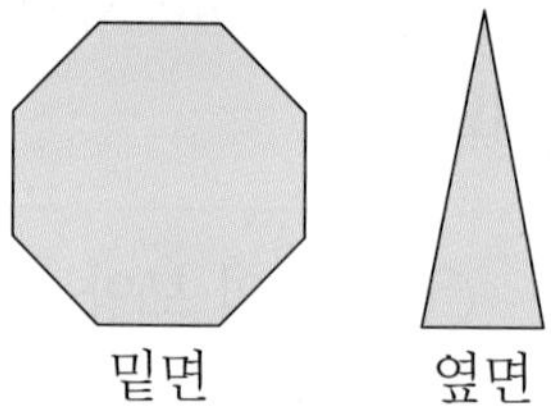

(　　　　　　　　)

6-2 밑면이 다각형이고 옆면이 다음과 같은 삼각형 5개로 이루어진 입체도형의 이름을 써 보세요.

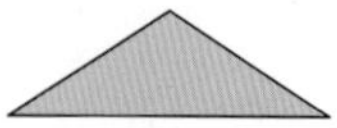

(　　　　　　　　)

2회 16번 | 3회 15번 | 4회 16번

유형 7 각기둥과 각뿔의 구성 요소의 수 비교하기

오각기둥과 오각뿔의 꼭짓점 수의 차는 몇 개인지 구해 보세요.

(　　　　　　　　)

Tip

입체도형	꼭짓점의 수(개)	면의 수 (개)	모서리의 수(개)
■각기둥	■×2	■+2	■×3
■각뿔	■+1	■+1	■×2

7-1 팔각기둥과 팔각뿔의 면의 수의 차는 몇 개인지 구해 보세요.

(　　　　　　　　)

7-2 개수가 가장 많은 것을 찾아 기호를 써 보세요.

㉠ 칠각뿔의 모서리의 수
㉡ 육각기둥의 꼭짓점의 수
㉢ 사각기둥의 면의 수

(　　　　　　　　)

7-3 오른쪽 도형을 밑면으로 하는 각기둥과 각뿔이 있습니다. 두 입체도형의 모서리의 수의 차는 몇 개인지 구해 보세요.

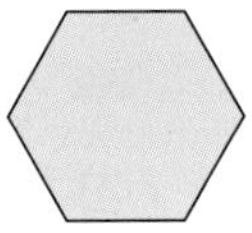

(　　　　　　　　)

1회 18번 | 3회 17번 | 4회 18번

유형 8 구성 요소의 수로 입체도형의 이름 알아보기

면이 9개인 각기둥의 이름을 써 보세요.

(　　　　　　　　)

Tip 한 밑면의 변의 수를 ■개라고 하면 각기둥의 면의 수는 (■+2)개예요.

8-1 꼭짓점이 10개인 각뿔의 이름을 써 보세요.

(　　　　　　　　)

8-2 모서리가 20개인 각뿔의 이름을 써 보세요.

(　　　　　　　　)

8-3 모서리가 15개인 각기둥은 어느 것인가요? (　　　)

① 삼각기둥　② 사각기둥
③ 오각기둥　④ 십삼각기둥
⑤ 십오각기둥

3회 19번

유형 9 전개도에서 선분의 길이 구하기

삼각기둥의 전개도에서 선분 ㄷㅈ의 길이는 몇 cm인지 구해 보세요.

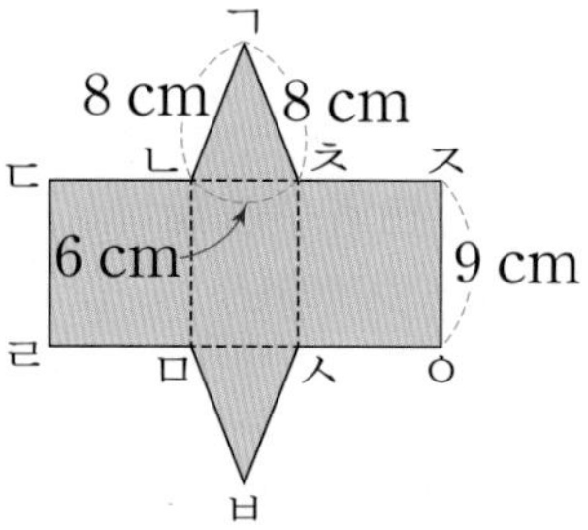

( )

Tip 전개도에서 맞닿는 선분의 길이는 같아요.
(선분 ㄷㄴ)=(선분 ㄱㄴ), (선분 ㅊㅈ)=(선분 ㅊㄱ)

9-1 사각기둥의 전개도에서 선분 ㄱㄹ의 길이는 몇 cm인지 구해 보세요.

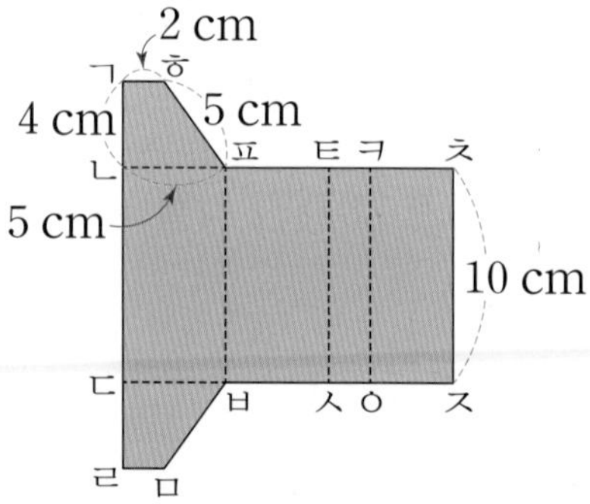

( )

9-2 전개도를 접었을 때 만들어지는 각기둥의 높이는 몇 cm인지 구해 보세요.

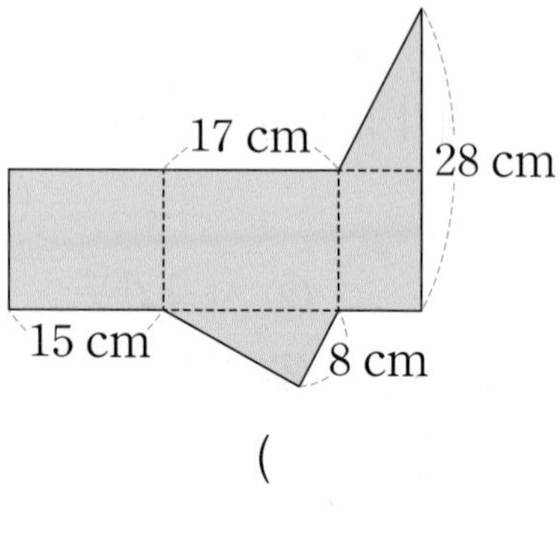

( )

2회 19번 4회 19번

유형 10 설명하는 입체도형의 이름 쓰기

설명하는 입체도형의 이름을 써 보세요.

- 밑면은 다각형으로 1개이고 옆면은 모두 삼각형입니다.
- 꼭짓점의 수와 면의 수의 합은 10개입니다.

( )

Tip 밑면이 다각형이고 옆면이 모두 삼각형인 입체도형은 각뿔이에요.

10-1 설명하는 입체도형의 이름을 써 보세요.

- 밑면은 다각형이고 옆면은 모두 직사각형입니다.
- 꼭짓점의 수와 모서리의 수의 합은 30개입니다.

( )

10-2 설명하는 입체도형의 이름을 써 보세요.

- 밑면은 다각형으로 1개이고 옆면은 모두 삼각형입니다.
- 꼭짓점의 수, 면의 수, 모서리의 수의 합은 34개입니다.

( )

1회 20번 4회 20번

유형 11 모든 모서리의 길이의 합 구하기

각기둥의 모든 모서리의 길이의 합은 몇 cm인지 구해 보세요.

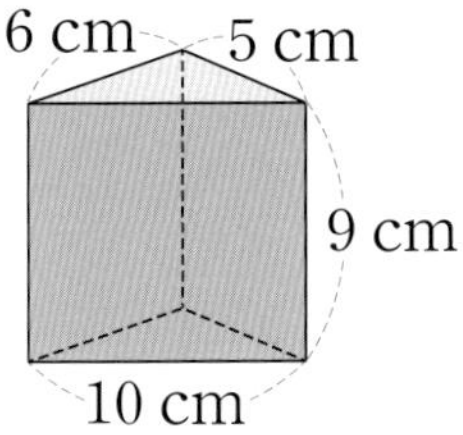

( )

Tip 길이가 6 cm, 5 cm, 10 cm, 9 cm인 모서리가 각각 몇 개씩 있는지 알아봐요.

11-1 옆면이 다음과 같은 삼각형 4개로 이루어진 각뿔이 있습니다. 이 각뿔의 모든 모서리의 길이의 합은 몇 cm인지 구해 보세요.

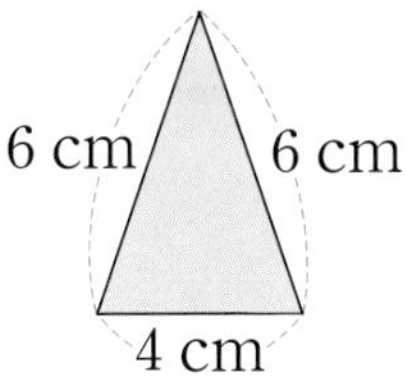

( )

11-2 전개도를 접었을 때 만들어지는 각기둥의 모든 모서리의 길이의 합은 몇 cm인지 구해 보세요.

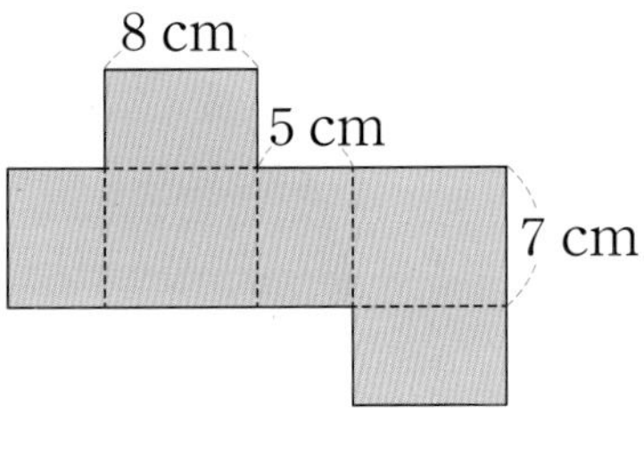

( )

3회 20번

유형 12 전개도의 넓이 구하기

각기둥의 전개도에서 모든 옆면의 넓이의 합은 몇 cm^2인지 구해 보세요.

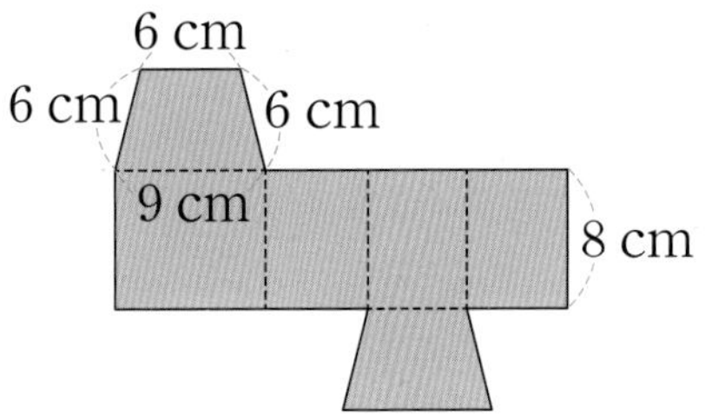

( )

Tip (모든 옆면의 넓이의 합)
=(옆면의 가로의 합)×(옆면의 세로)

12-1 밑면은 한 변의 길이가 5 cm인 정육각형이고, 높이는 10 cm인 각기둥의 전개도입니다. 모든 옆면의 넓이의 합은 몇 cm^2인지 구해 보세요.

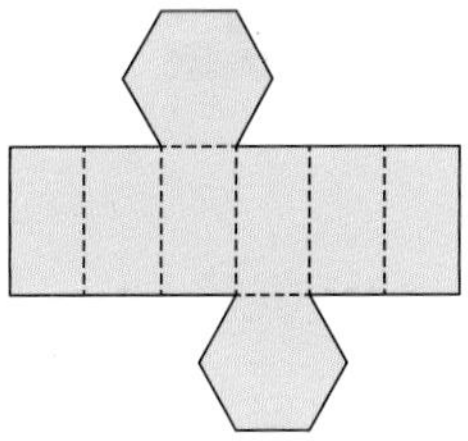

( )

12-2 각기둥의 전개도를 그릴 때 그린 전개도의 넓이는 몇 cm^2인지 구해 보세요.

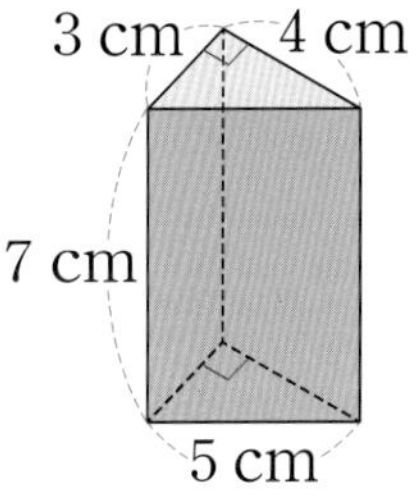

( )

3 소수의 나눗셈

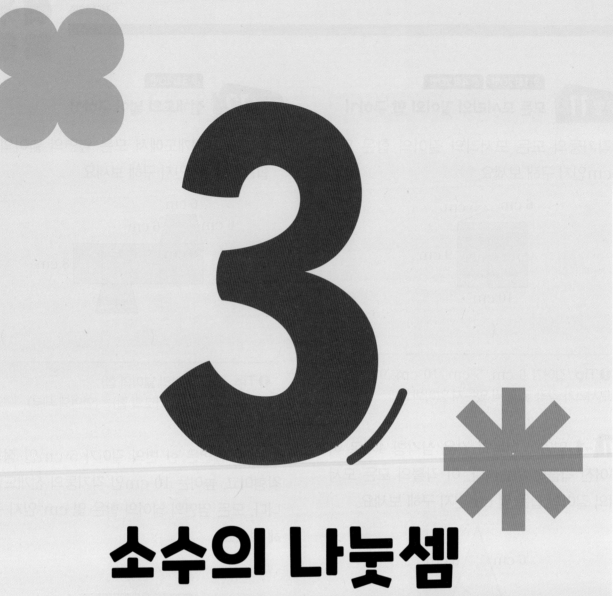

개념 정리 3단원 소수의 나눗셈

개념 1 소수의 나눗셈 알아보기

나누는 수가 같을 때 나누어지는 수가 $\frac{1}{10}$배, $\frac{1}{100}$배가 되면 몫도 $\frac{1}{10}$배, $\frac{1}{\square}$배가 됩니다.

$684 \div 2 = 342$

$\frac{1}{10}$배 → $68.4 \div 2 = 34.2$ ← $\frac{1}{10}$배

$\frac{1}{100}$배 → $6.84 \div 2 = 3.42$ ← $\frac{1}{100}$배

개념 2 몫이 1보다 큰 (소수)÷(자연수)

방법 ① 분수의 나눗셈으로 나타내어 계산합니다.

$$9.56 \div 4 = \frac{956}{100} \div 4 = \frac{956 \div \square}{100}$$
$$= \frac{239}{100} = 2.39$$

방법 ② 세로로 계산합니다.

```
   2.3 9
4) 9.5 6
   8
   1 5
   1 2
     3 6
     3 6
       0
```

자연수의 나눗셈처럼 계산하고 몫의 소수점은 나누어지는 수의 소수점 위치에 맞추어 올려 찍어요.

개념 3 몫이 1보다 작은 (소수)÷(자연수)

```
   0.6 7
2) 1.3 4
   1 2
     1 4
     1 4
     □
```

나누어지는 수가 나누는 수보다 작으면 몫의 자연수 자리에 0을 써요.

개념 4 소수점 아래 0을 내려 계산하는 (소수)÷(자연수)

```
   0.□ 8
5) 1.4 0
   1 0
     4 0
     4 0
       0
```

소수점 아래에서 나누어떨어지지 않으면 소수의 오른쪽 끝에 0이 계속 있는 것으로 생각하고 0을 내려 계산해요.

개념 5 몫의 소수 첫째 자리에 0이 있는 (소수)÷(자연수)

```
   2.0 4
3) 6.1 2
   6
     1 □
     1 2
       0
```

수를 하나 내려도 나누어지는 수가 나누는 수보다 작으면 몫에 0을 쓰고 수를 하나 더 내려요.

개념 6 (자연수)÷(자연수)의 몫을 소수로 나타내기

```
   2.2 5
4) 9.0 0
   8
   1 0
     8
     2 0
     □
       0
```

자연수 뒤에 소수점이 있다고 생각하고 0을 내려 계산해요.

개념 7 몫의 소수점 위치 확인하기

◆ 29.6÷5의 몫을 어림하여 몫의 소수점 위치 확인하기

어림 30÷5 → 약 □ 몫 5.92

정답 ❶ 100 ❷ 4 ❸ 0 ❹ 2 ❺ 2 ❻ 20 ❼ 6

3 단원

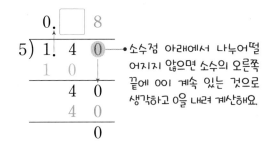

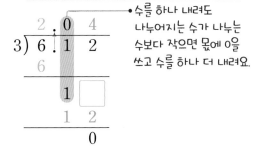

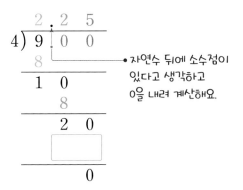

58~63쪽에서 같은 유형의 문제를 더 풀 수 있어요.

01 $426 \div 2 = 213$임을 이용하여 □ 안에 알맞은 수를 써넣으세요.

$42.6 \div 2 = \square$

02 소수의 나눗셈을 분수의 나눗셈으로 나타내어 계산해 보세요.

$$9.5 \div 5 = \frac{\square}{10} \div 5 = \frac{\square \div 5}{10} = \frac{\square}{10} = \square$$

03~04 □ 안에 알맞은 수를 써넣으세요.

03

$848 \div 4 = 212$

$\frac{1}{100}$배 ↓   ↓ □배

$8.48 \div 4 = \square$

04

$$\begin{array}{r} \square.\square \\ 8\overline{)\,7\,.\,2} \\ \underline{\square\quad} \\ 0 \end{array}$$

05 계산해 보세요.

$$6\overline{)\,4\;5}$$

06 빈칸에 알맞은 수를 써넣으세요.

14.28 → $\div 7$ → □

07 큰 수를 작은 수로 나눈 몫을 빈칸에 써넣으세요.

3	6.45

08 계산 결과를 비교하여 ○ 안에 >, =, <를 알맞게 써넣으세요.

$12.2 \div 4$ ○ $28.8 \div 4$

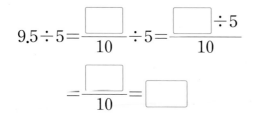

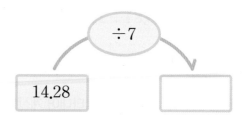

09 몫을 어림하여 몫이 1보다 작은 나눗셈의 기호를 써 보세요.

㉠ $2.82 \div 3$　　㉡ $6.4 \div 4$

(　　　　　　　　)

AI가 뽑은 정답률 낮은 문제

10 □ 안에 알맞은 수를 써넣으세요.

58쪽 유형 2

$\square \times 2 = 5.5$

AI가 뽑은 정답률 낮은 문제　　서술형

11 잘못 계산한 곳을 찾아 이유를 쓰고, 바르게 계산해 보세요.

59쪽 유형 3

```
     5.8
 9 ) 5.2 2
     4 5
     -----
       7 2
       7 2
     -----
         0
```

→

```
 9 ) 5.2 2
```

이유 ▶ ______________________

12 둘레가 21 cm인 정오각형이 있습니다. 정오각형의 한 변의 길이는 몇 cm인지 소수로 나타내어 보세요.

(　　　　　　　　)

13 몫을 어림하여 몫의 소수점 위치가 옳은 식을 찾아 기호를 써 보세요.

㉠ $15.6 \div 8 = 1.95$
㉡ $15.6 \div 8 = 19.5$
㉢ $15.6 \div 8 = 195$

(　　　　　　　　)

14 평행사변형의 높이는 밑변의 길이의 몇 배인지 구해 보세요.

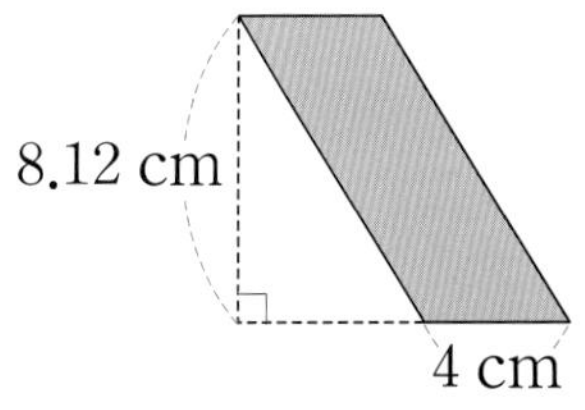

(　　　　　　　　)

3 단원

15 계산 결과가 가장 작은 나눗셈을 찾아 기호를 써 보세요.

㉠ $490 \div 7$	㉡ $4.9 \div 7$
㉢ $0.49 \div 7$	㉣ $49 \div 7$

(　　　　　　　　)

서술형

16 ㉠과 ㉡의 계산 결과의 합은 얼마인지 풀이 과정을 쓰고 답을 구해 보세요.

㉠ $9.36 \div 3$　　　㉡ $18.4 \div 5$

풀이

답

AI가 뽑은 정답률 낮은 문제

17 □ 안에 들어갈 수 있는 자연수는 모두 몇 개인지 구해 보세요.

61쪽 유형 7

$84 \div 8 > \square$

(　　　　　　　　)

AI가 뽑은 정답률 낮은 문제

18 둘레가 4.8 km인 원 모양의 호수 둘레에 일정한 간격으로 나무를 12그루 심으려고 합니다. 나무 사이의 간격을 몇 km로 해야 하는지 구해 보세요. (단, 나무의 두께는 생각하지 않습니다.)

62쪽 유형 10

(　　　　　　　　)

AI가 뽑은 정답률 낮은 문제

19 수 카드 4장 중 2장을 골라 한 번씩만 사용하여 몫이 가장 작은 나눗셈식을 만들고 계산 결과를 소수로 나타내어 보세요.

63쪽 유형 11

8　6　2　5

$\square \div \square$

(　　　　　　　　)

20 가로가 4 m, 세로가 2 m인 직사각형 모양의 벽을 칠하는 데 페인트 16.64 L를 사용했습니다. 1 m^2의 벽을 칠하는 데 사용한 페인트는 몇 L인지 구해 보세요. (단, 1 m^2의 벽을 칠하는 데 사용한 페인트의 양은 모두 같습니다.)

(　　　　　　　　)

01 □ 안에 알맞은 수를 써넣으세요.

$366 \div 3 = 122$

$\frac{1}{10}$배 　　　 □배

$36.6 \div 3 =$ □

02 나눗셈의 몫을 소수로 나타내어 보세요.

$6 \div 4 = \frac{□}{4} = \frac{□}{100} =$ □

03 □ 안에 알맞은 수를 써넣으세요.

$$\begin{array}{r} □.□ \\ 5\overline{)1\ 9.5} \\ □ \\ \hline □ \\ □ \\ \hline 0 \end{array}$$

04 계산해 보세요.

$8\overline{)2.8}$

05 계산해 보세요.

$1.17 \div 3$

06 빈칸에 알맞은 수를 써넣으세요.

(→ ÷, ↓ ÷)

8.24	2	
8		

07 계산 결과가 더 큰 나눗셈에 ○표 해 보세요.

$12.6 \div 4$	$22.4 \div 7$
(　　　)	(　　　)

08 몫을 어림하여 몫의 소수점 위치를 찾아 소수점을 찍어 보세요.

나눗셈식 $44.7 \div 5$

어림 $45 \div 5$ → 약 □

몫 8□9□4

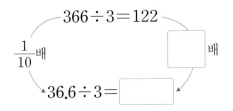

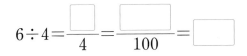

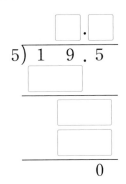

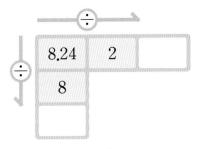

09 소수의 나눗셈을 분수의 나눗셈으로 나타내어 계산하는 과정입니다. ㉠+㉡의 값을 구해 보세요.

$$1.92 \div 8 = \frac{㉠}{100} \div 8 = \frac{㉡}{100} = 0.24$$

(　　　　　　　　　　)

10 가장 작은 수를 8로 나눈 몫을 소수로 나타내어 보세요.

7　　4　　5

(　　　　　　　　　　)

11 빨간색 끈의 길이는 7.2 m, 파란색 끈의 길이는 5 m입니다. 빨간색 끈의 길이는 파란색 끈의 길이의 몇 배인지 구해 보세요.

(　　　　　　　　　　)

AI가 뽑은 정답률 낮은 문제

12 어림을 이용하여 몫이 가장 큰 것을 찾아 기호를 써 보세요.

58쪽 유형 1

㉠ $2.7 \div 3$
㉡ $10.4 \div 2$
㉢ $11.7 \div 6$

(　　　　　　　　　　)

AI가 뽑은 정답률 낮은 문제

13 넓이가 17.4 cm^2인 직사각형을 똑같이 6으로 나누었습니다. 색칠한 부분의 넓이는 몇 cm^2인지 구해 보세요.

59쪽 유형 4

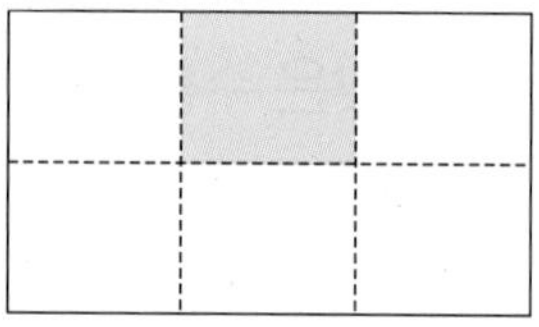

(　　　　　　　　　　)

14 쌀 48.6 kg을 12포대에 똑같이 나누어 담았습니다. 한 포대에 담은 쌀의 무게는 몇 kg인지 구해 보세요.

(　　　　　　　　　　)

15 몫을 어림하여 몫이 1보다 큰 나눗셈을 모두 찾아 기호를 써 보세요.

㉠ $4.72 \div 4$	㉡ $6.37 \div 7$
㉢ $8.28 \div 9$	㉣ $8 \div 5$

( )

AI가 뽑은 정답률 낮은 문제

16 60쪽 유형 5

□ 안에 알맞은 수를 써넣으세요.

```
        4 . □ 5
   ┌──────────
 8 ) 3  □
     3  □
   ──────────
        6  □
        5  6
   ──────────
           □  0
           □□
   ──────────
              0
```

17 조건을 모두 만족하는 나눗셈을 만들고 계산해 보세요.

조건
- $884 \div 4$를 이용하여 계산할 수 있습니다.
- 몫이 $884 \div 4$의 몫의 $\frac{1}{100}$배입니다.

$\square \div 4 = \square$

AI가 뽑은 정답률 낮은 문제 서술형

18 61쪽 유형 8

어떤 수를 6으로 나누어야 할 것을 잘못하여 어떤 수에 6을 더했더니 59.10이 되었습니다. 바르게 계산한 값은 얼마인지 풀이 과정을 쓰고 답을 구해 보세요.

풀이

답

19 무게가 똑같은 참외가 한 봉지에 5개씩 들어 있습니다. 4봉지의 무게가 5 kg일 때 참외 1개의 무게는 몇 kg인지 소수로 나타내어 보세요. (단, 봉지의 무게는 생각하지 않습니다.)

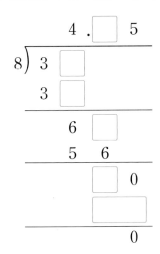

( )

AI가 뽑은 정답률 낮은 문제 서술형

20 63쪽 유형 12

은우가 일정한 빠르기로 공원을 4바퀴 돌았더니 1시간 14분이 걸렸습니다. 같은 빠르기로 공원을 3바퀴 도는 데 걸린 시간은 몇 분인지 풀이 과정을 쓰고 답을 구해 보세요.

풀이

답

3 단원

점수

58~63쪽에서 같은 유형의 문제를 더 풀 수 있어요.

01 소수의 나눗셈을 분수의 나눗셈으로 나타내어 계산해 보세요.

$$3.5 \div 7 = \frac{\square}{10} \div 7 = \frac{\square \div 7}{10} = \frac{\square}{10} = \square$$

02 자연수의 나눗셈을 이용하여 소수의 나눗셈을 해 보세요.

$468 \div 2 = \square$

$46.8 \div 2 = \square$

$4.68 \div 2 = \square$

03~04 계산해 보세요.

03 $4\overline{)5\ 2.4}$

04 $5\overline{)2\ 3.3}$

05 빈칸에 알맞은 소수를 써넣으세요.

÷ →

4	5	
15	4	

06 크기를 비교하여 ○ 안에 >, =, <를 알맞게 써넣으세요.

$9.66 \div 3$ ○ 3

07 **보기**와 같이 나누어지는 수를 반올림하여 일의 자리까지 나타내어 어림한 식으로 표현해 보세요.

보기

$15.84 \div 8$ → $16 \div 8$

$44.55 \div 9$ → $\square \div \square$

08 ㉠은 ㉡의 몇 배인지 구해 보세요.

㉠ 9.8　　㉡ 2

(　　　　　　　)

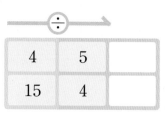

09 24.3÷6을 어림하여 계산하면 24÷6=4입니다. 몫을 어림하여 몫의 소수점 위치가 옳은 식의 기호를 써 보세요.

㉠ 24.3÷6=40.5
㉡ 24.3÷6=4.05

(　　　　　　　　)

10 가장 큰 수를 가장 작은 수로 나눈 몫을 구해 보세요.

42.06　　3　　21.45

(　　　　　　　　)

11 물 2 L를 5명이 똑같이 나누어 마시려고 합니다. 한 명이 마시는 물은 몇 L인지 소수로 나타내어 보세요.

(　　　　　　　　)

12 ㉡에 알맞은 수를 구해 보세요.

35.7÷7=㉠
㉠÷5=㉡

(　　　　　　　　)

13 양초가 30분 동안 10.5 cm 탔습니다. 양초가 일정한 빠르기로 탔다면 1분 동안 탄 길이는 몇 cm인지 구해 보세요.

(　　　　　　　　)

AI가 뽑은 정답률 낮은 문제

14 어떤 수에 8을 곱했더니 36.4가 되었습니다. 어떤 수를 구해 보세요.

58쪽 유형 2

(　　　　　　　　)

3 단원

15 몫을 어림하여 몫이 2보다 큰 나눗셈을 찾아 기호를 써 보세요.

㉠ $8.05 \div 5$
㉡ $6.44 \div 7$
㉢ $19.8 \div 9$

(　　　　　　　　　)

AI가 뽑은 정답률 낮은 문제　　서술형

16 모든 모서리의 길이가 같은 삼각뿔이 있습니다. 이 삼각뿔의 모든 모서리의 길이의 합이 51 cm일 때 한 모서리의 길이를 소수로 나타내려고 합니다. 풀이 과정을 쓰고 답을 구해 보세요.

60쪽 유형 6

풀이

답

AI가 뽑은 정답률 낮은 문제

17 가♥나를 다음과 같이 약속할 때, 35.4♥5를 계산해 보세요.

62쪽 유형 9

가♥나=가÷나+4

(　　　　　　　　　)

18 일정한 빠르기로 2주일에 44.8분씩 빨라지는 시계가 있습니다. 이 시계는 하루에 몇 분씩 빨라지는지 구해 보세요.

(　　　　　　　　　)

AI가 뽑은 정답률 낮은 문제

19 수 카드 4장을 한 번씩만 사용하여 몫이 가장 큰 나눗셈식을 만들고 계산해 보세요.

63쪽 유형 11

4　3　8　9

□.□□÷□

(　　　　　　　　　)

서술형

20 무게가 똑같은 고구마 12개가 들어 있는 상자의 무게가 6.54 kg입니다. 빈 상자의 무게는 0.3 kg이라면 고구마 1개의 무게는 몇 kg인지 풀이 과정을 쓰고 답을 구해 보세요.

풀이

답

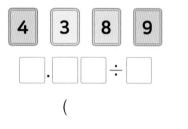

01 □ 안에 알맞은 수를 써넣으세요.

끈 26.4 cm를 2도막으로 똑같이 나누려고 합니다. 1 cm는 10 mm와 같으므로 26.4 cm=□ mm입니다.
□÷2=□이므로 끈 한 도막의 길이는 □ mm이고, mm를 cm로 바꾸면 □ cm입니다.

02 □ 안에 알맞은 수를 써넣으세요.

$$\begin{array}{r} \square.\square \\ 6\overline{)\,4\;3.2} \\ \square \\ \hline \square \\ \square \\ \hline 0 \end{array}$$

03~04 계산해 보세요.

03 $7\overline{)2.73}$

04 $4\overline{)15.8}$

05 **보기**와 같은 방법으로 계산해 보세요.

보기

$$9.12 \div 3 = \frac{912}{100} \div 3 = \frac{912 \div 3}{100} = \frac{304}{100} = 3.04$$

8.32÷4 ______

06 작은 수를 큰 수로 나눈 몫을 소수로 나타내어 빈칸에 써넣으세요.

6	8

07 계산 결과가 옳은 것의 기호를 써 보세요.

㉠ 6.2÷5=1.24
㉡ 7.63÷7=1.9

(　　　　　)

08 몫을 어림하여 몫이 1보다 작은 나눗셈에 ○표 해 보세요.

1.75÷5	9.54÷9
(　　)	(　　)

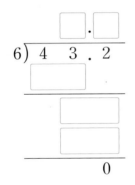

09 □ 안에 알맞은 수를 써넣으세요.

$933 \div 3 = 311$ ➔ □ $\div 3 = 3.11$

10 몫을 어림하여 몫의 소수점 위치를 찾아 소수점을 찍어 보세요.

$56.16 \div 8 = 7$□0□2

AI가 뽑은 정답률 낮은 문제

11 빈칸에 알맞은 수를 써넣으세요.

58쪽 유형 2

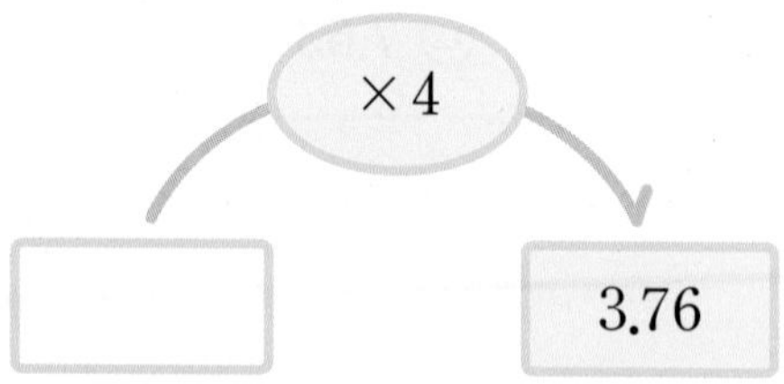

12 넓이가 46.2 cm^2이고 가로가 7 cm인 직사각형이 있습니다. 이 직사각형의 세로는 몇 cm인지 구해 보세요.

(　　　　　　　　)

13 한 자루의 무게가 같은 연필 1타의 무게를 재었더니 97.8 g이었습니다. 연필 한 자루의 무게는 몇 g인지 구해 보세요. (단, 연필 1타는 12자루입니다.)

(　　　　　　　　)

14 계산 결과가 가장 큰 것을 찾아 기호를 써 보세요.

㉠ $9 \div 6$
㉡ $1.29 \div 3$
㉢ $9.2 \div 8$

(　　　　　　　　)

15 5000원으로 리본 6 m를 살 수 있습니다. 1000원으로 살 수 있는 리본은 몇 m인지 소수로 나타내어 보세요.

(　　　　　　　　　　　　)

AI가 뽑은 정답률 낮은 문제

16 □ 안에 알맞은 수를 써넣으세요.

60쪽 유형 5

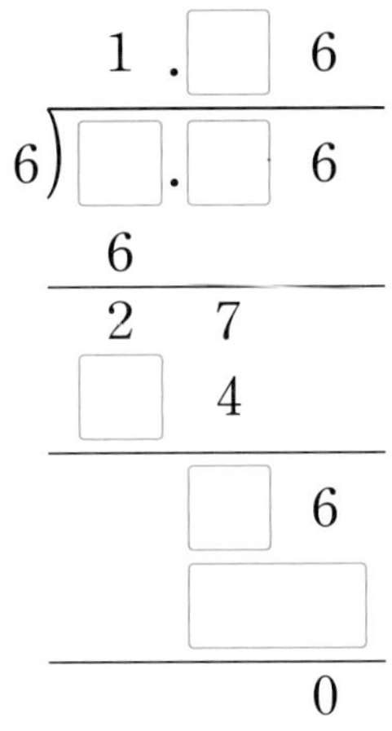

서술형

17 한 변의 길이가 6.8 cm인 정사각형과 둘레가 같은 정오각형이 있습니다. 이 정오각형의 한 변의 길이는 몇 cm인지 풀이 과정을 쓰고 답을 구해 보세요.

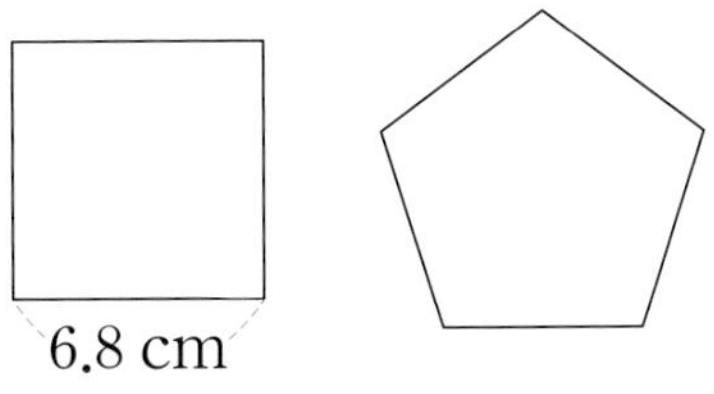

풀이

답

AI가 뽑은 정답률 낮은 문제　　서술형

18 1부터 9까지의 자연수 중에서 □ 안에 들어갈 수 있는 수는 모두 몇 개인지 풀이 과정을 쓰고 답을 구해 보세요.

61쪽 유형 7

$7.86 \div 3 < 2.\square 6$

풀이

답

AI가 뽑은 정답률 낮은 문제

19 길이가 28.4 km인 직선 도로의 양쪽에 일정한 간격으로 표지판을 18개 세우려고 합니다. 도로의 처음과 끝에도 표지판을 세운다면 표지판 사이의 간격을 몇 km로 해야 하는지 구해 보세요. (단, 표지판의 두께는 생각하지 않습니다.)

62쪽 유형 10

(　　　　　　　　　　　　)

20 일주일에 17.5분씩 빨라지는 시계가 있습니다. 어느 날 오전 8시에 이 시계를 정확히 맞추어 놓았다면 다음 날 오전 8시에 이 시계가 가리키는 시각은 오전 몇 시 몇 분 몇 초인지 구해 보세요.

(　　　　　　　　　　　　)

3 단원 틀린 유형 다시 보기

소수의 나눗셈

2회 12번

유형 1 어림을 이용한 몫의 크기 비교

어림을 이용하여 몫이 가장 큰 것을 찾아 기호를 써 보세요.

㉠ $30.3 \div 6$
㉡ $39.8 \div 5$
㉢ $6.65 \div 7$

(　　　　　　　　)

Tip 나누어지는 수를 반올림하여 일의 자리까지 나타낸 다음 몫을 어림해요.

1-1 어림을 이용하여 몫이 가장 작은 것을 찾아 기호를 써 보세요.

㉠ $15.3 \div 3$
㉡ $39.6 \div 4$
㉢ $6.2 \div 2$

(　　　　　　　　)

1-2 어림을 이용하여 몫이 큰 것부터 차례대로 기호를 써 보세요.

㉠ $19.8 \div 5$
㉡ $42.12 \div 6$
㉢ $26.7 \div 3$

(　　　　　　　　)

1회 10번 3회 14번 4회 11번

유형 2 □ 안에 알맞은 수 구하기

□ 안에 알맞은 소수를 써넣으세요.

$\square \times 5 = 9$

Tip 곱셈과 나눗셈의 관계를 이용해요.
□×㉠=㉡ → □=㉡÷㉠

2-1 □ 안에 알맞은 수를 써넣으세요.

$2 \times \square = 12.1$

2-2 빈칸에 알맞은 수를 써넣으세요.

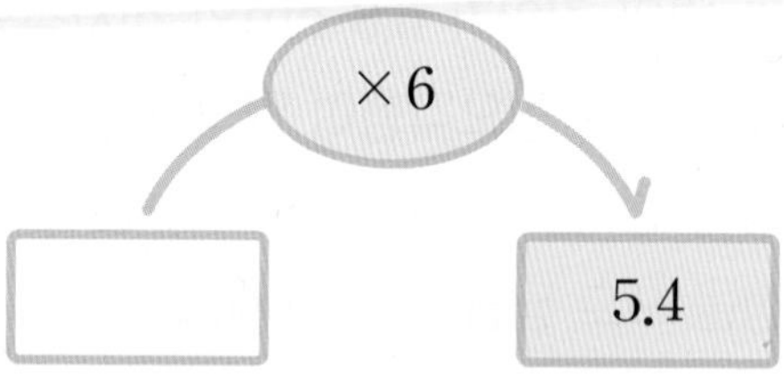

2-3 어떤 수에 4를 곱했더니 5.8이 되었습니다. 어떤 수를 구해 보세요.

(　　　　　　　　)

유형 3 잘못 계산한 곳을 찾아 바르게 계산하기

1회 11번

잘못 계산한 곳을 찾아 바르게 계산해 보세요.

```
      4.3
  8)3.4 4
    3 2
    ───
      2 4
      2 4
      ───
        0
```

→

```
  8)3.4 4
```

Tip 몫의 소수점 위치가 맞는지 확인해요.

3-1 잘못 계산한 곳을 찾아 바르게 계산해 보세요.

```
      1 9
    3)5.7
      3
      ───
      2 7
      2 7
      ───
        0
```

→

```
    3)5.7
```

3-2 잘못 계산한 곳을 찾아 이유를 쓰고, 바르게 계산해 보세요.

```
        3.5
    5)1 5.2 5
      1 5
      ───────
          2 5
          2 5
      ───────
            0
```

→

```
    5)1 5.2 5
```

이유 ▶

유형 4 색칠한 부분의 넓이 구하기

2회 13번

넓이가 49 cm^2인 정사각형을 똑같이 4로 나누었습니다. 색칠한 부분의 넓이는 몇 cm^2인지 소수로 나타내어 보세요.

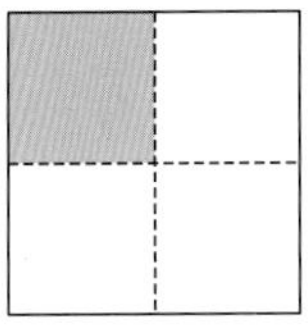

(　　　　　　　　)

Tip 색칠한 부분의 넓이는 정사각형을 똑같이 4부분으로 나눈 것 중의 한 부분이에요.

4-1 넓이가 15.2 cm^2인 정삼각형을 똑같이 4로 나누었습니다. 색칠한 부분의 넓이는 몇 cm^2인지 구해 보세요.

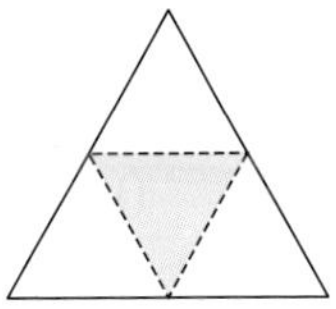

(　　　　　　　　)

4-2 넓이가 42.8 cm^2인 직사각형을 똑같이 8로 나누었습니다. 색칠한 부분의 넓이는 몇 cm^2인지 구해 보세요.

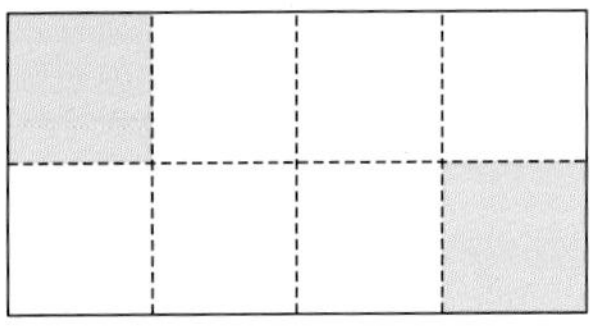

(　　　　　　　　)

3 단원

2회 16번 4회 16번

유형 5 나눗셈식 완성하기

□ 안에 알맞은 수를 써넣으세요.

$$\begin{array}{r} 3\,.\,2\;1 \\ 3\overline{)\,\square\,.\,\square\;3} \\ 9 \\ \hline 6 \\ \square \\ \hline \square \\ 3 \\ \hline 0 \end{array}$$

Tip 나누는 수와 몫을 보고 □ 안에 알맞은 수를 구할 수 있는 것부터 써넣어요.

5-1 □ 안에 알맞은 수를 써넣으세요.

$$\begin{array}{r} 0\,.\,\square\;6 \\ 5\overline{)\,4\,.\,\square} \\ 4\;\;0 \\ \hline \square\;0 \\ \square\square \\ \hline 0 \end{array}$$

5-2 □ 안에 알맞은 수를 써넣으세요.

$$\begin{array}{r} 6\,.\,\square\;5 \\ 4\overline{)\,2\;\square} \\ 2\;4 \\ \hline 1\;\square \\ 8 \\ \hline \square\;0 \\ \square\square \\ \hline 0 \end{array}$$

3회 16번

유형 6 입체도형에서 한 모서리의 길이 구하기

모든 모서리의 길이가 같은 사각뿔이 있습니다. 이 사각뿔의 모든 모서리의 길이의 합이 25.6 m일 때 한 모서리의 길이는 몇 m인지 구해 보세요.

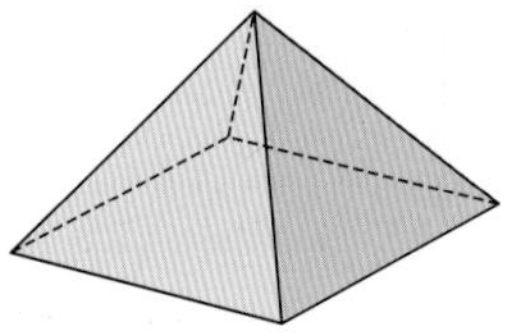

(   )

Tip (각뿔의 모서리의 수)
=(밑면의 변의 수)×2

6-1 모든 모서리의 길이가 같은 삼각기둥이 있습니다. 이 삼각기둥의 모든 모서리의 길이의 합이 18.27 m일 때 한 모서리의 길이는 몇 m인지 구해 보세요.

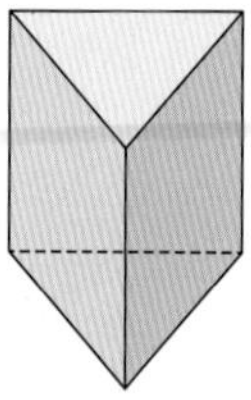

(   )

6-2 면의 수가 4개인 모든 모서리의 길이가 같은 각뿔이 있습니다. 이 각뿔의 모든 모서리의 길이의 합이 15 m일 때 한 모서리의 길이는 몇 m인지 소수로 나타내어 보세요.

(   )

1회 17번 4회 18번

유형 7 □ 안에 들어갈 수 있는 자연수 구하기

□ 안에 들어갈 수 있는 자연수를 모두 구해 보세요.

$66 \div 12 > \square$

(　　　　　　　　　　)

Tip 66÷12를 먼저 계산한 다음 □ 안에 들어갈 수 있는 수를 생각해요.

7-1 □ 안에 들어갈 수 있는 가장 작은 자연수를 구해 보세요.

$\square > 57.4 \div 7$

(　　　　　　　　　　)

7-2 1부터 9까지의 자연수 중에서 □ 안에 들어갈 수 있는 수는 모두 몇 개인지 구해 보세요.

$0.\square5 > 3.9 \div 6$

(　　　　　　　　　　)

7-3 □ 안에 들어갈 수 있는 자연수는 모두 몇 개인지 구해 보세요.

$15.8 \div 5 < 3.\square6 < 6.88 \div 2$

(　　　　　　　　　　)

2회 18번

유형 8 바르게 계산한 값 구하기

어떤 수를 5로 나누어야 할 것을 잘못하여 어떤 수에 5를 더했더니 53.7이 되었습니다. 바르게 계산한 값을 구해 보세요.

(　　　　　　　　　　)

Tip 어떤 수를 □라고 하고 잘못 계산한 식을 세워서 어떤 수를 구한 다음 바르게 계산한 값을 구해요.

8-1 어떤 수를 4로 나누어야 할 것을 잘못하여 어떤 수에 4를 더했더니 38.8이 되었습니다. 바르게 계산한 값을 구해 보세요.

(　　　　　　　　　　)

8-2 어떤 수를 2로 나누어야 할 것을 잘못하여 어떤 수에 8을 곱했더니 100이 되었습니다. 바르게 계산한 값을 소수로 나타내어 보세요.

(　　　　　　　　　　)

8-3 어떤 수를 3으로 나누어야 할 것을 잘못하여 어떤 수에 6을 곱했더니 48.42가 되었습니다. 바르게 계산한 값을 구해 보세요.

(　　　　　　　　　　)

3회 17번

유형 9 약속에 따라 식을 세워 구하기

가★나를 다음과 같이 약속할 때, 12★15의 계산 결과를 소수로 나타내어 보세요.

가★나=가÷나+2

(　　　　　　　　　)

Tip 가 대신에 12를 넣고, 나 대신에 15를 넣어서 계산해요.

9-1 가◎나를 다음과 같이 약속할 때, 16.8◎8을 계산해 보세요.

가◎니=가÷나×5

(　　　　　　　　　)

9-2 가◆나를 다음과 같이 약속할 때, 21.07◆7을 계산해 보세요.

가◆나=(가+나)÷나

(　　　　　　　　　)

9-3 가▲나를 다음과 같이 약속할 때, 4.96▲4를 계산해 보세요.

가▲나=(가−나)÷나

(　　　　　　　　　)

1회 18번 4회 19번

유형 10 일정한 간격 구하기

길이가 22.5 cm인 선분 위에 다음과 같이 같은 간격으로 처음부터 끝까지 점을 6개 찍었습니다. 점 사이의 간격은 몇 cm인지 구해 보세요. (단, 점의 두께는 생각하지 않습니다.)

(　　　　　　　　　)

Tip (점 사이의 간격 수)=(점의 수)−1

10-1 길이가 12.6 km인 직선 도로의 양쪽에 일정한 간격으로 나무를 26그루 심으려고 합니다. 도로의 처음과 끝에도 나무를 심는다면 나무 사이의 간격을 몇 km로 해야 하는지 구해 보세요. (단, 나무의 두께는 생각하지 않습니다.)

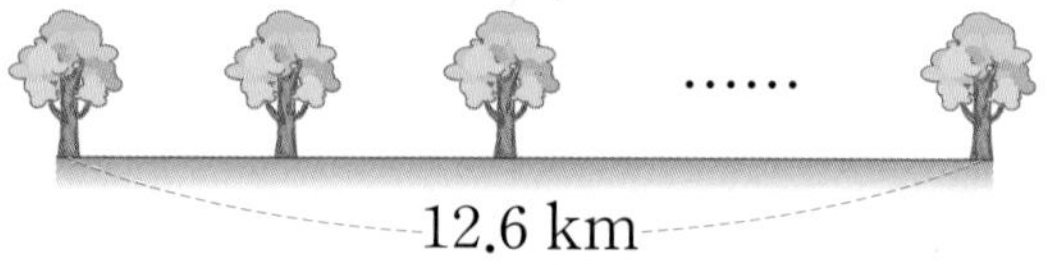

(　　　　　　　　　)

10-2 둘레가 3.5 km인 원 모양의 호수 둘레에 일정한 간격으로 가로등을 14개 세우려고 합니다. 가로등 사이의 간격을 몇 km로 해야 하는지 구해 보세요. (단, 가로등의 두께는 생각하지 않습니다.)

(　　　　　　　　　)

1회 19번 | 3회 19번

유형 11 수 카드로 몫이 가장 큰(작은) 나눗셈식 만들기

수 카드 4장을 한 번씩만 사용하여 몫이 가장 큰 나눗셈식을 만들고 계산해 보세요.

2 5 4 8

□□.□÷□

(　　　　　　　)

Tip 몫이 가장 큰 나눗셈식을 만들려면 나누어지는 수를 가장 크게, 나누는 수를 가장 작게 만들어야 해요.

11-1 수 카드 4장 중 2장을 골라 한 번씩만 사용하여 몫이 가장 작은 나눗셈식을 만들고 계산 결과를 소수로 나타내어 보세요.

3 6 4 5

□÷□

(　　　　　　　)

11-2 수 카드 5장 중 4장을 골라 한 번씩만 사용하여 몫이 가장 큰 (소수 한 자리 수)÷(한 자리 수)의 나눗셈식을 만들려고 합니다. 만든 나눗셈식의 몫을 구해 보세요.

4 8 5 6 7

(　　　　　　　)

2회 20번

유형 12 걸린 시간 구하기

선우가 일정한 빠르기로 운동장을 4바퀴 돌았더니 5분 30초가 걸렸습니다. 선우가 같은 빠르기로 운동장을 한 바퀴 도는 데 걸린 시간은 몇 초인지 소수로 나타내어 보세요.

(　　　　　　　)

Tip (운동장을 한 바퀴 도는 데 걸린 시간)
=(운동장을 4바퀴 도는 데 걸린 시간)
÷(바퀴 수)

12-1 서윤이가 자전거를 타고 일정한 빠르기로 산책로를 8바퀴 돌았더니 10분 20초가 걸렸습니다. 서윤이가 같은 빠르기로 산책로를 한 바퀴 도는 데 걸린 시간은 몇 초인지 소수로 나타내어 보세요.

(　　　　　　　)

12-2 민주가 일정한 빠르기로 트랙을 6바퀴 돌았더니 1시간 3분이 걸렸습니다. 민주가 같은 빠르기로 트랙을 한 바퀴 도는 데 걸린 시간은 몇 분인지 소수로 나타내어 보세요.

(　　　　　　　)

12-3 준수가 일정한 빠르기로 공원을 5바퀴 돌았더니 1시간 16분이 걸렸습니다. 준수가 같은 빠르기로 공원을 반 바퀴 도는 데 걸린 시간은 몇 분인지 소수로 나타내어 보세요.

(　　　　　　　)

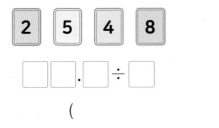

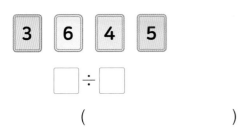

4

비와 비율

개념정리 4단원 비와 비율

개념 1 두 수를 비교하기

◆딸기 수와 참외 수 비교하기

방법 1 뺄셈으로 비교하기

$4-2=2$이므로 딸기는 참외보다 □개 더 많습니다.

방법 2 나눗셈으로 비교하기

$4\div2=2$이므로 딸기 수는 참외 수의 2배입니다.

개념 2 비 알아보기

- 두 수를 나눗셈으로 비교하기 위해 기호 : 을 사용하여 나타낸 것을 비라고 합니다.
- 두 수 2와 3을 비교할 때 **2 : 3**이라 쓰고, **2 대 3**이라고 읽습니다.

2 : 3 ➔
- 2 대 □
- 2와 3의 비
- 2의 3에 대한 비
- 3에 대한 2의 비

개념 3 비율 알아보기

3 : 5 (비교하는 양 ← 3, 5 → 기준량)

- 기준량에 대한 비교하는 양의 크기를 비율이라고 합니다.

$$(\text{비율})=(\text{비교하는 양})\div(\text{기준량})=\frac{(\text{비교하는 양})}{(\text{기준량})}$$

- 비 3 : 5를 비율로 나타내면 $\frac{3}{5}$ 또는 □입니다. → 비율은 분수나 소수로 나타낼 수 있어요.

개념 4 비율이 사용되는 경우

◆전체 학생이 20명이고 남학생이 11명일 때 전체 학생 수에 대한 남학생 수의 비율 구하기

$$\frac{(\text{남학생 수})}{(\text{전체 학생 수})}=\frac{\square}{\square}=0.55$$

◆우리 주변에서 비율이 사용되는 경우

- 소금물의 진하기: 소금물 양에 대한 소금 양의 비율
- 넓이에 대한 인구의 비율

개념 5 백분율 알아보기

기준량을 □(으)로 할 때의 비율을 백분율이라고 합니다.

백분율은 기호 %를 사용하여 나타냅니다.

비율 $\frac{1}{100}$을 백분율로 나타내면 **1 %**라 쓰고, **1 퍼센트**라고 읽습니다.

개념 6 백분율이 사용되는 경우

◆전체 물건 200개 중 불량품이 8개일 때 불량률을 백분율로 나타내기

$$\frac{(\text{불량품 수})}{(\text{전체 물건 수})}=\frac{8}{200}=\frac{4}{100} \rightarrow \square\ \%$$

◆우리 주변에서 백분율이 사용되는 경우

- 득표율: 전체 투표수에 대한 득표수의 비율
- 할인율: 원래 가격에 대한 할인 금액의 비율

정답 ❶ 2 ❷ 3 ❸ 0.6 ❹ $\frac{11}{20}$ ❺ 100 ❻ 4

4 단원

점수

78~83쪽에서 같은 유형의 문제를 더 풀 수 있어요.

01 그림을 보고 가위 수와 지우개 수를 비교해 보세요.

지우개는 가위보다 □개 더 많습니다.

02 □ 안에 알맞은 수를 써넣으세요.

4 : 5 →
- 4 대 □
- □와 5의 비
- 4의 □에 대한 비

03 다음을 비로 나타내어 보세요.

12에 대한 9의 비

□ : □

04 비에서 비교하는 양과 기준량을 찾아 써넣으세요.

비	비교하는 양	기준량
13의 50에 대한 비		

05 비를 보고 비율을 분수와 소수로 각각 나타내어 보세요.

7 : 20

분수 (　　　　)
소수 (　　　　)

06 비율을 백분율로 나타내어 보세요.

0.83

(　　　　)

07 준혁이네 반은 한 모둠이 4명씩입니다. 한 모둠에 색종이를 8장씩 나누어 줄 때 표를 완성하고, 모둠원 수와 색종이 수를 나눗셈으로 비교해 보세요.

모둠 수	1	2	3	4
모둠원 수(명)	4	8	12	
색종이 수(장)	8	16		

색종이 수는 항상 모둠원 수의 □배입니다.

서술형

08 그림을 보고 전체에 대한 색칠한 부분의 비율을 백분율로 나타내어 보세요.

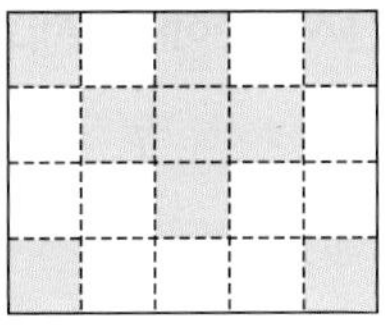

(　　　　　　　　)

AI가 뽑은 정답률 낮은 문제

09 비율이 더 높은 것에 ○표 해 보세요.

78쪽 유형 1

9 : 10	5에 대한 4의 비
(　　)	(　　)

10 책상 위에 책이 7권, 공책이 9권 있습니다. 책상 위에 있는 책 수와 공책 수의 비를 써 보세요.

(　　　　　　　　)

11 주머니 속에 검은색 바둑돌 15개와 흰색 바둑돌 13개가 들어 있습니다. 검은색 바둑돌 수에 대한 흰색 바둑돌 수의 비율을 분수로 나타내어 보세요.

(　　　　　　　　)

12 은우네 반은 남학생이 12명, 여학생이 13명입니다. 은우네 반 전체 학생 수에 대한 남학생 수의 비율은 몇 %인지 풀이 과정을 쓰고 답을 구해 보세요.

풀이

답

13 다온이는 용돈 10000원 중에서 3000원을 사용하였습니다. 전체 용돈에 대한 남은 금액의 비를 구해 보세요.

(　　　　　　　　)

AI가 뽑은 정답률 낮은 문제

14 연우가 300 m를 가는 데 60초가 걸렸습니다. 연우의 걸린 시간에 대한 간 거리의 비율을 구해 보세요.

80쪽 유형 6

(　　　　　　　　)

4 단원

15 어느 야구 선수는 200타수 중에서 안타를 52개 쳤습니다. 이 야구 선수의 전체 타수에 대한 안타 수의 비율을 소수로 나타내어 보세요.

( )

AI가 뽑은 정답률 낮은 문제

16 어느 박물관의 청소년 기본요금이 1000원인데 단체 관람 기본요금은 880원입니다. 청소년 기본요금에 대한 단체 관람 기본요금의 비율을 백분율로 나타내어 보세요.

83쪽 유형 11

( )

서술형

17 가 공장과 나 공장의 전체 생산량과 불량품 생산량을 나타낸 표입니다. 불량률이 더 낮은 공장은 어느 공장인지 풀이 과정을 쓰고 답을 구해 보세요.

공장	가 공장	나 공장
전체 생산량(개)	500	300
불량품 생산량(개)	10	9

풀이

답

AI가 뽑은 정답률 낮은 문제

18 모자 가게에서 12000원짜리 모자를 5 % 할인하여 판매합니다. 이 모자의 판매 가격은 얼마인지 구해 보세요.

80쪽 유형 5

( )

19 직사각형의 세로를 30 % 늘여서 새로운 직사각형을 만들었습니다. 새로 만든 직사각형의 넓이는 몇 cm^2인지 구해 보세요.

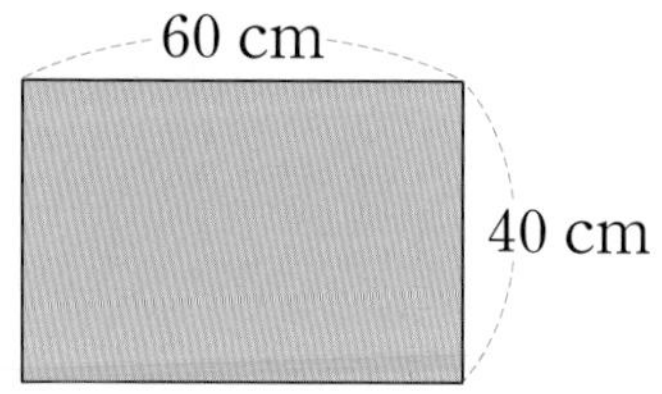

( )

AI가 뽑은 정답률 낮은 문제

20 가 비커와 나 비커에 넣은 소금과 물의 양이 다음과 같을 때, 어느 비커에 들어 있는 소금물이 더 진한지 구해 보세요.

82쪽 유형 9

가	나
소금: 40 g	소금: 21 g
물: 360 g	물: 279 g

( )

01 그림을 보고 음료수 수와 빵 수를 비교해 보세요.

나눗셈으로 비교하면 6÷3=□이므로 음료수 수는 빵 수의 □배입니다.

02 그림을 보고 □ 안에 알맞은 수를 써넣으세요.

농구공 수와 배구공 수의 비는 □ : □입니다.

03 비 7 : 5를 잘못 읽은 것을 찾아 기호를 써 보세요.

㉠ 7 대 5　　㉡ 7과 5의 비
㉢ 7의 5에 대한 비
㉣ 7에 대한 5의 비

(　　　　　　)

04 기준량이 6인 것은 어느 것인가요? (　　　)

① 6 : 10　　② 7에 대한 6의 비
③ 6과 11의 비　　④ 6의 7에 대한 비
⑤ 6에 대한 5의 비

05 비율을 분수와 소수로 각각 나타내어 보세요.

비	분수	소수
13 : 20		

06 올해 송연이는 13살, 동생은 9살입니다. 표를 완성하고 □ 안에 알맞은 수를 써넣으세요.

	올해	1년 후	2년 후	3년 후
송연이 나이(살)	13	14		
동생 나이(살)	9	10		

송연이는 동생보다 □살 더 많습니다.

07 비율을 백분율로 나타내어 보세요.

$\frac{17}{50}$

(　　　　　　)

08 그림을 보고 전체에 대한 색칠한 부분의 비를 써 보세요.

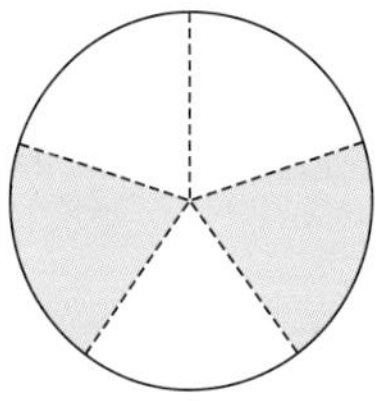

(　　　　　　)

4 단원

서술형

09 직사각형의 세로에 대한 가로의 비율을 소수로 나타내어 보세요.

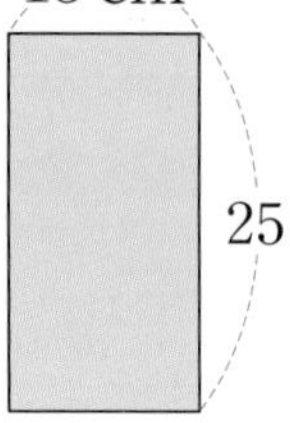

(　　　　　　　　)

AI가 뽑은 정답률 낮은 문제

10 기준량이 비교하는 양보다 작은 것의 기호를 써 보세요.

78쪽 유형 2

㉠ 95 %　　㉡ $\frac{21}{20}$

(　　　　　　　　)

11 비 50 : 40에 대해 잘못 설명한 것을 찾아 기호를 써 보세요.

㉠ 40에 대한 50의 비입니다.
㉡ 비교하는 양은 50입니다.
㉢ 비율을 소수로 나타내면 0.8입니다.
㉣ 50과 40의 비입니다.

(　　　　　　　　)

12 서우네 반 학생 22명 중 안경을 쓴 학생은 9명입니다. 서우네 반 전체 학생 수에 대한 안경을 쓰지 않은 학생 수의 비율을 분수로 나타내려고 합니다. 풀이 과정을 쓰고 답을 구해 보세요.

풀이

답

AI가 뽑은 정답률 낮은 문제

13 빨간색 구슬이 8개, 노란색 구슬이 5개 있습니다. 전체 구슬 수에 대한 노란색 구슬 수의 비를 써 보세요.

79쪽 유형 3

(　　　　　　　　)

14 전체 사탕 수에 대한 사과 맛 사탕 수의 비가 5 : 12이고 사과 맛 사탕은 15개입니다. 전체 사탕은 몇 개인지 구해 보세요.

(　　　　　　　　)

15 민서와 정우가 농구공 던지기를 하였습니다. 공을 던진 횟수에 대한 골대에 넣은 횟수의 비율이 더 높은 사람은 누구인지 이름을 써 보세요.

- 민서: 나는 24개의 공을 던져서 18개를 골대에 넣었어.
- 정우: 나는 20개의 공을 던져서 16개를 골대에 넣었어.

( )

서술형

16 재준이네 반 학생이 모두 참여한 반 대표 투표 결과입니다. 무효표는 없고, 득표수가 가장 많은 후보가 당선되었다면 당선자의 득표율은 몇 %인지 풀이 과정을 쓰고 답을 구해 보세요.

후보	가	나	다
득표수(표)	6	11	8

풀이

답

AI가 뽑은 정답률 낮은 문제

17 별 마을과 달 마을의 인구와 넓이를 나타낸 표입니다. 별 마을과 달 마을 중 인구가 더 밀집한 마을을 구해 보세요.

81쪽 유형 7

마을	별 마을	달 마을
인구(명)	8040	5960
넓이(km^2)	6	5

( )

AI가 뽑은 정답률 낮은 문제

18 조건을 모두 만족하는 비를 써 보세요.

82쪽 유형10

조건
- 비율이 65 %입니다.
- 기준량과 비교하는 양의 차가 28입니다.

( )

19 수 카드 5장 중 2장을 골라 한 번씩만 사용하여 두 자리 수를 만들려고 합니다. 만들 수 있는 두 자리 수의 개수에 대한 홀수의 개수의 비율을 기약분수와 소수로 각각 나타내어 보세요.

0 2 4 5 9

기약분수 ( )

소수 ( )

AI가 뽑은 정답률 낮은 문제

20 가 은행과 나 은행에 예금한 금액과 1년 후 이자를 합한 금액을 나타낸 표입니다. 어느 은행의 이자율이 더 높은지 구해 보세요.

83쪽 유형12

은행	가 은행	나 은행
예금한 금액(원)	600000	700000
1년 후 금액(원)	624000	721000

( )

4 단원

AI가 추천한 단원 평가 3회

78~83쪽에서 같은 유형의 문제를 더 풀 수 있어요.

01 □ 안에 알맞은 말을 써넣으세요.

> 기준량을 100으로 할 때의 비율을 □(이)라고 합니다.

02 초콜릿이 12개, 사탕이 3개 있습니다. 초콜릿 수와 사탕 수를 바르게 비교한 것의 기호를 써 보세요.

> ㉠ 12－3＝9이므로 초콜릿이 사탕보다 9개 더 많습니다.
> ㉡ 12÷3＝4이므로 사탕 수는 초콜릿 수의 4배입니다.

(　　　　　　)

03~04 그림을 보고 □ 안에 알맞은 수를 써넣으세요.

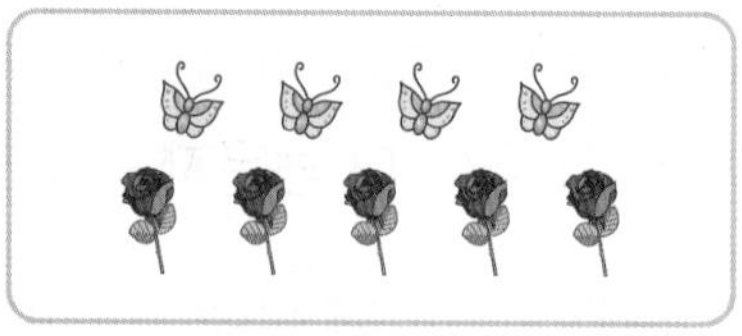

03 나비 수와 꽃 수의 비

➜ □ : □

04 나비 수에 대한 꽃 수의 비

➜ □ : □

05 비에서 기준량과 비교하는 양을 찾아 쓰고, 비율을 분수와 소수로 각각 나타내어 보세요.

비	기준량	비교하는 양	비율	
			분수	소수
9 : 10				

06 백분율을 소수로 나타내어 보세요.

> 107 %

(　　　　　　)

07 비에 대해 잘못 설명한 것을 찾아 기호를 써 보세요.

> ㉠ 6과 13의 비는 6 : 13입니다.
> ㉡ 9의 11에 대한 비는 11 : 9입니다.
> ㉢ 7 대 8은 7 : 8입니다.

(　　　　　　)

08 전체에 대한 색칠한 부분의 백분율이 25 %가 되도록 색칠해 보세요.

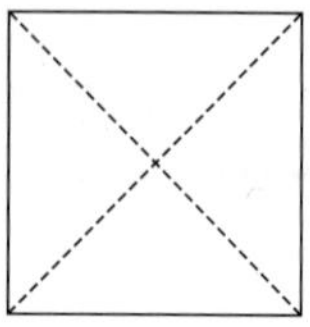

09 비율을 백분율로 잘못 나타낸 것은 어느 것인가요? (　　　)

① $\frac{1}{2}$ → 50 %　② 0.9 → 90 %

③ $\frac{3}{5}$ → 60 %　④ 0.08 → 80 %

⑤ $\frac{7}{50}$ → 14 %

10 민지네 반 학생 21명 중 동생이 있는 학생은 9명입니다. 전체 학생 수에 대한 동생이 있는 학생 수의 비를 써 보세요.

(　　　　　　　　)

AI가 뽑은 정답률 낮은 문제

11 비율이 가장 높은 것을 찾아 기호를 써 보세요.

78쪽 유형 1

㉠ $\frac{1}{4}$

㉡ 50에 대한 19의 비

㉢ 19 %

(　　　　　　　　)

12 과일이 20개 있습니다. 전체 과일 수에 대한 복숭아 수의 비율을 소수로 나타내어 보세요.

귤	사과	복숭아
5개	9개	6개

(　　　　　　　　)

서술형

13 파란색 구슬이 15개, 분홍색 구슬이 12개 있습니다. 분홍색 구슬 수에 대한 파란색 구슬 수의 비와 비율에 대해 잘못 말한 사람의 이름을 쓰고, 그 이유를 써 보세요.

분홍색 구슬 수에 대한 파란색 구슬 수의 비는 15 : 12야.
분홍색 구슬 수에 대한 파란색 구슬 수의 비율을 분수로 나타내면 4/5야.
재우
해은

답

AI가 뽑은 정답률 낮은 문제

14 연비는 자동차의 사용한 연료에 대한 주행 거리의 비율입니다. 연료 20 L로 280 km를 달렸을 때 이 자동차의 연비를 구해 보세요.

81쪽 유형 8

(　　　　　　　　)

AI가 뽑은 정답률 낮은 문제

15 물 680 g에 소금 120 g을 녹였습니다. 소금물 양에 대한 소금 양의 비율은 몇 %인지 구해 보세요.

82쪽 유형 9

(　　　　　　　　)

AI가 뽑은 정답률 낮은 문제

16 세호의 키에 대한 그림자 길이의 비율이 0.7입니다. 세호의 그림자 길이는 몇 cm인지 구해 보세요.

80쪽 유형 5

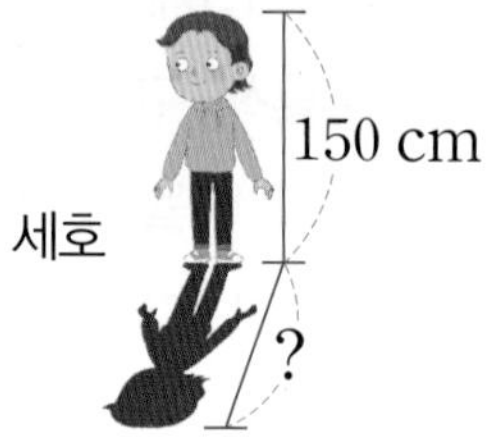

(　　　　　　　　)

AI가 뽑은 정답률 낮은 문제 서술형

17 두 자동차가 간 거리와 걸린 시간을 나타낸 표입니다. 두 자동차 중 더 빠른 자동차는 어느 것인지 풀이 과정을 쓰고 답을 구해 보세요.

80쪽 유형 6

자동차	가 자동차	나 자동차
간 거리(km)	10	55
걸린 시간(분)	12	60

풀이

답

AI가 뽑은 정답률 낮은 문제

18 슬아네 집에 있는 책 수를 나타낸 표입니다. 과학책은 동화책보다 3권 더 적습니다. 전체 책 수에 대한 위인전 수의 비를 써 보세요.

79쪽 유형 3

종류	위인전	동화책	과학책	만화책
책 수(권)	25		17	18

(　　　　　　　　)

19 체험 학습으로 과학관에 가는 것에 찬성하는 학생 수를 나타낸 표입니다. 찬성률이 가장 높은 반은 몇 반인지 구해 보세요.

	전체 학생 수(명)	찬성하는 학생 수(명)
1반	24	18
2반	25	21
3반	20	16

(　　　　　　　　)

20 어느 가게에서 1 kg에 5000원 하는 고구마가 2 kg에 11000원으로 올랐습니다. 고구마 가격의 인상률은 몇 %인지 구해 보세요. (단, kg당 인상 금액은 모두 같습니다.)

(　　　　　　　　)

01 □ 안에 알맞은 말을 써넣으세요.

기준량에 대한 비교하는 양의 크기를 □(이)라고 합니다.

02 그림을 보고 □ 안에 알맞은 수를 써넣으세요.

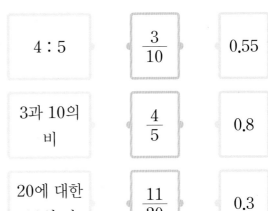

자전거 수의 자동차 수에 대한 비

→ □ : □

03~04 봉지마다 사과가 2개, 귤이 8개 들어 있습니다. 물음에 답해 보세요.

03 한 봉지에 들어 있는 사과 수와 귤 수를 비교해 보세요.

- 귤은 사과보다 □개 더 많습니다.
- 귤 수는 사과 수의 □배입니다.

04 표를 완성하고 □ 안에 알맞은 수를 써넣으세요.

봉지 수(개)	1	2	3	4
사과 수(개)	2	4	6	8
귤 수(개)	8	16		

귤 수는 항상 봉지 수의 □배입니다.

05 관계있는 것끼리 선으로 이어 보세요.

4 : 5	$\frac{3}{10}$	0.55
3과 10의 비	$\frac{4}{5}$	0.8
20에 대한 11의 비	$\frac{11}{20}$	0.3

06 11:20에 대해 바르게 설명한 것에 ○표 해 보세요.

- 11에 대한 20의 비로 읽을 수 있습니다. (   )
- 기준량은 20이고, 비교하는 양은 11입니다. (   )

07 빈칸에 알맞은 수를 써넣으세요.

분수	소수	백분율(%)
$\frac{29}{100}$	0.29	
	0.17	

08 백분율을 기약분수로 나타내어 보세요.

85 %

(   )

09 딸기 50개 중에서 35개를 먹었습니다. 전체 딸기 수에 대한 먹은 딸기 수의 비를 써 보세요.

(　　　　　　　　　　)

10 물에 포도 원액 50 mL를 넣어서 포도주스 250 mL를 만들었습니다. 포도주스 양에 대한 포도 원액 양의 비율을 소수로 나타내어 보세요.

(　　　　　　　　　　)

AI가 뽑은 정답률 낮은 문제

11 기준량이 비교하는 양보다 큰 것을 모두 찾아 기호를 써 보세요.

78쪽 유형 2

㉠ 1.3	㉡ $\frac{3}{7}$
㉢ 120 %	㉣ 82 %

(　　　　　　　　　　)

12 어느 공연장의 전체 좌석 900석 중에서 예매된 좌석이 540석이라고 할 때 이 공연장의 예매율은 몇 %인지 구해 보세요.

(　　　　　　　　　　)

AI가 뽑은 정답률 낮은 문제

13 직사각형의 넓이에 대한 마름모의 넓이의 비율을 기약분수와 소수로 각각 나타내어 보세요.

79쪽 유형 4

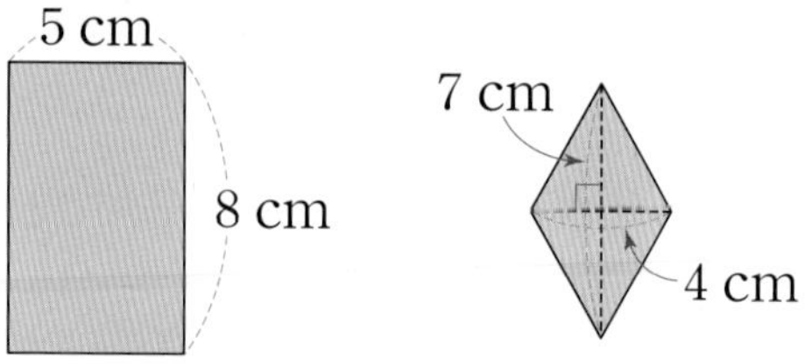

기약분수 (　　　　　　　　　　)

소수 (　　　　　　　　　　)

14 지난주 미술관 관람객 수는 500명이고 이번 주는 지난주보다 40명 늘었다고 합니다. 이번 주 미술관 관람객 수는 지난주 미술관 관람객 수에 비해 몇 % 늘었는지 구해 보세요.

(　　　　　　　　　　)

15 상자 안에 1등 당첨 쪽지가 1장, 2등 당첨 쪽지가 5장, 3등 당첨 쪽지가 10장 있습니다. 전체 당첨 쪽지 수에 대한 2등 당첨 쪽지 수의 비율을 분수로 나타내어 보세요.

( )

16 동준이는 용돈 10000원을 받아서 3000원은 학용품을 사고, 1500원은 간식을 사 먹었습니다. 남은 용돈과 처음 용돈의 비를 써 보세요.

( )

서술형

17 같은 시각에 주희와 동생의 그림자 길이를 재었습니다. 두 사람의 키에 대한 그림자 길이의 비율을 각각 소수로 구하고, 알게 된 점을 써 보세요.

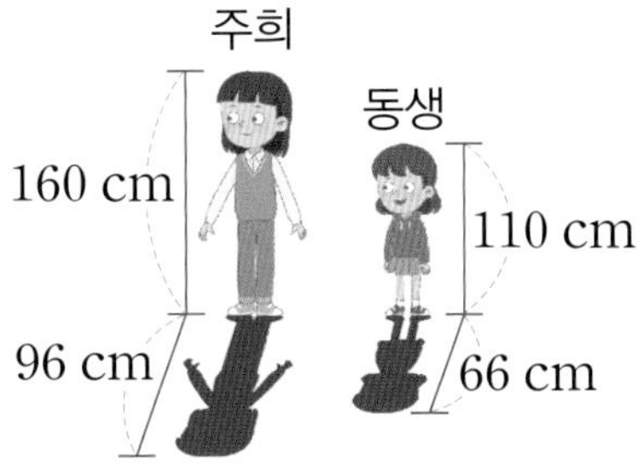

답

AI가 뽑은 정답률 낮은 문제

18 어느 가게에서 파는 티셔츠와 바지의 원래 가격과 판매 가격을 나타낸 표입니다. 할인율이 더 높은 물건은 어느 것인지 구해 보세요.

83쪽 유형 11

물건	티셔츠	바지
원래 가격(원)	15000	25000
판매 가격(원)	12000	21000

( )

AI가 뽑은 정답률 낮은 문제

19 설탕물 양에 대한 설탕 양의 비율이 25 %인 설탕물 600 g을 만들려고 합니다. 물은 몇 g이 필요할지 구해 보세요.

80쪽 유형 5

( )

서술형

20 어느 은행에 500000원을 저금하였더니 1년 후에 저금한 돈에 대해 3.5 %의 이자가 생겼습니다. 1년 후에 은행에서 찾을 수 있는 돈은 얼마인지 풀이 과정을 쓰고 답을 구해 보세요.

풀이

답

1회 9번 3회 11번

유형 1 비율 비교하기

비율이 더 높은 것의 기호를 써 보세요.

㉠ 3 : 4　　㉡ $\frac{2}{5}$

(　　　　　　　　)

Tip 비율을 백분율로 나타낸 다음 비교해요.

1-1 비율이 가장 낮은 것을 찾아 기호를 써 보세요.

㉠ 0.51
㉡ 8에 대한 3의 비
㉢ 46 %

(　　　　　　　　)

1-2 비율이 높은 것부터 차례대로 기호를 써 보세요.

㉠ 35 %
㉡ $\frac{2}{50}$
㉢ 6 : 20
㉣ 0.09

(　　　　　　　　)

2회 10번 4회 11번

유형 2 기준량과 비교하는 양 비교하기

기준량이 비교하는 양보다 큰 것의 기호를 써 보세요.

㉠ 80 %　　㉡ $\frac{12}{11}$

(　　　　　　　　)

Tip 기준량이 비교하는 양보다 크면 비율은 1보다 낮고, 백분율은 100 %보다 낮아요.

2-1 기준량이 비교하는 양보다 작은 것을 모두 찾아 기호를 써 보세요.

㉠ 0.42　　㉡ $\frac{8}{7}$

㉢ 67 %　　㉣ 110 %

(　　　　　　　　)

2-2 기준량이 비교하는 양보다 큰 것은 모두 몇 개인지 구해 보세요.

$\frac{3}{50}$　　101 %　　2.05

$\frac{5}{4}$　　60 %　　0.9　　$\frac{7}{10}$

(　　　　　　　　)

2회 13번 3회 18번

유형 3 전체를 구하여 비로 나타내기

쟁반 위에 사과가 5개, 배가 8개 있습니다. 쟁반 위에 있는 전체 과일 수에 대한 사과 수의 비를 써 보세요.

( )

Tip 먼저 전체 과일 수를 구하고, 전체 과일 수에 대한 사과 수의 비를 써요.

3-1 상자 안에 곰 인형이 4개, 토끼 인형이 3개 있습니다. 상자 안에 있는 전체 인형 수에 대한 토끼 인형 수의 비를 써 보세요.

( )

3-2 옷장 안에 바지가 10벌, 원피스가 9벌 있습니다. 옷장 안에 있는 전체 옷 수에 대한 바지 수의 비를 써 보세요.

( )

3-3 상우는 장애물 달리기를 하고 있습니다. 장애물의 위치는 다음과 같습니다. 출발점에서부터 도착점까지의 거리와 장애물에서부터 도착점까지의 거리의 비를 써 보세요. (단, 장애물의 두께는 생각하지 않습니다.)

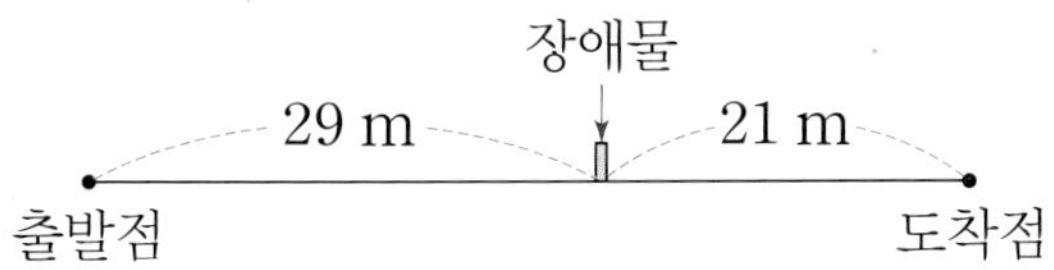

( )

4회 13번

유형 4 도형의 넓이의 비율 구하기

직사각형의 넓이에 대한 삼각형의 넓이의 비율을 기약분수와 소수로 각각 나타내어 보세요.

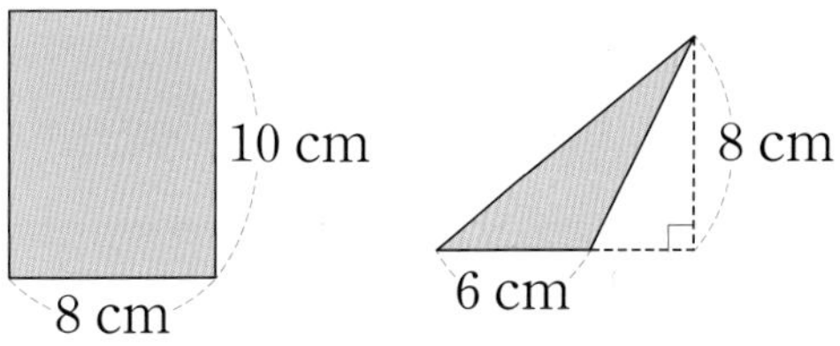

기약분수 ( )

소수 ( )

Tip 먼저 직사각형과 삼각형의 넓이를 각각 구하고, 직사각형의 넓이에 대한 삼각형의 넓이의 비율을 기약분수와 소수로 각각 나타내요.

4-1 마름모의 넓이와 평행사변형의 넓이의 비율을 기약분수와 소수로 각각 나타내어 보세요.

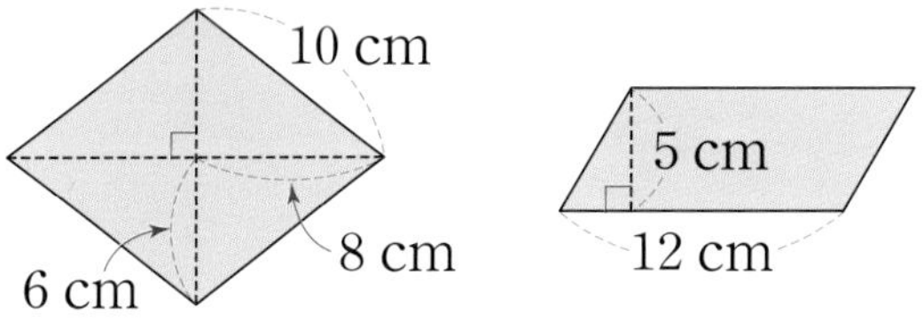

기약분수 ( )

소수 ( )

4-2 직사각형의 넓이에 대한 사다리꼴의 넓이의 비율을 분수로 나타내어 보세요.

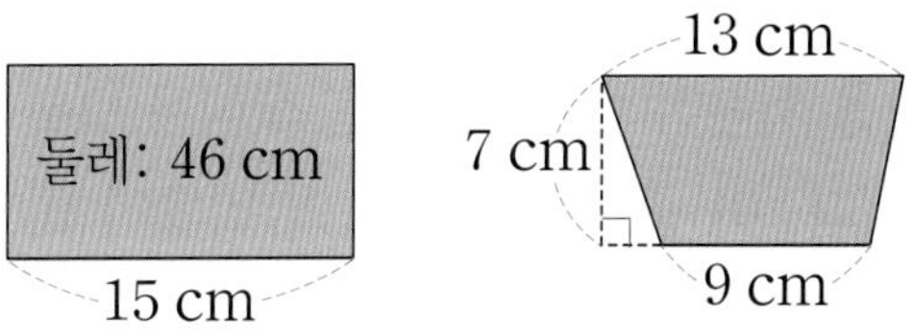

( )

1회 18번 | 3회 16번 | 4회 19번

유형 5 비율을 이용하여 비교하는 양 구하기

전체 공 수에 대한 야구공 수의 비가 2 : 9이고 전체 공은 45개입니다. 야구공은 몇 개인지 구해 보세요.

(　　　　　　　　)

Tip (전체 공 수에 대한 야구공 수의 비율)

$=(\text{야구공 수})\div(\text{전체 공 수})=\dfrac{(\text{야구공 수})}{(\text{전체 공 수})}$

→ (야구공 수)=(전체 공 수)×(전체 공 수에 대한 야구공 수의 비율)

5-1 책상 위에 빨간색 색종이와 파란색 색종이가 있습니다. 파란색 색종이 수에 대한 빨간색 색종이 수의 비율이 0.6이고, 파란색 색종이는 30장 있을 때, 빨간색 색종이는 몇 장 있는지 구해 보세요.

(　　　　　　　　)

5-2 전체 채소 수에 대한 가지 수의 비가 1 : 5이고 전체 채소는 25개입니다. 가지는 몇 개인지 구해 보세요.

(　　　　　　　　)

5-3 서윤이네 학교 6학년 학생은 모두 160명입니다. 이 중에서 여학생의 비율이 0.55일 때 남학생은 모두 몇 명인지 구해 보세요.

(　　　　　　　　)

1회 14번 | 3회 17번

유형 6 빠르기 구하기

어느 기차가 364 km를 가는 데 4시간이 걸렸습니다. 이 기차의 걸린 시간에 대한 간 거리의 비율을 구해 보세요.

(　　　　　　　　)

Tip (걸린 시간에 대한 간 거리의 비율)

$=\dfrac{(\text{간 거리})}{(\text{걸린 시간})}$

6-1 어느 버스가 310 km를 가는 데 5시간이 걸렸습니다. 이 버스의 걸린 시간에 대한 간 거리의 비율을 구해 보세요.

(　　　　　　　　)

6-2 빨간 버스는 210 km를 가는 데 3시간이 걸렸고, 파란 버스는 134 km를 가는 데 2시간이 걸렸습니다. 어느 버스가 더 빠른지 구해 보세요.

(　　　　　　　　)

6-3 이준이는 222 m를 가는 데 3분이 걸렸고, 나은이는 160 m를 가는 데 2분이 걸렸습니다. 더 빨리 걸은 사람은 누구인지 이름을 써 보세요.

(　　　　　　　　)

유형 7 넓이에 대한 인구의 비율 구하기

2회 17번

넓이가 40 km^2인 어느 마을의 인구는 18000명입니다. 이 마을의 넓이에 대한 인구의 비율을 구해 보세요.

(　　　　　　　　　　)

Tip (넓이에 대한 인구의 비율)$=\frac{(인구)}{(넓이)}$

7-1 가 마을과 나 마을의 인구와 넓이를 나타낸 표입니다. 가 마을과 나 마을 중 인구가 더 밀집한 마을을 구해 보세요.

마을	가 마을	나 마을
인구(명)	6020	5280
넓이(km^2)	5	4

(　　　　　　　　　　)

7-2 사랑 마을과 행복 마을의 인구와 넓이를 나타낸 표입니다. 사랑 마을과 행복 마을 중 인구가 더 밀집한 마을을 구해 보세요.

마을	사랑 마을	행복 마을
인구(명)	19440	16000
넓이(km^2)	12	10

(　　　　　　　　　　)

유형 8 연비 구하기

3회 14번

연비는 자동차의 사용한 연료에 대한 주행 거리의 비율입니다. 연료 17 L로 289 km를 달렸을 때 이 자동차의 연비를 구해 보세요.

(　　　　　　　　　　)

Tip (연비)$=\frac{(주행 거리)}{(연료)}$

8-1 어느 자동차가 연료 8 L로 100 km를 달렸습니다. 이 자동차의 연비를 소수로 나타내어 보세요.

(　　　　　　　　　　)

8-2 어느 자동차의 사용한 연료와 주행 거리를 나타낸 표입니다. 이 자동차의 연비를 구해 보세요.

사용한 연료(L)	주행 거리(km)
24	360

(　　　　　　　　　　)

8-3 가 자동차와 나 자동차의 사용한 연료와 주행 거리를 나타낸 표입니다. 연비가 더 높은 자동차는 어느 자동차인지 구해 보세요.

	가 자동차	나 자동차
사용한 연료(L)	30	25
주행 거리(km)	570	450

(　　　　　　　　　　)

4 단원

1회 20번 3회 15번

유형 9 소금물(설탕물)의 진하기 구하기

물 320 g에 소금 80 g을 녹였습니다. 소금물 양에 대한 소금 양의 비율은 몇 %인지 구해 보세요.

( )

Tip (소금물 양에 대한 소금 양의 비율) $=\dfrac{(\text{소금 양})}{(\text{소금물 양})}$

9-1 물 220 g에 설탕 30 g을 녹였습니다. 설탕물 양에 대한 설탕 양의 비율은 몇 %인지 구해 보세요.

( )

9-2 가 비커에는 소금이 48 g 녹아 있는 소금물 300 g이 있고, 나 비커에는 소금이 100 g 녹아 있는 소금물 500 g이 있습니다. 가 비커와 나 비커 중 어느 비커에 들어 있는 소금물이 더 진한지 구해 보세요.

( )

9-3 가 비커와 나 비커에 넣은 설탕과 물의 양이 다음과 같을 때, 어느 비커에 들어 있는 설탕물이 더 진한지 구해 보세요.

가 나

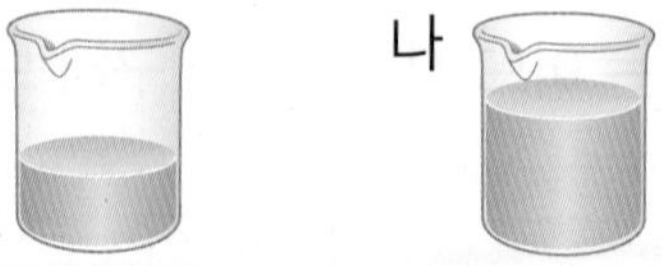

가	나
설탕: 28 g	설탕: 50 g
물: 172 g	물: 350 g

( )

2회 18번

유형 10 조건을 만족하는 비 구하기

조건을 모두 만족하는 비를 써 보세요.

조건
- 비율이 0.8입니다.
- 기준량과 비교하는 양의 차가 5입니다.

( )

Tip 먼저 비율을 기약분수로 나타내요. 분모와 분자의 차가 5인 분수를 구해서 조건에 만족하는 비를 써요.

10-1 조건을 모두 만족하는 비를 써 보세요.

조건
- 비율이 0.6입니다.
- 기준량과 비교하는 양의 차가 6입니다.

( )

10-2 조건을 모두 만족하는 비를 써 보세요.

조건
- 비율이 70 %입니다.
- 기준량과 비교하는 양의 합이 85입니다.

( )

1회 16번 4회 18번

유형 11 할인율 구하기

마트에서 할인 행사를 하고 있습니다. 사탕의 할인율을 소수로 나타내어 보세요.

사탕

~~800원~~ → 600원

( )

Tip (할인율)$=\frac{\text{(할인 금액)}}{\text{(원래 가격)}}$

11-1 문구점에서 파는 물건의 원래 가격과 판매 가격을 나타낸 표입니다. 할인율이 더 높은 물건은 어느 것인지 구해 보세요.

물건	필통	색연필
원래 가격(원)	4000	2000
판매 가격(원)	3600	1700

( )

11-2 피자 가게에서 파는 피자의 원래 가격과 판매 가격을 나타낸 표입니다. 할인율이 더 낮은 피자는 어느 것인지 구해 보세요.

피자	햄 피자	고구마 피자
원래 가격(원)	15000	16000
판매 가격(원)	12750	12800

( )

2회 20번

유형 12 이자율 비교하기

가 은행과 나 은행에 같은 기간 동안 저금한 돈과 받은 이자를 나타낸 표입니다. 어느 은행에 저금하는 것이 좋을지 구해 보세요.

은행	가 은행	나 은행
저금한 돈(원)	60000	50000
받은 이자(원)	1200	1100

( )

Tip 저금한 돈에 대한 받은 이자의 비율을 이자율이라고 해요. 두 은행의 이자율을 구하고, 구한 이자율을 비교해요.

12-1 햇님 은행과 달님 은행에 같은 기간 동안 저금한 돈과 받은 이자를 나타낸 표입니다. 어느 은행에 저금하는 것이 좋을지 구해 보세요.

은행	햇님 은행	달님 은행
저금한 돈(원)	80000	100000
받은 이자(원)	2400	2500

( )

12-2 가 은행과 나 은행에 저금한 금액과 1년 후 이자를 합한 금액을 나타낸 표입니다. 어느 은행의 이자율이 더 높은지 구해 보세요.

은행	가 은행	나 은행
저금한 금액(원)	500000	400000
1년 후 금액(원)	515000	414000

( )

5

여러 가지 그래프

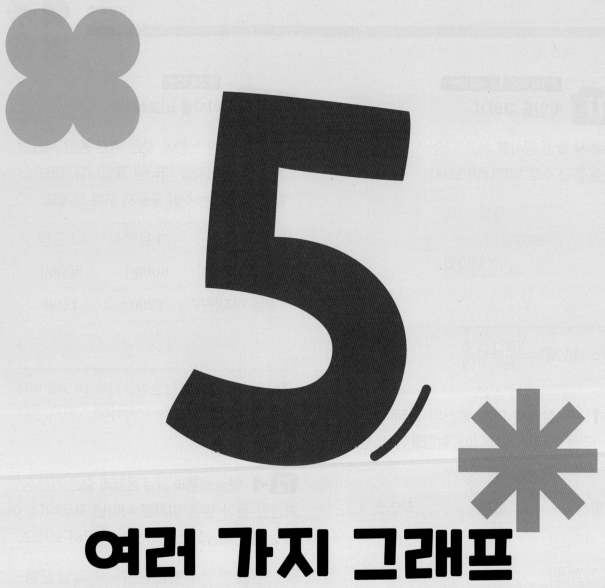

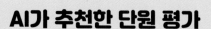

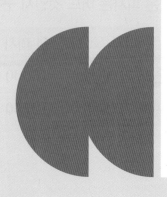

개념 정리 5단원

여러 가지 그래프

개념 1 그림그래프로 나타내기

지역별 학생 수

지역	가	나	다
학생 수(명)	1100	1300	800

지역별 학생 수

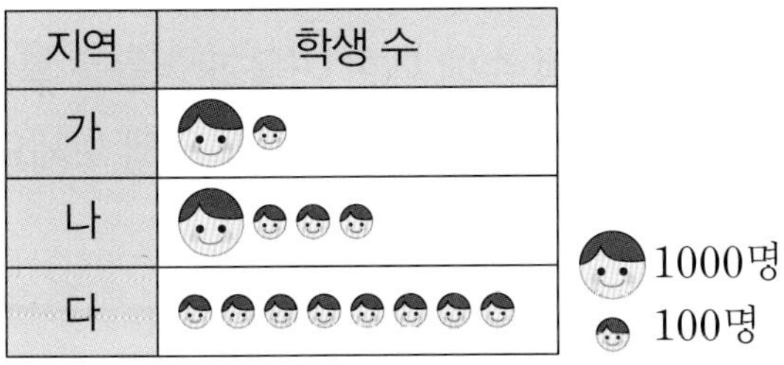

- 은 1000명을, 은 100명을 나타냅니다.
- 학생 수가 가장 많은 지역은 나 지역이고, 학생 수가 가장 적은 지역은 ☐ 지역입니다.

개념 2 띠그래프

◆ 띠그래프: 전체에 대한 각 부분의 비율을 띠 모양에 나타낸 그래프

◆ **띠그래프로 나타내기**

좋아하는 과일별 학생 수

과일	딸기	귤	포도	사과	합계
학생 수(명)	8	5	4	3	☐
백분율(%)	40	25	20	15	100

① 백분율 구하기 ② 합계 확인하기

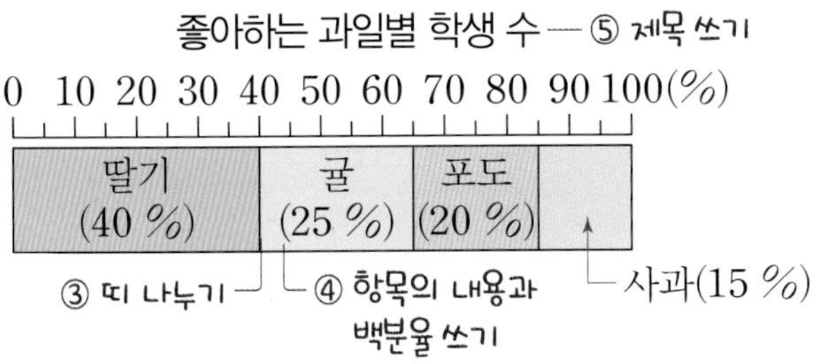

개념 3 원그래프

◆ 원그래프: 전체에 대한 각 부분의 비율을 원 모양에 나타낸 그래프

◆ **원그래프로 나타내기**

좋아하는 색깔별 학생 수

색깔	빨강	파랑	보라	초록	합계
학생 수(명)	7	6	4	3	20
백분율(%)	35	30	20	15	☐

① 백분율 구하기 ② 합계 확인하기

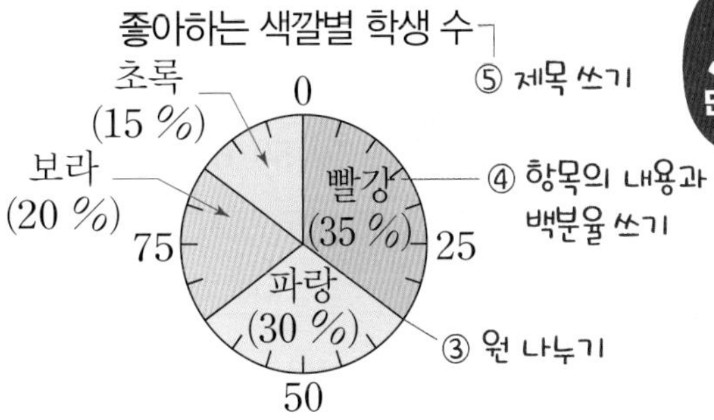

개념 4 그래프 해석하기

- 개념 2의 띠그래프에서 비율이 가장 높은 과일은 ☐ 입니다.
- 개념 3의 원그래프에서 파랑의 비율은 초록의 비율의 2배입니다.

개념 5 여러 가지 그래프 비교하기

- 그림그래프: 그림의 크기와 수로 수량의 많고 적음을 쉽게 알 수 있습니다.
- 막대그래프: 막대의 길이로 수량의 많고 적음을 한눈에 비교할 수 있습니다.
- 꺾은선그래프: 시간에 따라 수량이 변화하는 모습과 정도를 쉽게 알 수 있습니다.
- 띠그래프, 원그래프: 전체에 대한 각 부분의 비율을 한눈에 알 수 있습니다.

정답 ❶ 다 ❷ 20 ❸ 100 ❹ 딸기

5 단원

AI가 추천한 단원 평가 1회

점수

98~103쪽에서 같은 유형의 문제를 더 풀 수 있어요.

01 □ 안에 알맞은 말을 써넣으세요.

> 전체에 대한 각 부분의 비율을 원 모양에 나타낸 그래프를 □(이)라고 합니다.

02~04 지호네 반 학생들이 좋아하는 간식을 조사하여 나타낸 띠그래프입니다. 물음에 답해 보세요.

좋아하는 간식별 학생 수

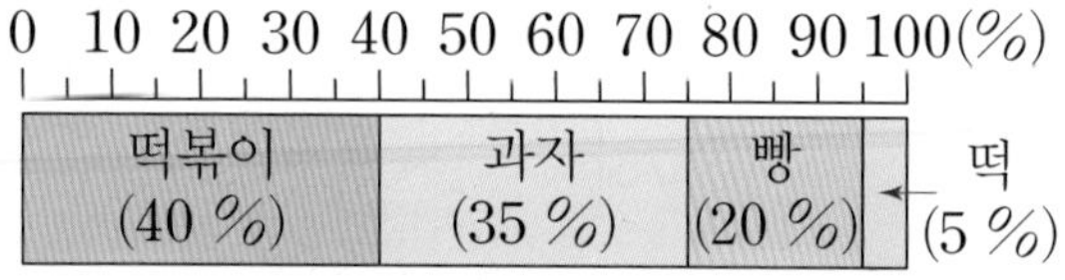

02 과자를 좋아하는 학생 수는 전체 학생 수의 몇 %인지 써 보세요.

(　　　　　　)

03 가장 적은 학생이 좋아하는 간식은 무엇인지 써 보세요.

(　　　　　　)

04 떡볶이를 좋아하는 학생 수는 빵을 좋아하는 학생 수의 몇 배인지 구해 보세요.

(　　　　　　)

05~08 라임이네 반 학생들이 좋아하는 계절을 조사하여 나타낸 표입니다. 물음에 답해 보세요.

좋아하는 계절별 학생 수

계절	봄	여름	가을	겨울	합계
학생 수(명)	5	8	4	3	20
백분율(%)	25				

05 전체 학생 수에 대한 가을과 겨울을 좋아하는 학생 수의 백분율을 각각 구해 보세요.

가을: $\frac{4}{20}\times 100=\square(\%)$

겨울: $\frac{3}{20}\times 100=\square(\%)$

06 표를 완성해 보세요.

07 백분율의 합계는 몇 %인지 써 보세요.

(　　　　　　)

08 표를 보고 원그래프를 완성해 보세요.

좋아하는 계절별 학생 수

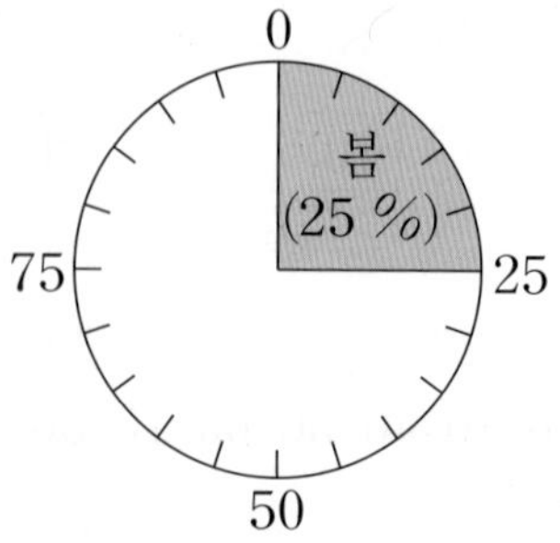

09~11 어느 해의 우리나라 쌀 생산량을 권역별로 조사하여 나타낸 그림그래프입니다. 물음에 답해 보세요.

권역별 쌀 생산량

09 대전 · 세종 · 충청 권역의 쌀 생산량은 몇 t인지 써 보세요.

( )

10 쌀 생산량이 가장 많은 권역은 어디인지 써 보세요.

( )

11 서울 · 인천 · 경기 권역의 쌀 생산량은 강원 권역의 쌀 생산량보다 몇 t 더 많은지 구해 보세요.

( )

AI가 뽑은 정답률 낮은 문제

12 월별 식물의 키의 변화는 어떤 그래프로 나타내면 좋을지 찾아 기호를 써 보세요.

99쪽 유형 4

㉠ 꺾은선그래프
㉡ 막대그래프
㉢ 띠그래프

( )

13~14 지아네 학교 6학년 학생들의 장래 희망을 조사하였습니다. 물음에 답해 보세요.

지아네 학교 6학년 학생 200명을 대상으로 장래 희망을 조사했더니 연예인은 60명, 선생님은 50명, 의사는 40명, 과학자는 30명, 기타는 20명이었습니다.

13 글을 읽고 표를 완성해 보세요.

장래 희망별 학생 수

장래 희망	연예인	선생님	의사	과학자	기타	합계
학생 수 (명)						
백분율 (%)						

AI가 뽑은 정답률 낮은 문제

14 자료를 보고 띠그래프로 나타내어 보세요.

100쪽 유형 5

장래 희망별 학생 수

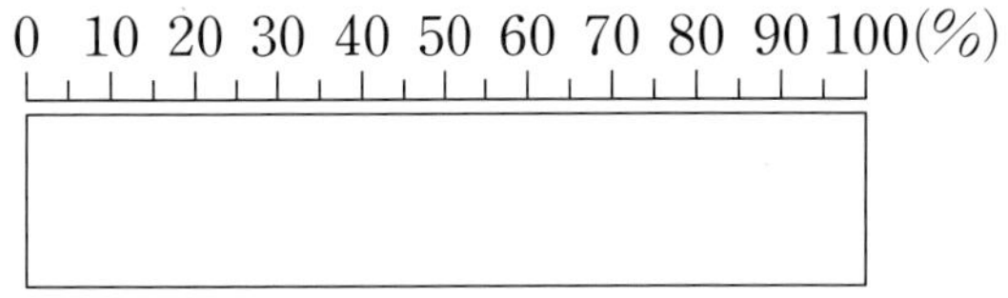

15~17 서아네 반 학생들이 생일에 받고 싶어 하는 선물을 조사하여 나타낸 원그래프입니다. 물음에 답해 보세요.

받고 싶어 하는 선물별 학생 수

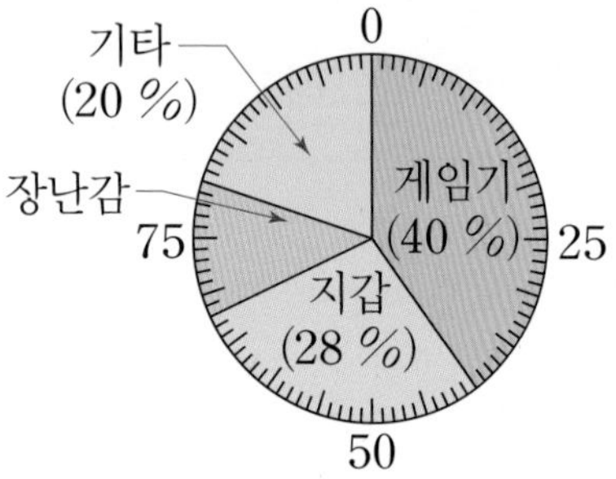

15 장난감을 받고 싶어 하는 학생 수는 전체 학생 수의 몇 %인지 구해 보세요.

( )

16 게임기 또는 장난감을 받고 싶어 하는 학생 수는 전체 학생 수의 몇 %인지 구해 보세요.

( )

AI가 뽑은 정답률 낮은 문제 | 서술형

17 서아네 반 학생이 25명일 때, 지갑을 받고 싶어 하는 학생은 몇 명인지 풀이 과정을 쓰고 답을 구해 보세요.

100쪽 유형 6

풀이

답

18~20 민준이네 학교 학생들의 형제 수를 조사하여 나타낸 띠그래프입니다. 물음에 답해 보세요.

형제 수별 학생 수

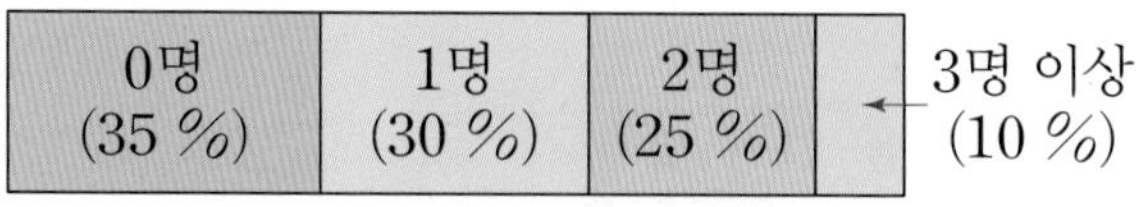

18 형제 수가 2명 이상인 학생 수는 전체 학생 수의 몇 %인지 구해 보세요.

( )

AI가 뽑은 정답률 낮은 문제 | 서술형

19 형제 수가 3명 이상인 학생이 50명이면 형제 수가 1명인 학생은 몇 명인지 풀이 과정을 쓰고 답을 구해 보세요.

101쪽 유형 8

풀이

답

AI가 뽑은 정답률 낮은 문제

20 민준이네 학교 학생들의 형제 수를 조사하여 나타낸 띠그래프의 전체 길이가 20 cm일 때 형제 수가 0명인 학생 수가 차지하는 부분의 길이는 몇 cm인지 구해 보세요.

103쪽 유형 11

( )

점수

98~103쪽에서 같은 유형의 문제를 더 풀 수 있어요.

01 전체에 대한 각 부분의 비율을 띠 모양에 나타낸 그래프를 무엇이라고 하는지 써 보세요.

( )

02~04 일주일 동안 판매한 책의 수를 서점별로 조사하여 나타낸 표입니다. 물음에 답해 보세요.

서점별 판매한 책의 수

서점	가	나	다	라
책의 수(권)	453	327	519	422
어림값(권)				

02 책의 수를 반올림하여 십의 자리까지 나타내어 표를 완성해 보세요.

03 표의 어림값을 보고 그림그래프를 완성해 보세요.

서점별 판매한 책의 수

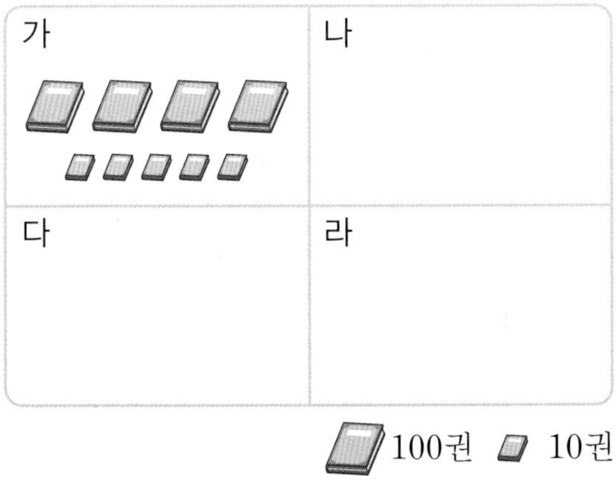

04 판매한 책이 가장 많은 서점은 어느 서점인지 써 보세요.

( )

05~08 수아네 반 학생들이 체험하고 싶어 하는 민속놀이를 조사하여 나타낸 원그래프입니다. 물음에 답해 보세요.

체험하고 싶어 하는 민속놀이별 학생 수

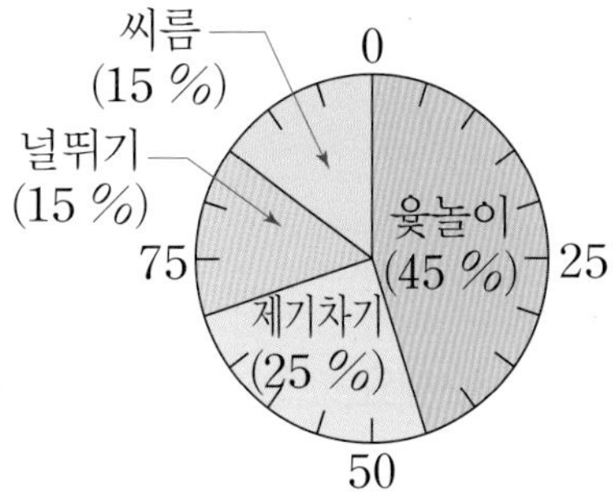

05 제기차기를 체험하고 싶어 하는 학생 수는 전체 학생 수의 몇 %인지 써 보세요.

( )

06 체험하고 싶어 하는 학생 수가 서로 같은 두 민속놀이를 찾아 써 보세요.

(,)

07 윷놀이를 체험하고 싶어 하는 학생 수는 널뛰기를 체험하고 싶어 하는 학생 수의 몇 배인지 구해 보세요.

( )

AI가 뽑은 정답률 낮은 문제

08 원그래프를 보고 띠그래프로 나타내어 보세요.

99쪽 유형 3

체험하고 싶어 하는 민속놀이별 학생 수

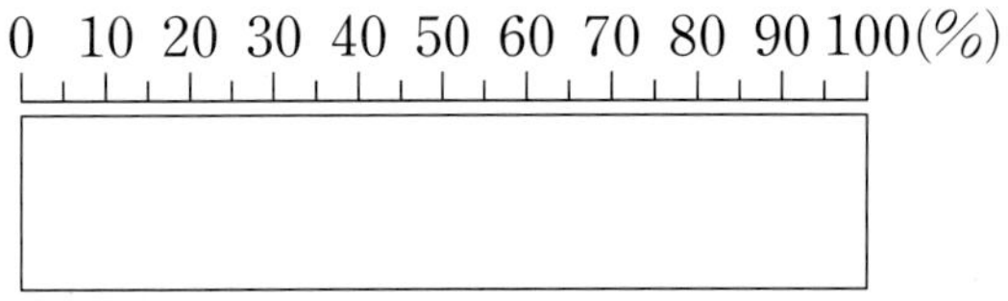

09~10 동준이네 학교 6학년 학생들이 가고 싶어 하는 수학여행지를 조사하여 나타낸 표입니다. 물음에 답해 보세요.

가고 싶어 하는 수학여행지별 학생 수

수학 여행지	제주도	경주	전주	부산	기타	합계
학생 수 (명)	60	45	21	15	9	150
백분율 (%)	40					

09 표를 완성해 보세요.

10 표를 보고 원그래프로 나타내어 보세요.

가고 싶어 하는 수학여행지별 학생 수

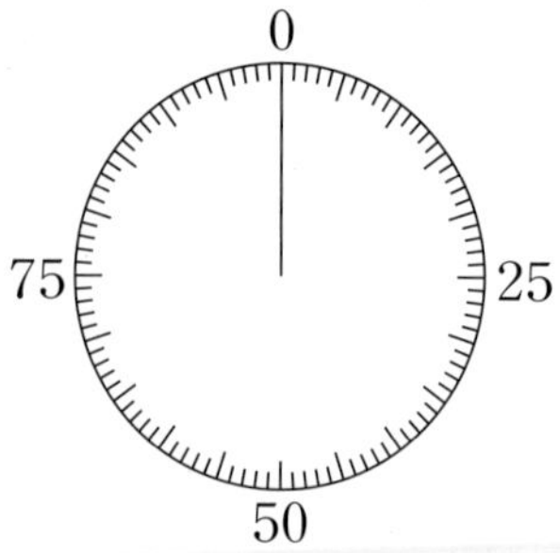

AI가 뽑은 정답률 낮은 문제

11 띠그래프 또는 원그래프로 나타내기에 알맞은 것을 모두 찾아 기호를 써 보세요.

99쪽 유형 4

㉠ 시각별 운동장의 온도 변화
㉡ 우리 반 전체 학생 수에 대한 혈액형별 학생 수의 백분율
㉢ 전체 생활비에 대한 쓰임새별 금액의 비율

( )

12~14 세은이네 반 학생들이 배우고 싶어 하는 악기를 조사하여 나타낸 띠그래프입니다. 물음에 답해 보세요.

배우고 싶어 하는 악기별 학생 수

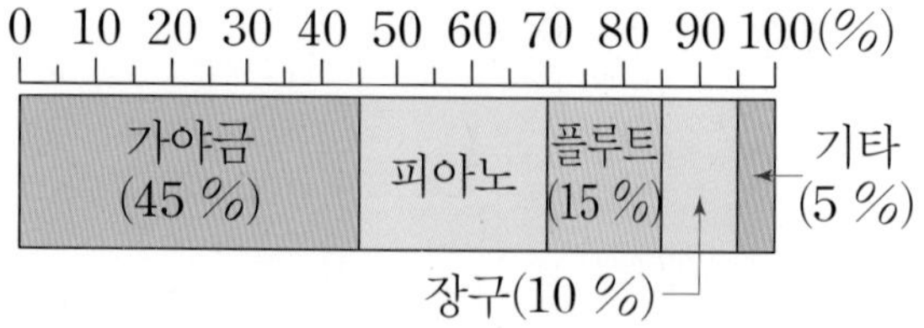

12 배우고 싶어 하는 학생 수가 전체 학생 수의 20 % 이상을 차지하는 악기는 무엇인지 모두 써 보세요.

( )

AI가 뽑은 정답률 낮은 문제

13 두 번째로 많은 학생이 배우고 싶어 하는 악기는 무엇인지 써 보세요.

98쪽 유형 2

( )

14 띠그래프를 보고 잘못 설명한 것을 찾아 기호를 써 보세요.

㉠ 플루트를 배우고 싶어 하는 학생 수는 전체 학생 수의 15 %입니다.
㉡ 가장 많은 학생이 배우고 싶어 하는 악기는 가야금입니다.
㉢ 피아노를 배우고 싶어 하는 학생 수는 장구를 배우고 싶어 하는 학생 수의 2배입니다.

( )

15~17 쓰레기 배출량을 마을별로 조사하여 나타낸 원그래프입니다. 물음에 답해 보세요.

마을별 쓰레기 배출량

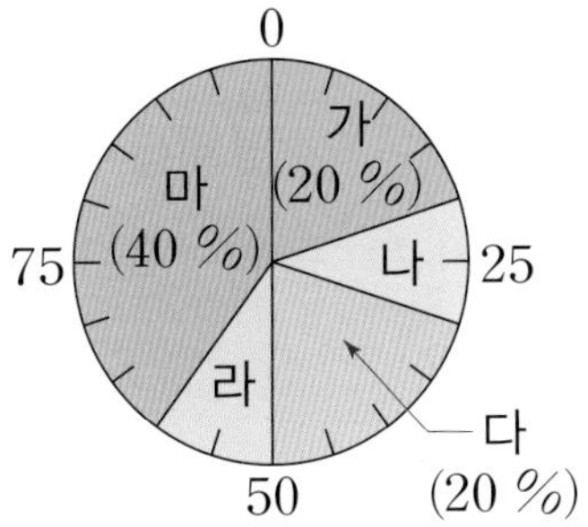

15 나 마을과 라 마을의 쓰레기 배출량은 전체 쓰레기 배출량의 몇 %인지 각각 구해 보세요.

나 마을 ()

라 마을 ()

📝 서술형

16 그래프를 보고 알 수 있는 점을 두 가지 써 보세요.

답 ▶

🤖 AI가 뽑은 정답률 낮은 문제

17 다 마을의 쓰레기 배출량이 140 kg일 때, 전체 쓰레기 배출량은 모두 몇 kg인지 구해 보세요.

📎 101쪽
유형 7

()

18~20 2022년부터 2024년가지 송연이네 학교 학생들이 하루 동안 책 읽는 시간을 조사하여 나타낸 띠그래프입니다. 물음에 답해 보세요.

책 읽는 시간별 학생 수

	1시간 미만	1시간 이상 2시간 미만	2시간 이상
2022년	27 %	46 %	27 %
2023년	24 %	44 %	32 %
2024년	20 %	40 %	40 %

□ 1시간 미만 □ 1시간 이상 2시간 미만 □ 2시간 이상

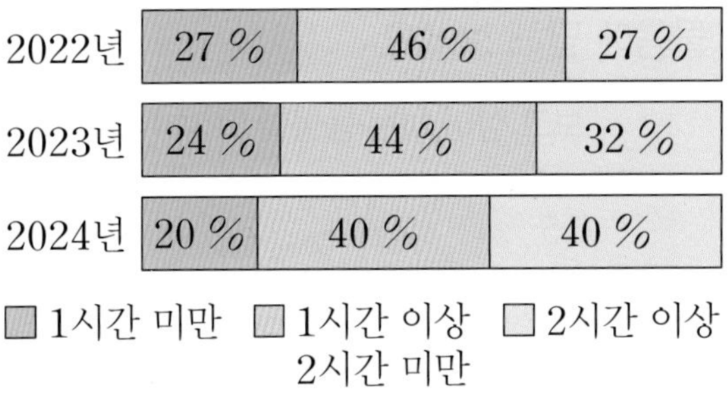

18 2022년에 1시간 이상 책을 읽은 학생 수는 전체 학생 수의 몇 %인지 구해 보세요.

()

🤖 AI가 뽑은 정답률 낮은 문제

19 2023년보다 2024년에 전체에 대한 책을 읽는 시간의 비율이 늘어난 시간을 써 보세요.

📎 102쪽
유형 9

()

📝 서술형

20 띠그래프를 보고 2022년부터 2024년까지 송연이네 학교 학생들의 책 읽는 시간이 늘어나고 있는지 줄어들고 있는지 쓰고, 그 이유를 설명해 보세요.

답 ▶

점수

98~103쪽에서 같은 유형의 문제를 더 풀 수 있어요.

01~04 아리네 학교 학생들이 동물원에서 보고 싶어 하는 동물을 조사하여 나타낸 그래프입니다. 물음에 답해 보세요.

보고 싶어 하는 동물별 학생 수

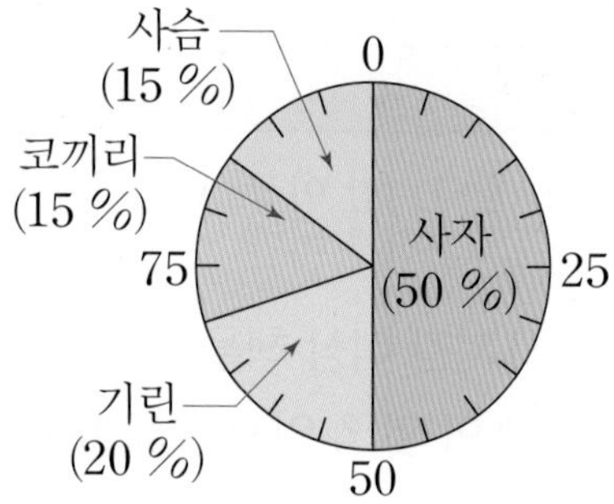

01 위와 같이 전체에 대한 각 부분의 비율을 원 모양에 나타낸 그래프를 무엇이라고 하는지 써 보세요.

(　　　　　　　　)

02 그래프의 눈금 한 칸은 몇 %를 나타내는지 구해 보세요.

(　　　　　　　　)

03 기린을 보고 싶어 하는 학생 수는 전체 학생 수의 몇 %인지 써 보세요.

(　　　　　　　　)

04 보고 싶어 하는 학생 수가 서로 같은 두 동물을 찾아 써 보세요.

(　　　　　　,　　　　　　)

05~08 민겸이네 반 학생들의 고민 유형을 조사하여 나타낸 표입니다. 물음에 답해 보세요.

고민 유형별 학생 수

유형	친구	공부	외모	기타	합계
학생 수(명)	7	5	5	3	20
백분율(%)					

05 전체 학생 수에 대한 공부가 고민인 학생 수의 백분율을 구하려고 합니다. □ 안에 알맞은 수를 써넣으세요.

$\frac{\square}{\square} \times \square = \square$ (%)

06 표를 완성해 보세요.

07 표를 보고 띠그래프로 나타내어 보세요.

고민 유형별 학생 수

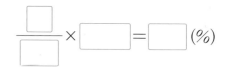

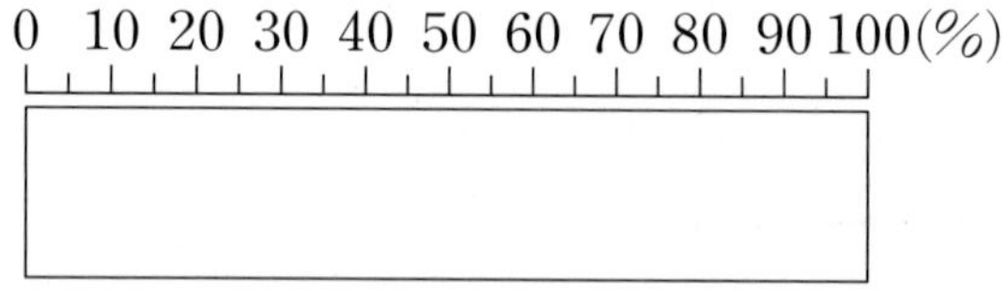

08 가장 많은 학생의 고민 유형은 무엇인지 써 보세요.

(　　　　　　　　)

09~10 학급 문고에 있는 책의 수를 종류별로 조사하여 나타낸 띠그래프입니다. 물음에 답해 보세요.

종류별 책의 수

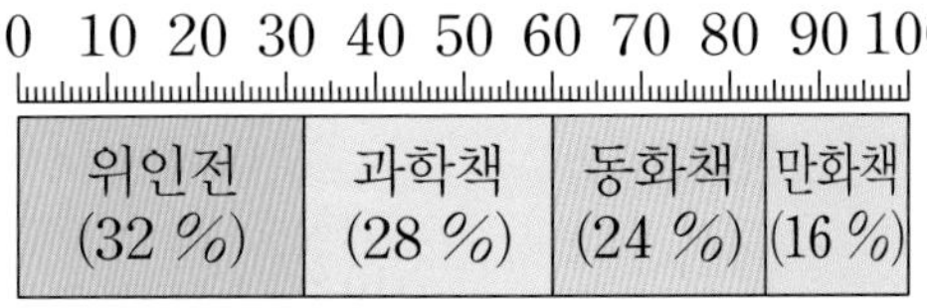

09 가장 적은 종류의 책은 무엇인지 써 보세요.

( )

10 위인전의 수는 만화책의 수의 몇 배인지 구해 보세요.

( )

AI가 뽑은 정답률 낮은 문제

11 지역별 초등학교 수를 조사하여 반올림하여 백의 자리까지 나타낸 표입니다. 표와 그림그래프를 완성해 보세요.

98쪽 유형 1

지역별 초등학교 수

지역	가	나	다	라
어림값(개)	600			1200

지역별 초등학교 수

지역	초등학교 수
가	
나	
다	
라	

 1000개  100개

12 전체에 대한 각 부분의 비율을 나타내는 그래프를 모두 고르세요. ( )

① 그림그래프 ② 막대그래프
③ 꺾은선그래프 ④ 띠그래프
⑤ 원그래프

13~14 어느 음료 가게의 하루 동안의 판매량을 음료별로 조사하여 나타낸 원그래프입니다. 물음에 답해 보세요.

음료별 판매량

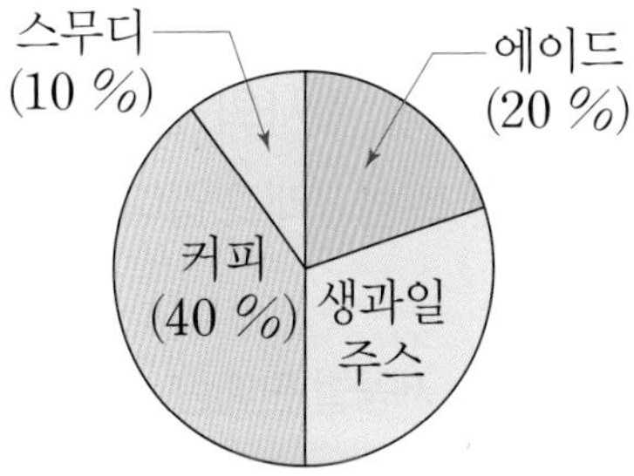

13 에이드 또는 스무디의 판매량은 전체 판매량의 몇 %인지 구해 보세요.

( )

AI가 뽑은 정답률 낮은 문제 서술형

14 많이 팔린 음료부터 차례대로 쓰려고 합니다. 풀이 과정을 쓰고 답을 구해 보세요.

98쪽 유형 2

풀이

답

AI가 뽑은 정답률 낮은 문제

15 진희네 반 회장 선거에서 후보자별 득표수를 조사하여 나타낸 띠그래프입니다. 다 후보자의 득표수와 라 후보자의 득표수가 같을 때, 띠그래프를 보고 원그래프로 나타내어 보세요.

99쪽 유형 3

후보자별 득표수

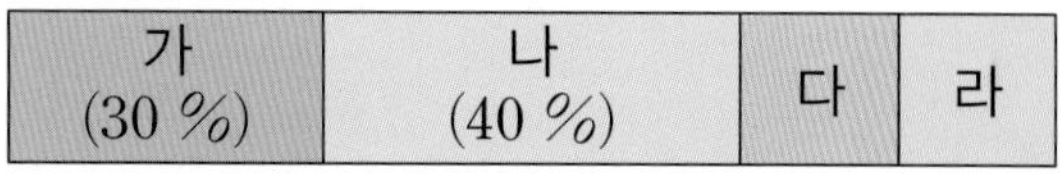

후보자별 득표수

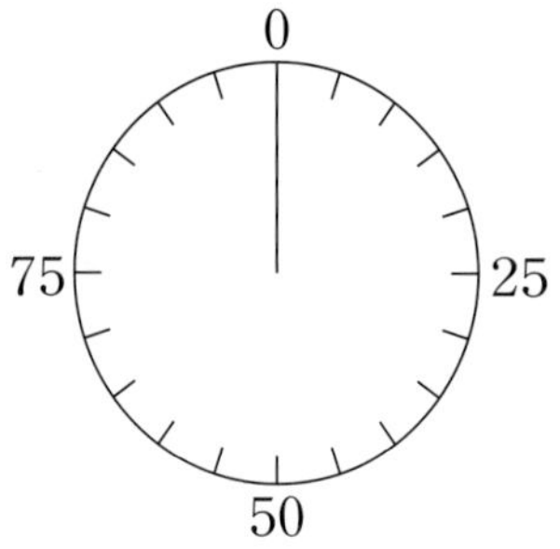

16~17 아이스크림 회사의 판매량을 제품별로 조사하여 나타낸 그림그래프입니다. 물음에 답해 보세요.

제품별 판매량

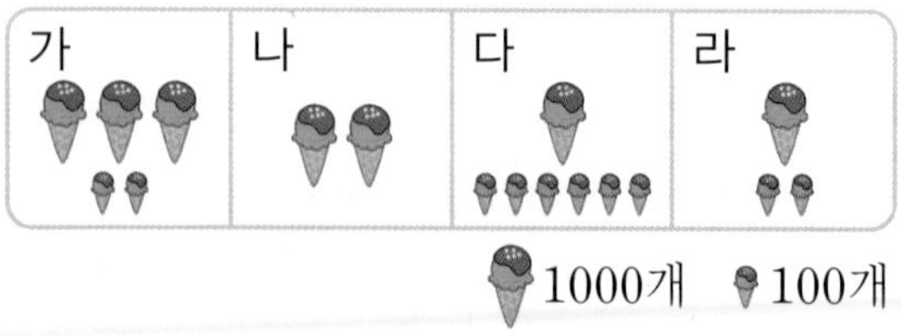

16 표를 완성해 보세요.

제품별 판매량

제품	가	나	다	라	합계
판매량 (개)					
백분율 (%)					

17 표를 보고 띠그래프로 나타내어 보세요.

제품별 판매량

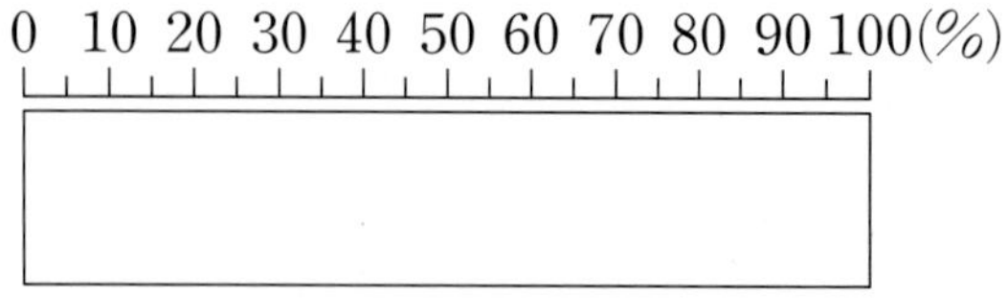

AI가 뽑은 정답률 낮은 문제 서술형

18 이도네 학교 6학년 남학생 80명과 여학생 60명이 좋아하는 과목을 조사하여 나타낸 원그래프입니다. 수학을 좋아하는 학생은 남학생과 여학생 중 누가 몇 명 더 많은지 풀이 과정을 쓰고 답을 구해 보세요.

102쪽 유형 10

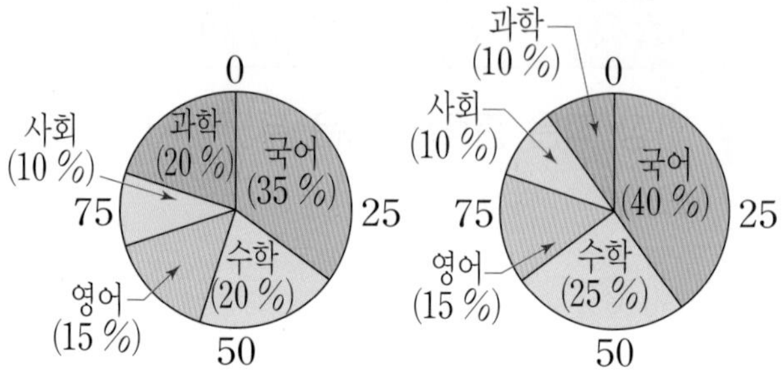

풀이

답 ,

19~20 학생들이 좋아하는 나무를 조사하여 나타낸 띠그래프입니다. 물음에 답해 보세요.

좋아하는 나무별 학생 수

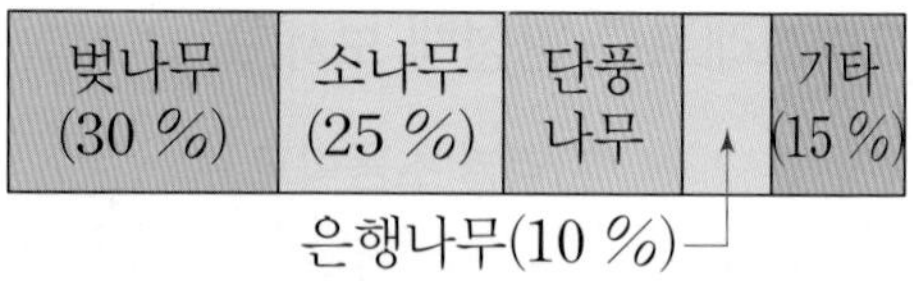

AI가 뽑은 정답률 낮은 문제

19 단풍나무를 좋아하는 학생이 4명일 때, 조사한 학생은 모두 몇 명인지 구해 보세요.

101쪽 유형 7

( )

AI가 뽑은 정답률 낮은 문제

20 띠그래프에서 소나무가 차지하는 부분의 길이가 10 cm일 때 띠그래프의 전체 길이는 몇 cm인지 구해 보세요.

103쪽 유형 11

( )

01~04 다연이네 반 학생들이 좋아하는 분식을 조사하여 나타낸 원그래프입니다. 물음에 답해 보세요.

좋아하는 분식별 학생 수

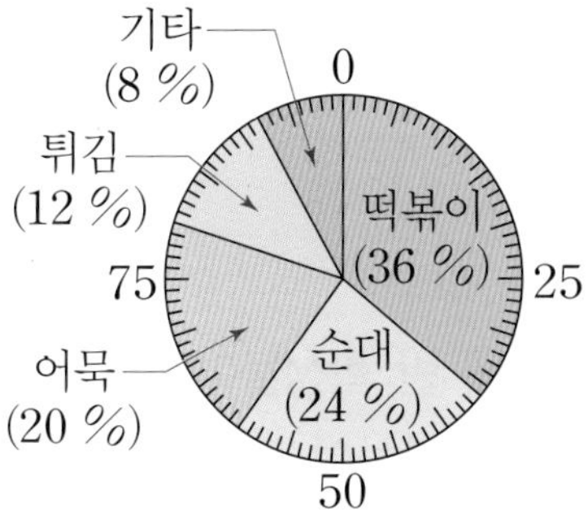

01 원그래프에서 작은 눈금 한 칸은 몇 %를 나타내는지 구해 보세요.

( )

02 좋아하는 학생 수가 전체 학생 수의 20 %를 차지하는 분식을 써 보세요.

( )

03 가장 많은 학생이 좋아하는 분식은 무엇이고, 전체 학생 수의 몇 %인지 써 보세요.

(,)

04 순대를 좋아하는 학생 수는 튀김을 좋아하는 학생 수의 몇 배인지 구해 보세요.

( )

05~08 도서관 수를 권역별로 조사하여 나타낸 그림그래프입니다. 물음에 답해 보세요.

권역별 도서관 수

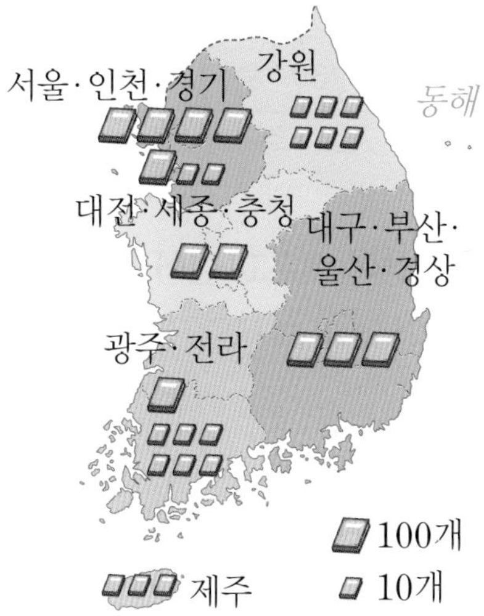

05 대전 · 세종 · 충청 권역의 도서관은 몇 개인지 써 보세요.

( )

06 도서관이 가장 적은 권역은 어디인지 써 보세요.

( )

07 대구 · 부산 · 울산 · 경상 권역의 도서관 수는 강원 권역의 도서관 수의 몇 배인지 구해 보세요.

( )

08 서울 · 인천 · 경기 권역과 제주 권역의 도서관 수의 합을 구해 보세요.

( )

5 단원

09~11 하리네 학교 학생들이 배우고 싶어 하는 운동을 조사하여 나타낸 띠그래프입니다. 물음에 답해 보세요.

배우고 싶어 하는 운동별 학생 수

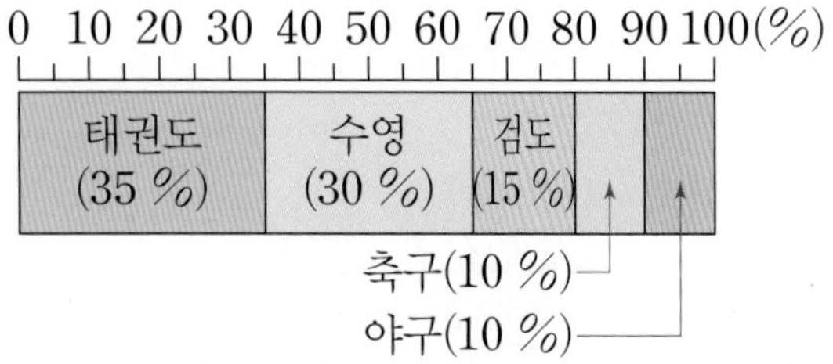

09 많은 학생이 배우고 싶어 하는 운동을 차례대로 3가지 써 보세요.

(, ,)

10 배우고 싶어 하는 학생 수가 축구의 3배인 운동은 무엇인지 구해 보세요.

( )

AI가 뽑은 정답률 낮은 문제

11 띠그래프를 보고 원그래프로 나타내어 보세요.

99쪽 유형 3

배우고 싶어 하는 운동별 학생 수

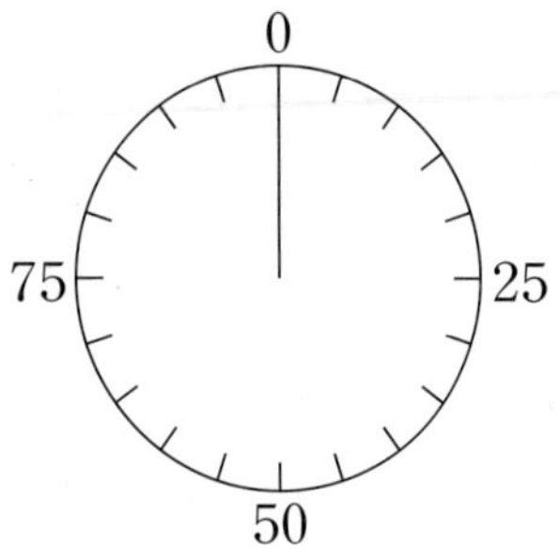

AI가 뽑은 정답률 낮은 문제

12 밀가루의 영양 성분별 비율은 어떤 그래프로 나타내면 좋을지 찾아 기호를 써 보세요.

99쪽 유형 4

㉠ 막대그래프 ㉡ 꺾은선그래프
㉢ 원그래프 ㉣ 그림그래프

( )

13~14 재석이네 반 학생들이 주말에 가고 싶어 하는 장소를 조사하여 나타낸 원그래프입니다. 물음에 답해 보세요.

가고 싶어 하는 장소별 학생 수

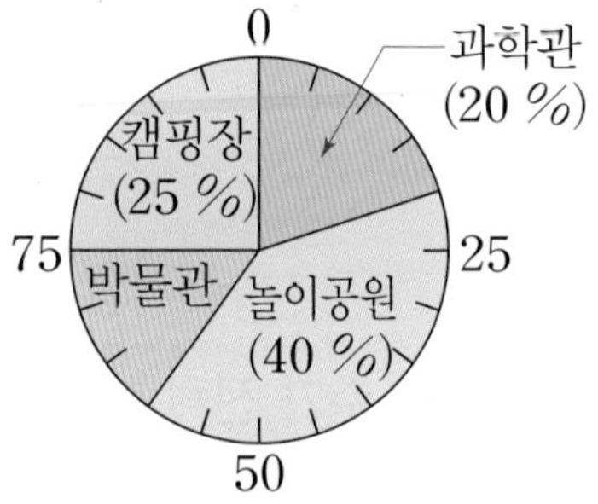

13 박물관에 가고 싶어 하는 학생 수는 전체 학생 수의 몇 %인지 구해 보세요.

( )

AI가 뽑은 정답률 낮은 문제

14 과학관에 가고 싶어 하는 학생이 4명이라면 놀이공원에 가고 싶어 하는 학생은 몇 명인지 구해 보세요.

101쪽 유형 8

( )

15~17 학생 수를 마을별로 조사하여 나타낸 띠그래프입니다. 물음에 답해 보세요.

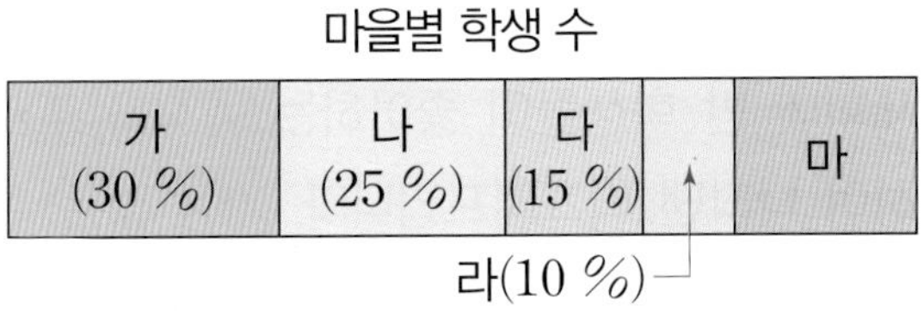

15 나 마을과 다 마을의 학생 수는 전체 학생 수의 몇 %인지 구해 보세요.

(　　　　　　　　　　)

AI가 뽑은 정답률 낮은 문제　　서술형

16 조사한 학생이 모두 500명일 때 마 마을의 학생은 몇 명인지 풀이 과정을 쓰고 답을 구해 보세요.

100쪽 유형 6

풀이

답

AI가 뽑은 정답률 낮은 문제

17 띠그래프의 전체 길이가 80 cm일 때 가 마을 학생 수가 차지하는 부분의 길이는 몇 cm인지 구해 보세요.

103쪽 유형 11

(　　　　　　　　　　)

18~20 은우네 학교 학생 500명의 남녀 학생 수와 남학생의 동아리 활동을 조사하여 나타낸 그래프입니다. 물음에 답해 보세요.

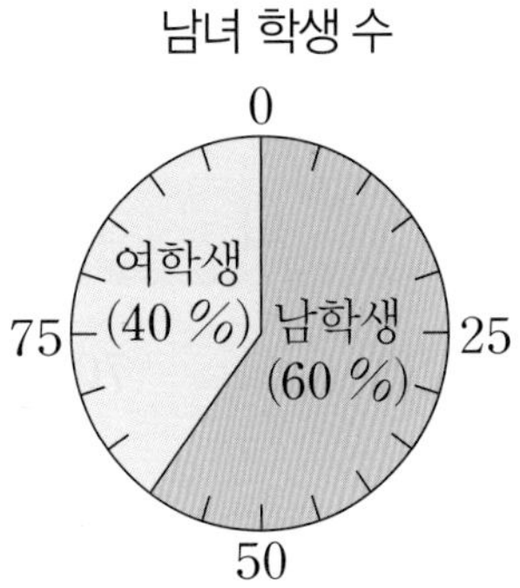

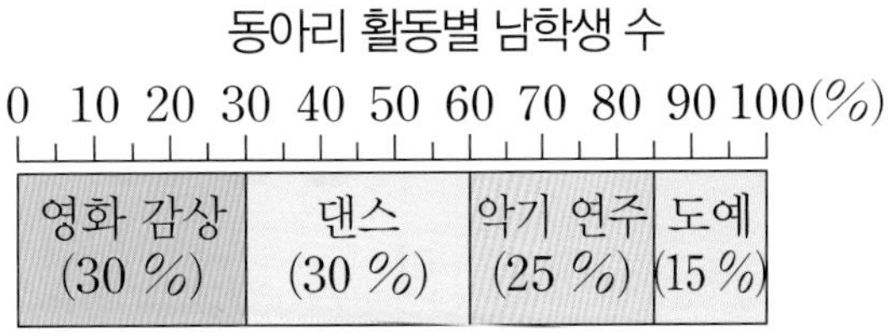

AI가 뽑은 정답률 낮은 문제

18 댄스 동아리 활동을 하는 남학생은 몇 명인지 구해 보세요.

103쪽 유형12

(　　　　　　　　　　)

19 여학생 중에서 25 %가 영화 감상 동아리 활동을 합니다. 영화 감상 동아리 활동을 하는 여학생은 몇 명인지 구해 보세요.

(　　　　　　　　　　)

서술형

20 그래프를 보고 알 수 있는 점을 두 가지 써 보세요.

답

3회 11번

유형 1 표와 그림그래프 완성하기

표와 그림그래프를 완성해 보세요.

마을별 사과 생산량

마을	가	나	다	라
생산량 (kg)	1300		700	1000

마을별 사과 생산량

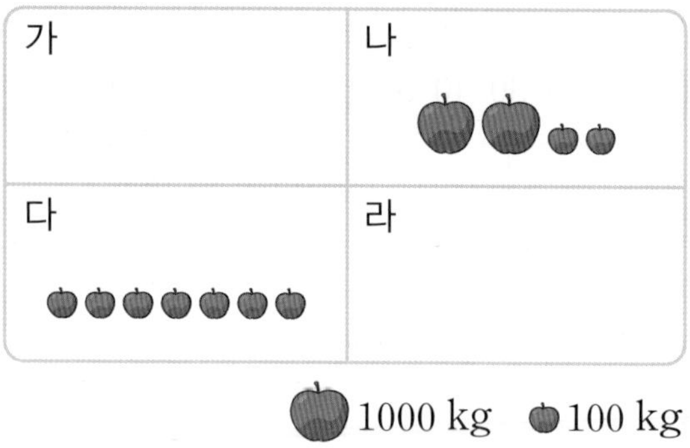

Tip 표를 보고 수에 맞게 그림을 그려 그림그래프를 완성하고 그림그래프를 보고 그림에 맞게 수를 써넣어 표를 완성해요.

1-1 표와 그림그래프를 완성해 보세요.

지역별 강수량

지역	가	나	다	라
어림값 (mm)	800		1600	2300

지역별 강수량

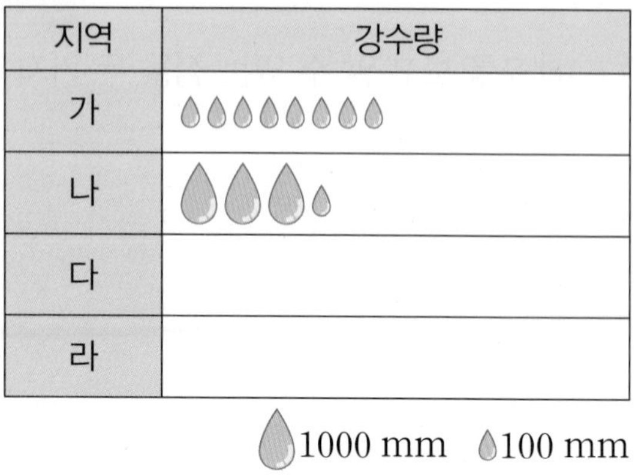

2회 13번 3회 14번

유형 2 비율을 구하여 비교하기

세희네 반 학생들이 좋아하는 음식을 조사하여 나타낸 띠그래프입니다. 가장 많은 학생이 좋아하는 음식은 무엇인지 써 보세요.

좋아하는 음식별 학생 수

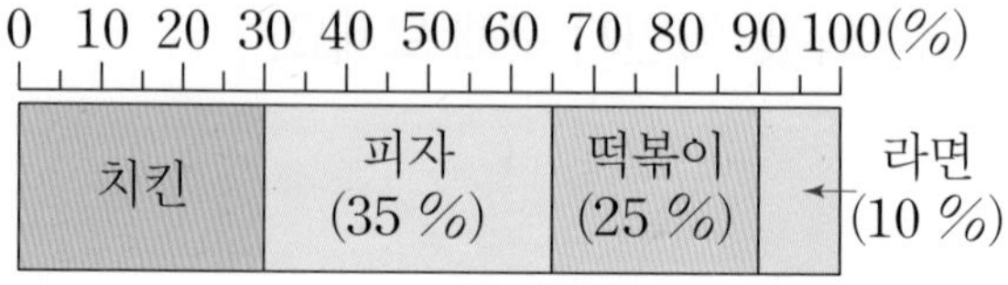

( )

Tip 치킨을 좋아하는 학생 수의 비율을 구한 다음, 가장 비율이 높은 음식을 찾아요.

2-1 서윤이네 반 학생들이 좋아하는 동물을 조사하여 나타낸 원그래프입니다. 가장 적은 학생이 좋아하는 동물은 무엇인지 써 보세요.

좋아하는 동물별 학생 수

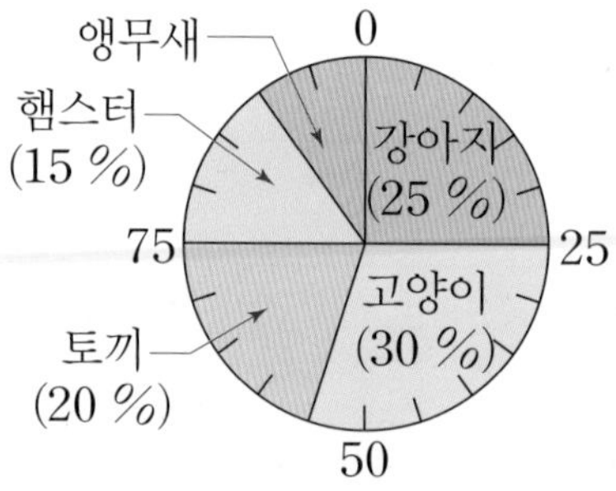

( )

2-2 예준이네 반 학생들이 좋아하는 과목을 조사하여 나타낸 띠그래프입니다. 많은 학생이 좋아하는 과목부터 차례대로 써 보세요.

좋아하는 과목별 학생 수

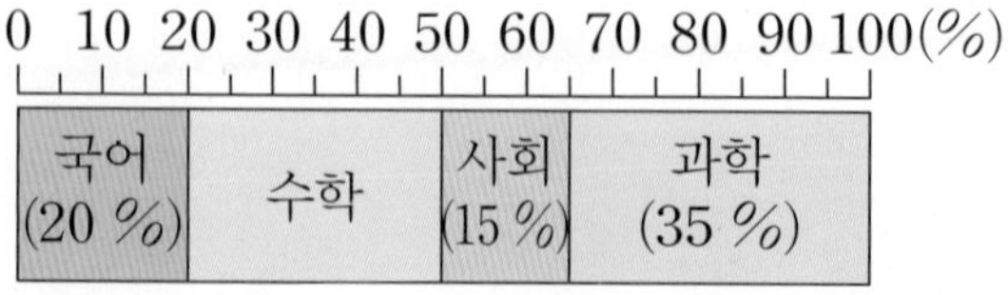

( )

2회 8번 | 3회 15번 | 4회 11번

유형 3 다른 그래프로 나타내기

이준이네 학교 6학년 학생들이 좋아하는 운동을 조사하여 나타낸 원그래프입니다. 원그래프를 보고 띠그래프로 나타내어 보세요.

좋아하는 운동별 학생 수

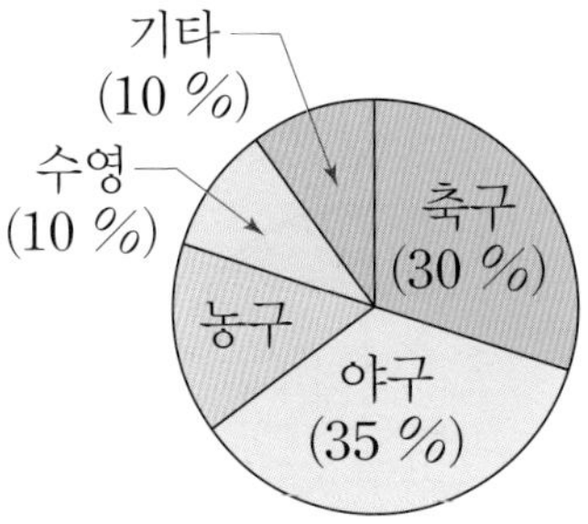

좋아하는 운동별 학생 수

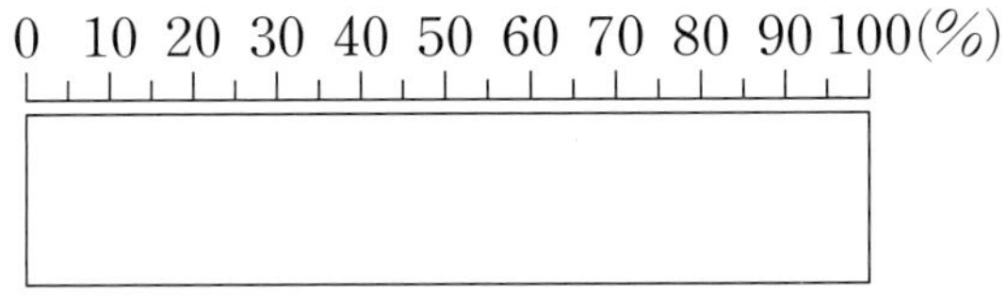

Tip 농구를 좋아하는 학생 수의 백분율을 먼저 구하고, 띠그래프로 나타내요.

3-1 다온이네 반 학생들이 좋아하는 채소를 조사하여 나타낸 띠그래프입니다. 피망을 좋아하는 학생 수와 기타에 속하는 학생 수가 같을 때, 띠그래프를 보고 원그래프로 나타내어 보세요.

좋아하는 채소별 학생 수

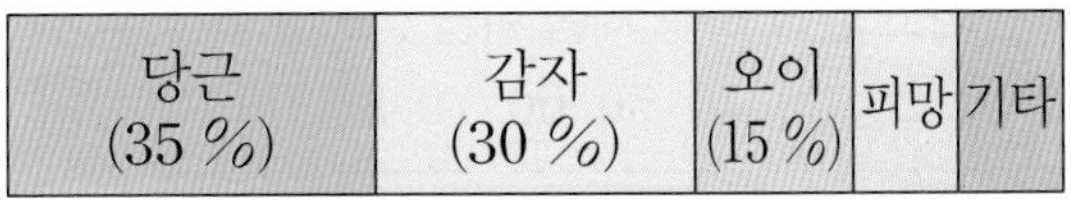

좋아하는 채소별 학생 수

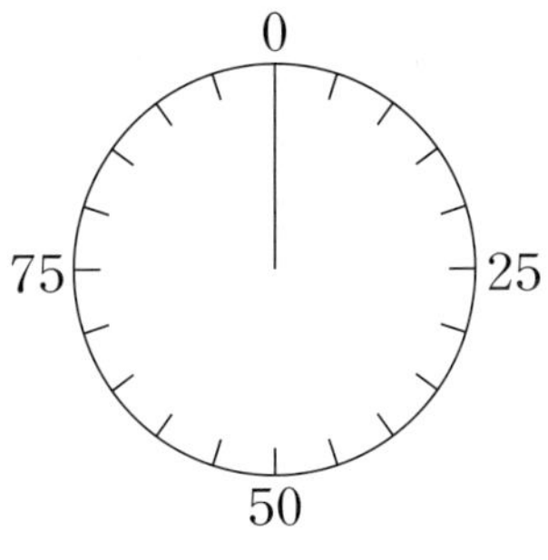

1회 12번 | 2회 11번 | 4회 12번

유형 4 여러 가지 그래프 알아보기

연도별 내 키의 변화는 어떤 그래프로 나타내면 좋을지 찾아 기호를 써 보세요.

㉠ 그림그래프
㉡ 꺾은선그래프
㉢ 띠그래프

(　　　　　　　　)

Tip 시간에 따라 수량이 변화하는 모습과 정도를 쉽게 알 수 있는 그래프를 찾아요.

4-1 우리 반 학생들이 좋아하는 간식의 비율은 어떤 그래프로 나타내면 좋을지 찾아 기호를 써 보세요.

㉠ 막대그래프
㉡ 꺾은선그래프
㉢ 띠그래프

(　　　　　　　　)

4-2 종류별 쓰레기의 비율을 나타내기에 알맞은 그래프를 모두 찾아 기호를 써 보세요.

㉠ 그림그래프　㉡ 꺾은선그래프
㉢ 띠그래프　㉣ 원그래프

(　　　　　　　　)

1회 14번

유형 5 자료를 보고 그래프로 나타내기

글을 읽고 취미별 학생 수의 백분율을 띠그래프로 나타내어 보세요.

> 준혁이네 학교 학생 500명을 대상으로 취미를 조사하였더니 운동은 120명, 영화 감상은 130명, 음악 감상은 200명, 기타는 50명이었습니다.

취미별 학생 수

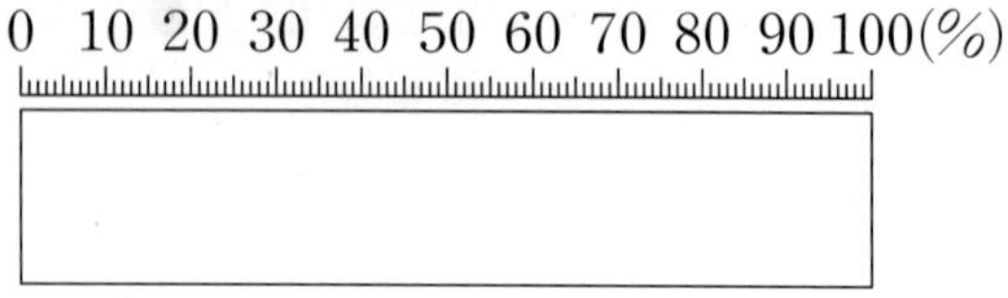

Tip 전체 학생 수에 대한 취미별 학생 수의 백분율을 구한 다음, 백분율의 크기만큼 띠를 나누어 띠그래프로 나타내요.

5-1 글을 읽고 빌린 책의 종류별 권수의 백분율을 원그래프로 나타내어 보세요.

> 나은이네 학교 학생들이 학교 도서관에서 일주일 동안 빌린 책의 종류를 조사하였더니 동화책은 80권, 위인전은 54권, 과학책은 46권, 기타는 20권이었습니다.

빌린 책의 종류별 권수

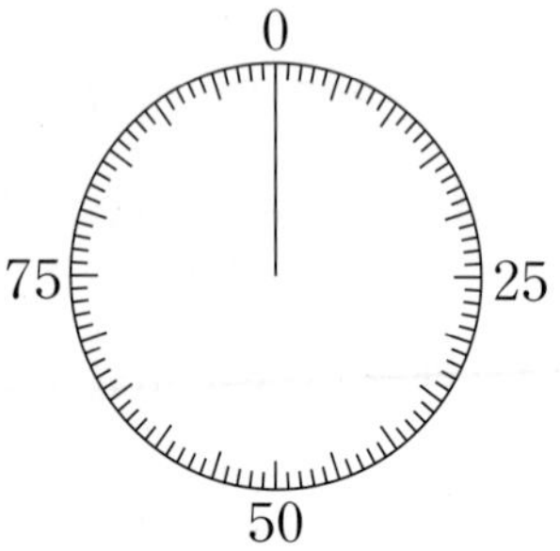

1회 17번 4회 16번

유형 6 항목의 수 구하기

넓이가 80 m^2인 텃밭에서 기르는 농작물별 땅의 넓이를 조사하여 나타낸 원그래프입니다. 상추를 기르는 땅의 넓이는 몇 m^2인지 구해 보세요.

농작물별 땅의 넓이

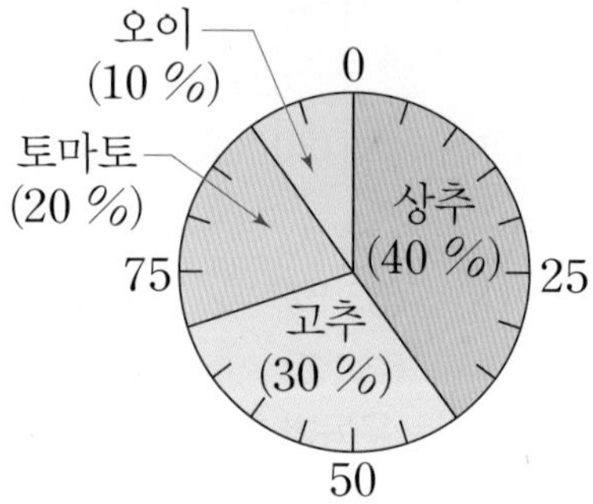

(   )

Tip (상추를 기르는 땅의 넓이)
=(전체 텃밭의 넓이)
×(상추를 기르는 땅의 비율)

6-1 주하네 학교 6학년 학생 200명이 가고 싶어 하는 체험 학습 장소를 조사하여 나타낸 띠그래프입니다. 동물원에 가고 싶어 하는 학생은 박물관에 가고 싶어 하는 학생보다 몇 명 더 많은지 구해 보세요.

가고 싶어 하는 체험 학습 장소별 학생 수

(   )

2회 17번 3회 19번

유형 7 전체 수 구하기

다희네 반 학생들이 가고 싶어 하는 나라를 조사하여 나타낸 띠그래프입니다. 미국에 가고 싶어 하는 학생이 5명일 때, 조사한 학생은 모두 몇 명인지 구해 보세요.

가고 싶어 하는 나라별 학생 수

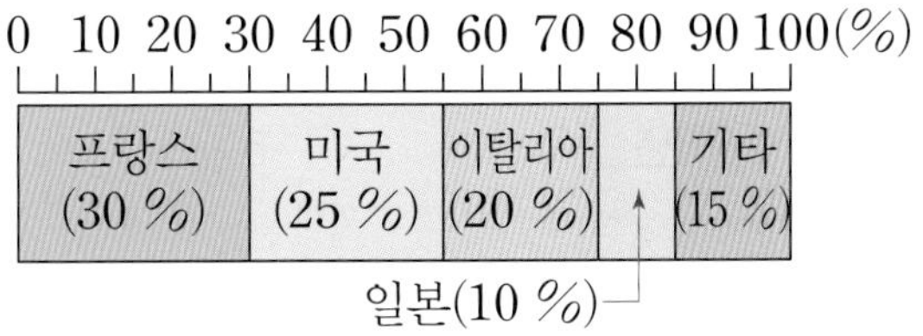

(　　　　　　　　)

Tip 미국에 가고 싶어 하는 학생 수는 전체의 25 %이고, 100 %는 25 %의 4배임을 이용해요.

7-1 슬아네 학교 학생들이 좋아하는 주스를 조사하여 나타낸 원그래프입니다. 오렌지주스를 좋아하는 학생이 60명일 때, 조사한 학생은 모두 몇 명인지 구해 보세요.

좋아하는 주스별 학생 수

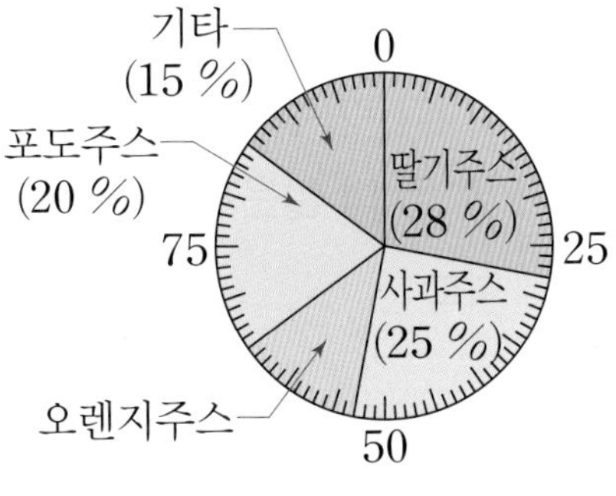

(　　　　　　　　)

1회 19번 4회 14번

유형 8 한 항목의 수로 다른 항목의 수 구하기

초등학생들을 대상으로 배우고 싶어 하는 외국어를 조사하여 나타낸 원그래프입니다. 독일어를 배우고 싶어 하는 학생이 60명이라면 프랑스어를 배우고 싶어 하는 학생은 몇 명인지 구해 보세요.

배우고 싶어 하는 외국어별 학생 수

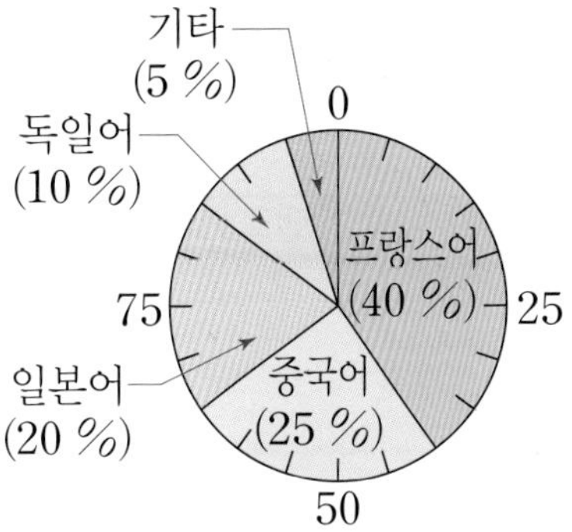

(　　　　　　　　)

Tip 프랑스어를 배우고 싶어 하는 학생 수는 독일어를 배우고 싶어 하는 학생 수의 몇 배인지 알아봐요.

8-1 정우네 학교 학생들이 여행 가고 싶어 하는 도시를 조사하여 나타낸 원그래프입니다. 부산에 가고 싶어 하는 학생이 180명이라면 강릉에 가고 싶어 하는 학생은 몇 명인지 구해 보세요.

여행 가고 싶어 하는 도시별 학생 수

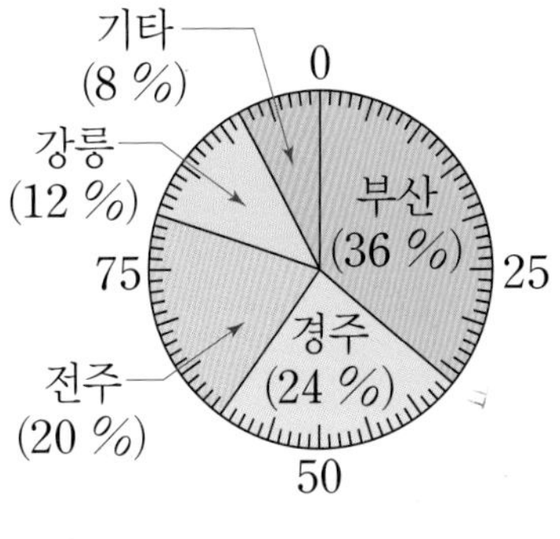

(　　　　　　　　)

5 단원

2회 19번

유형 9 두 개의 띠그래프 비교하기

2023년과 2024년의 재율이네 학교 방과 후 수업에 참여하는 학생 수를 조사하여 나타낸 띠그래프입니다. 2023년보다 2024년에 전체 학생 수에 대한 방과 후 수업별 학생 수의 비율이 줄어든 수업은 무엇인지 써 보세요.

방과 후 수업별 학생 수

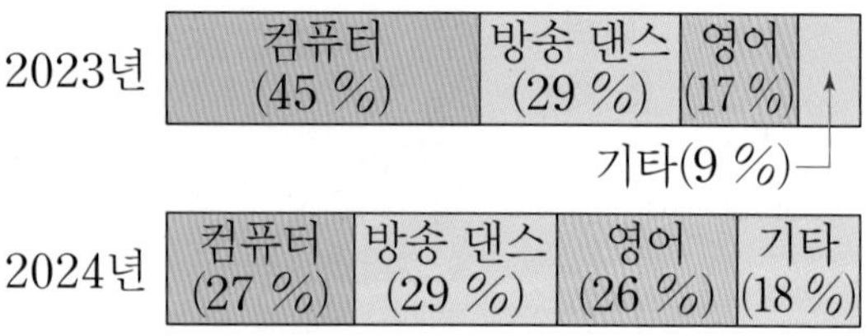

(　　　　　　　　)

Tip 같은 항목끼리 띠그래프를 비교하여 비율의 변화 상황을 알아봐요.

9-1 2023년과 2024년의 어느 가게의 판매량을 제품별로 조사하여 나타낸 띠그래프입니다. 2023년보다 2024년에 전체 판매량에 대한 제품별 판매량의 비율이 늘어난 제품은 무엇인지 써 보세요.

제품별 판매량

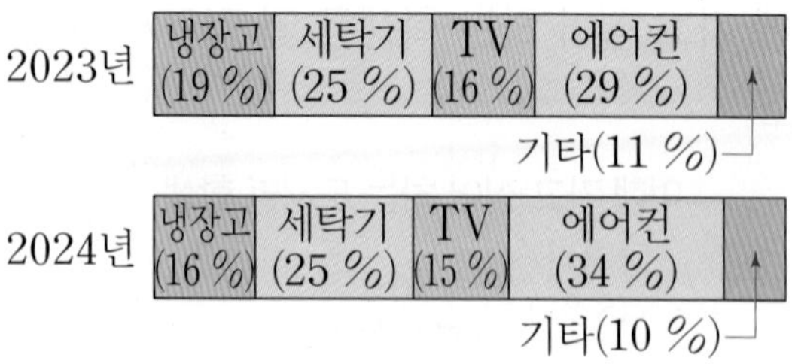

(　　　　　　　　)

3회 18번

유형 10 두 개의 원그래프에서 항목의 수 비교하기

윤후네 학교 6학년 학생 200명과 5학년 학생 220명이 점심시간에 하는 활동을 조사하여 나타낸 원그래프입니다. 점심시간에 독서를 하는 학생은 어느 학년이 몇 명 더 많은지 구해 보세요.

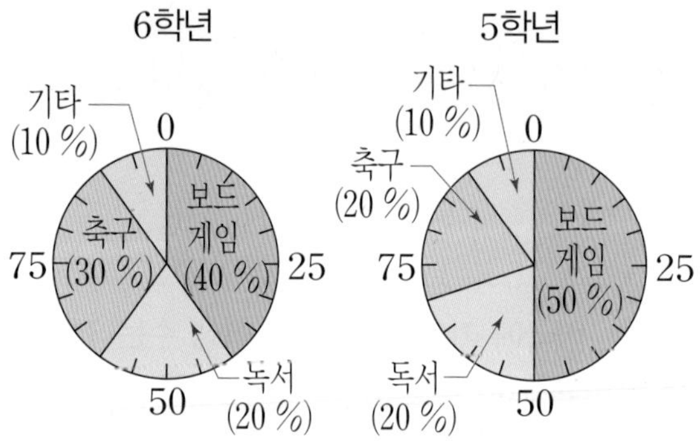

(　　　　,　　　　)

Tip 점심시간에 독서를 하는 6학년과 5학년 학생 수를 각각 구하여 비교해요.

10-1 민지네 학교 학생 400명과 수호네 학교 학생 500명이 좋아하는 연예인을 조사하여 나타낸 원그래프입니다. 가수를 좋아하는 학생은 누구네 학교가 몇 명 더 많은지 구해 보세요.

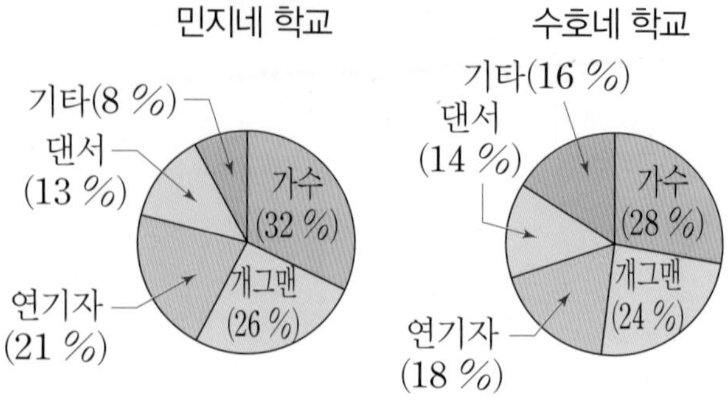

(　　　　,　　　　)

1회 20번 | 3회 20번 | 4회 17번

유형 11 띠그래프의 길이 구하기

윤서네 반 학생들의 혈액형을 조사하여 나타낸 띠그래프입니다. 띠그래프의 전체 길이가 20 cm일 때 B형이 차지하는 부분의 길이는 몇 cm인지 구해 보세요.

혈액형별 학생 수

A형 (35 %)	B형 (30 %)	O형 (20 %)	AB형 (15 %)

(　　　　　　)

Tip (B형이 차지하는 부분의 길이)
=(전체 길이)×(B형의 비율)

11-1 지훈이가 한 달에 쓴 용돈을 쓰임새별로 조사하여 나타낸 띠그래프입니다. 띠그래프의 전체 길이가 40 cm일 때 저금이 차지하는 부분의 길이는 몇 cm인지 구해 보세요.

쓰임새별 용돈

학용품 (40 %)	간식 (30 %)	저금	기타 (10 %)

(　　　　　　)

11-2 어느 과일 가게의 판매량을 과일별로 조사하여 나타낸 띠그래프입니다. 귤이 차지하는 부분의 길이가 11 cm일 때 띠그래프의 전체 길이는 몇 cm인지 구해 보세요.

과일별 판매량

사과 (40 %)	배 (28 %)	귤	기타 (10 %)

(　　　　　　)

4회 18번

유형 12 두 개의 그래프에서 항목의 수 구하기

소희네 학교 학생 600명을 대상으로 체육대회 참가 여부와 참가 종목을 조사하여 나타낸 그래프입니다. 달리기에 참가하는 학생은 몇 명인지 구해 보세요.

참가 여부

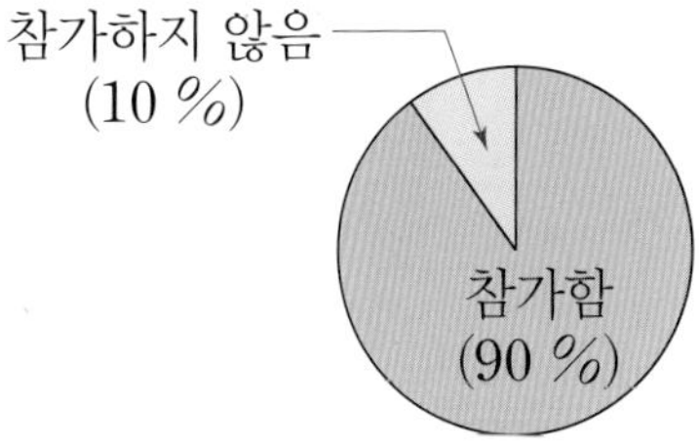

참가 종목

달리기 (35 %)	축구 (25 %)	피구 (20 %)	기타 (20 %)

(　　　　　　)

Tip 참가한 학생 수를 구한 다음, 참가한 학생 중 달리기에 참가하는 학생 수를 구해요.

12-1 대현이네 학교 학생 400명의 남녀 학생 수와 여학생이 좋아하는 과목을 조사하여 나타낸 그래프입니다. 체육을 좋아하는 여학생은 몇 명인지 구해 보세요.

남녀 학생 수

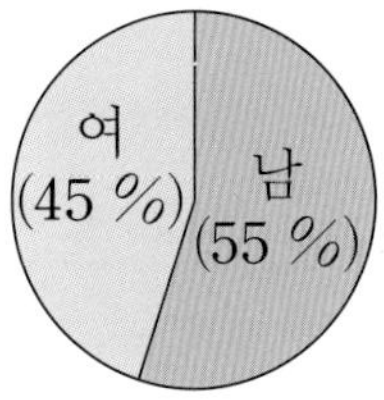

좋아하는 과목별 여학생 수

음악 (25 %)	미술 (30 %)	체육	실과 (15 %)

(　　　　　　)

5 단원

6

직육면체의 부피와 겉넓이

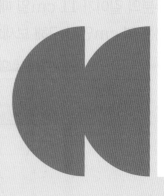

개념 정리

6단원

직육면체의 부피와 겉넓이

개념 1 직육면체의 부피 비교하기

◆ 직접 맞대어 비교하기

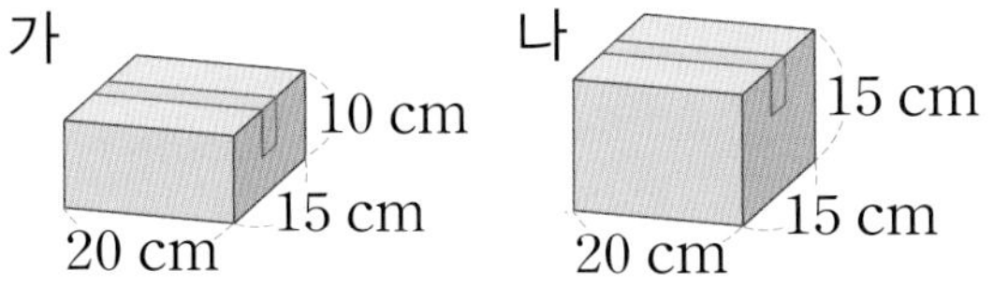

밑면의 넓이는 같고 높이는 나가 더 높습니다.
└• 밑면의 가로와 세로가 같아요.

➔ 나의 부피가 더 큽니다.

◆ 쌓기나무를 사용하여 비교하기

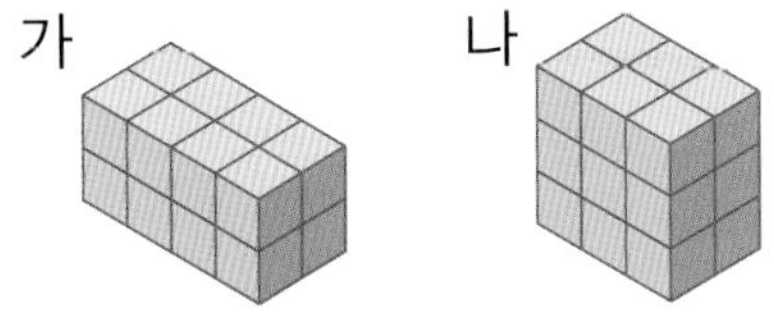

쌓기나무가 가는 16개, 나는 18개이므로
(가 , 나)의 부피가 더 큽니다.

개념 2 직육면체의 부피 구하는 방법

◆ $1\ cm^3$: 한 모서리의 길이가 1 cm인 정육면체의 부피

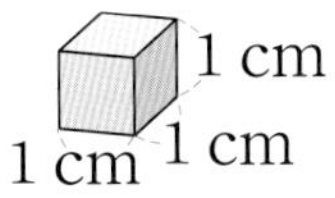

쓰기 $1\ cm^3$

읽기 1 세제곱센티미터

◆ 직육면체의 부피 구하기

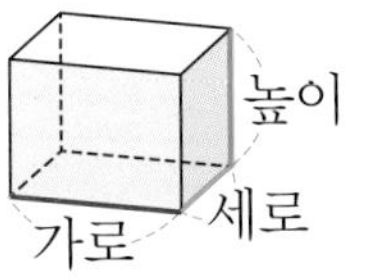

(직육면체의 부피)
=(가로)×(세로)×(높이)
=(밑면의 넓이)×( )

◆ 정육면체의 부피 구하기

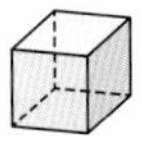

(정육면체의 부피)
=(한 모서리의 길이)
×(한 모서리의 길이)
×(한 모서리의 길이)

개념 3 $1\ m^3$ 알아보기

◆ $1\ m^3$: 한 모서리의 길이가 1 m인 정육면체의 부피

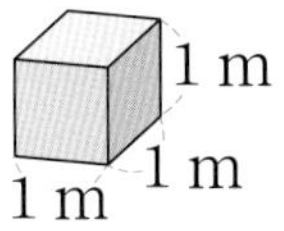

쓰기 $1\ m^3$

읽기 1 세제곱미터

$1\ m^3$= cm^3

개념 4 직육면체의 겉넓이 구하는 방법

◆ 직육면체의 겉넓이 구하기

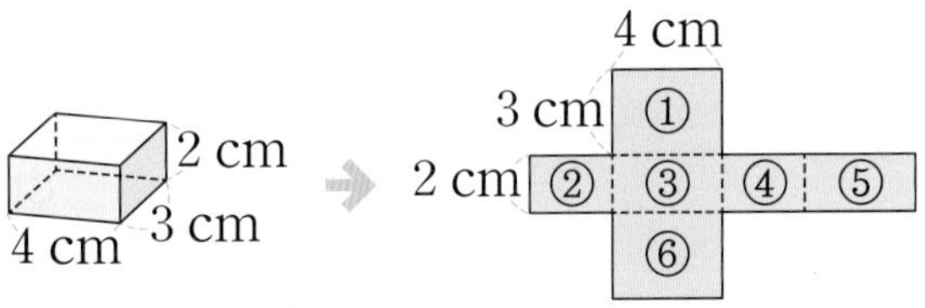

방법 1 여섯 면의 넓이 더하기

①+②+③+④+⑤+⑥
$=12+6+8+6+8+12=52(cm^2)$

방법 2 합동인 면이 3쌍이라는 성질 이용하기

(①+②+③)×2
$=(12+6+8)\times 2=52(cm^2)$

방법 3 두 밑면과 옆면의 넓이 더하기

①×2+(②+③+④+⑤) ─• 옆면을 하나의 직사각형으로 생각해요.
$=12\times 2+28=52(cm^2)$

◆ 정육면체의 겉넓이 구하기

• 정육면체는 여섯 면의 넓이가 모두 같아요.

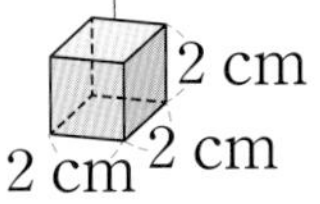

(정육면체의 겉넓이)
=(한 모서리의 길이)
×(한 모서리의 길이)×6
$=2\times 2\times 6=$ (cm^2)

정답 ❶ 나 ❷ 높이 ❸ 1000000 ❹ 24

6 단원

점수

118~123쪽에서 같은 유형의 문제를 더 풀 수 있어요.

01 부피가 더 큰 직육면체에 ○표 해 보세요.

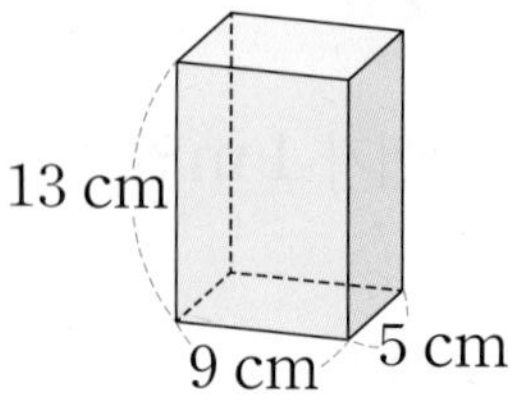

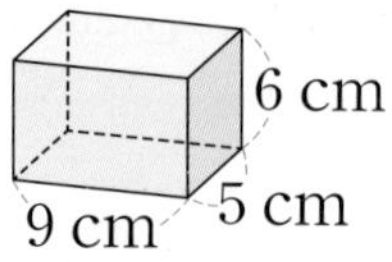

(　　　) (　　　)

02 부피가 1 cm^3인 쌓기나무로 오른쪽 직육면체를 만들었습니다. 쌓기나무의 수를 세어 직육면체의 부피를 구해 보세요.

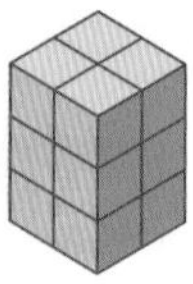

쌓기나무의 수: □개

직육면체의 부피: □ cm^3

03 직육면체의 부피를 구하려고 합니다. □ 안에 알맞은 수를 써넣으세요.

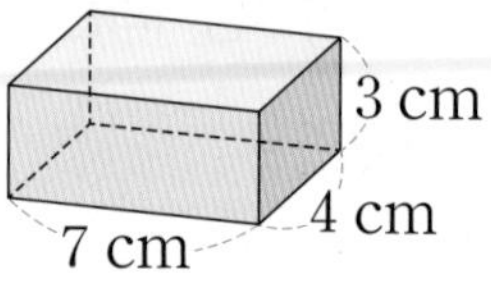

$7 \times \square \times \square = \square (cm^3)$

04 정육면체의 겉넓이를 구하려고 합니다. □ 안에 알맞은 수를 써넣으세요.

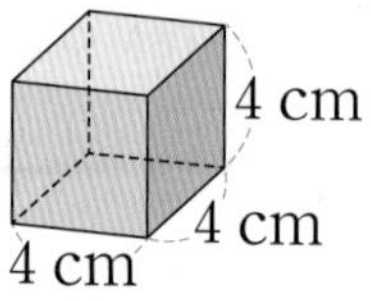

$\square \times \square \times \square = \square (cm^2)$

05 정육면체의 부피는 몇 cm^3인지 구해 보세요.

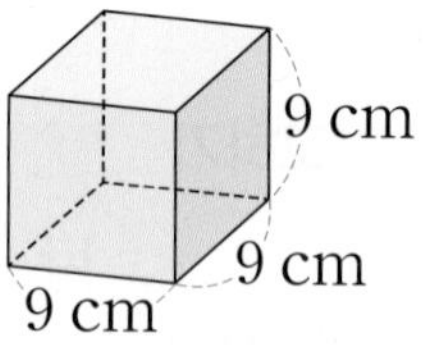

(　　　　　　　　)

06 직육면체의 겉넓이는 몇 cm^2인지 구해 보세요.

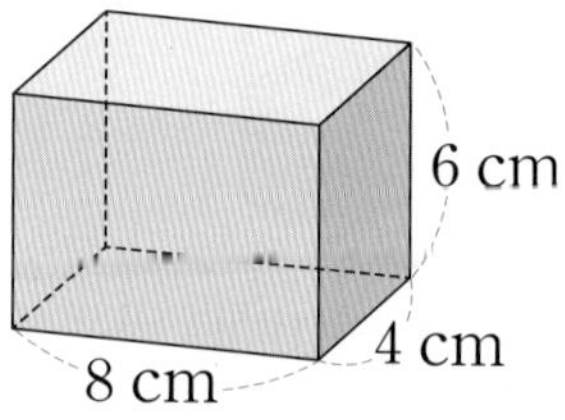

(　　　　　　　　)

07 □ 안에 알맞은 수를 써넣으세요.

$6 m^3 = \square cm^3$

08 직육면체의 부피를 구하여 m^3와 cm^3로 각각 나타내어 보세요.

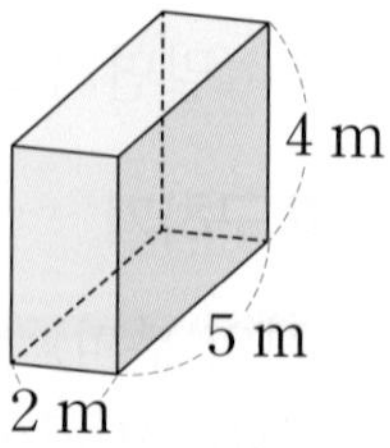

(　　　　　　　　) m^3

(　　　　　　　　) cm^3

09 전개도를 접어서 만들 수 있는 직육면체의 겉넓이는 몇 cm²인지 구해 보세요.

()

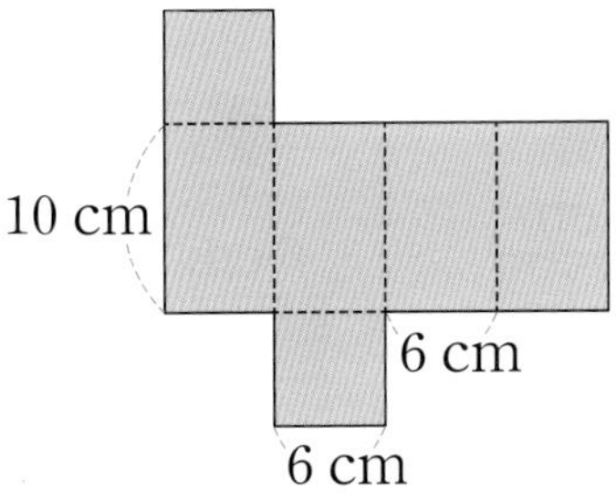

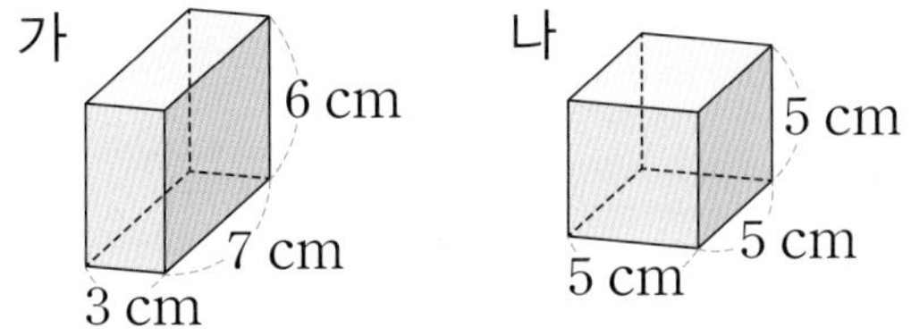

10 가로가 5 cm, 세로가 9 cm, 높이가 8 cm인 직육면체가 있습니다. 이 직육면체의 부피는 몇 cm³인지 구해 보세요.

()

11 **AI가 뽑은 정답률 낮은 문제** ✎ 서술형

📎 118쪽 유형2

전개도를 접어서 정육면체 모양의 선물 상자를 만들려고 합니다. 이 선물 상자의 겉넓이는 몇 cm²인지 풀이 과정을 쓰고 답을 구해 보세요.

풀이 ▶

답 ▶

12 가와 나 중 부피가 더 큰 것은 어느 것인지 써 보세요.

()

13 가로가 15 cm, 세로가 8 cm, 높이가 4 cm인 직육면체 모양의 필통이 있습니다. 이 필통의 겉넓이는 몇 cm²인지 구해 보세요.

()

14 **AI가 뽑은 정답률 낮은 문제**

📎 119쪽 유형3

직육면체의 부피는 385 cm³입니다. ☐ 안에 알맞은 수를 써넣으세요.

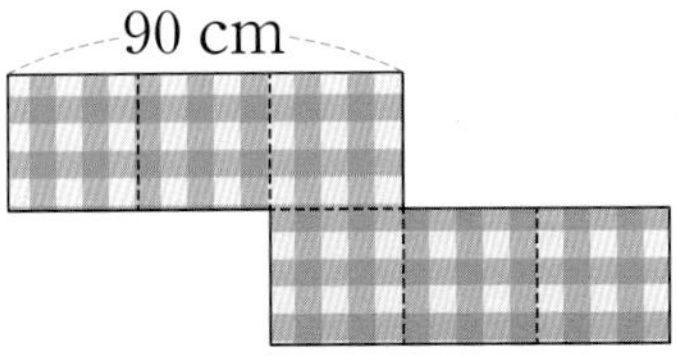

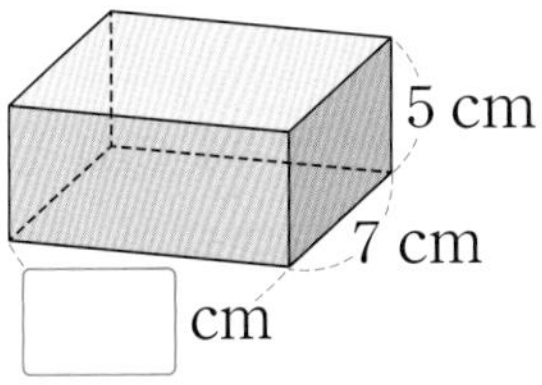

AI가 뽑은 정답률 낮은 문제

15 부피가 큰 것부터 차례대로 기호를 써 보세요.

120쪽 유형 5

㉠ $8\ m^3$
㉡ $7000000\ cm^3$
㉢ $810000\ cm^3$

(　　　　　　　　　　)

16 지민이와 수아가 각각 직육면체 모양의 상자를 만들었습니다. 누가 만든 상자의 겉넓이가 몇 cm^2 더 넓은지 구해 보세요.

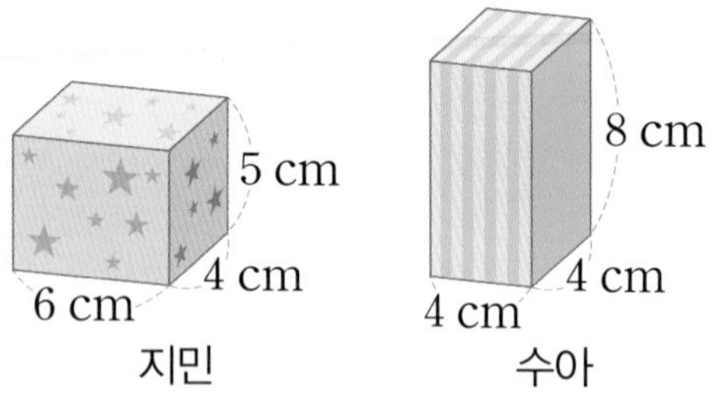

(　　　　　,　　　　　)

17 한 면의 넓이가 $64\ cm^2$인 정육면체가 있습니다. 이 정육면체의 부피는 몇 cm^3인지 구해 보세요.

(　　　　　　　　　　)

AI가 뽑은 정답률 낮은 문제

18 직육면체를 위, 앞, 옆에서 본 모양입니다. 직육면체의 겉넓이는 몇 cm^2인지 구해 보세요.

121쪽 유형 7

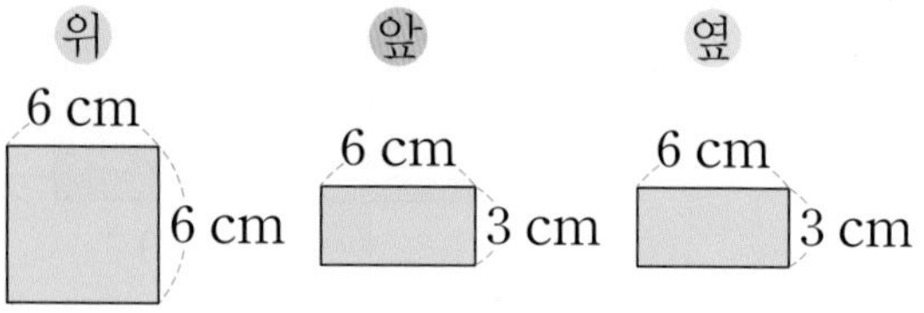

(　　　　　　　　　　)

AI가 뽑은 정답률 낮은 문제　서술형

19 직육면체 모양의 식빵을 잘라서 정육면체 모양으로 만들려고 합니다. 만들 수 있는 가장 큰 정육면체 모양의 부피는 몇 cm^3인지 풀이 과정을 쓰고 답을 구해 보세요.

122쪽 유형 9

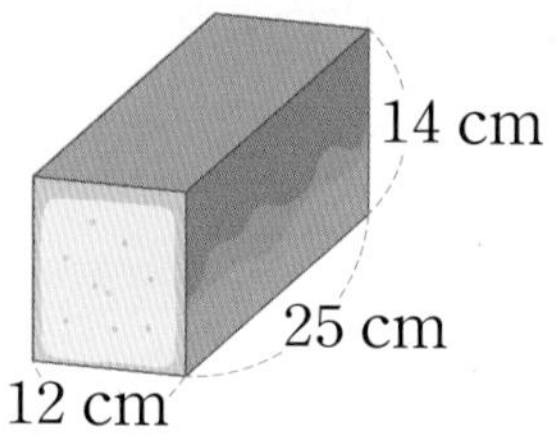

풀이

답

20 왼쪽 직육면체와 오른쪽 정육면체의 겉넓이가 같습니다. □ 안에 알맞은 수를 써넣으세요.

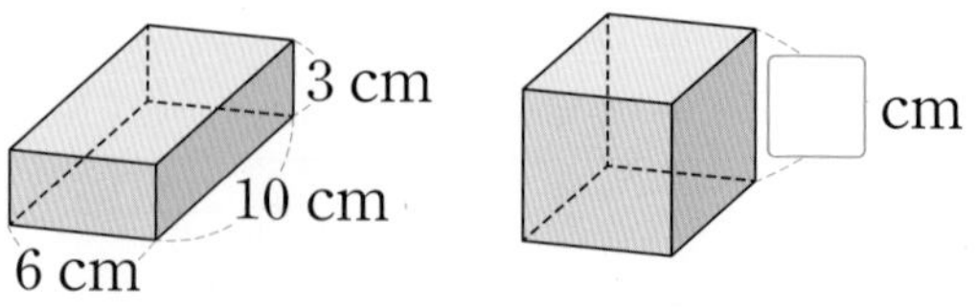

AI가 추천한 단원 평가 2회

118~123쪽에서 같은 유형의 문제를 더 풀 수 있어요.

01 크기가 같은 쌓기나무를 사용하여 두 직육면체의 부피를 비교하려고 합니다. ○ 안에 >, =, <를 알맞게 써넣으세요.

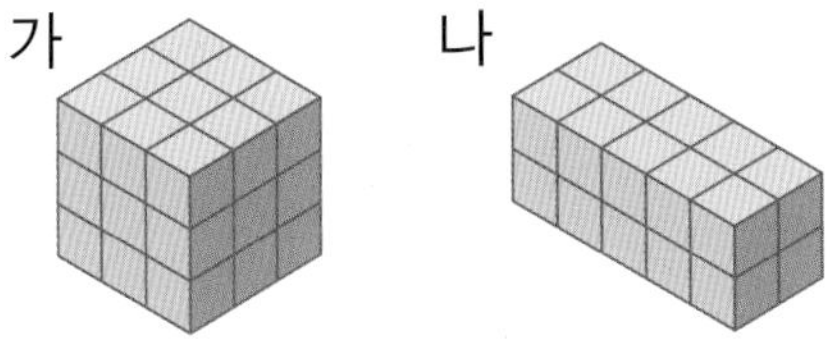

(가의 부피) ○ (나의 부피)

02 오른쪽 정육면체를 보고 □ 안에 알맞게 써넣으세요.

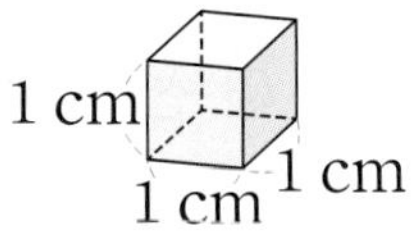

> 한 모서리의 길이가 1 cm인 정육면체의 부피를 □(이)라 쓰고, □(이)라고 읽습니다.

03 부피가 1 cm^3인 쌓기나무로 다음과 같은 직육면체를 만들었습니다. 쌓기나무의 수를 세어 직육면체의 부피를 구해 보세요.

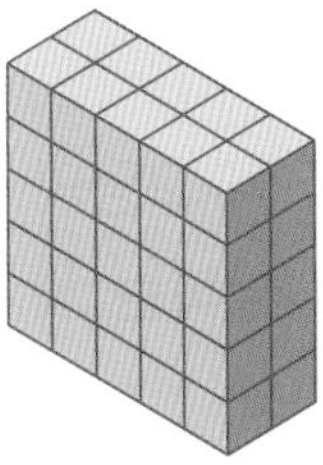

□ cm^3

04 직육면체의 겉넓이를 구하려고 합니다. □ 안에 알맞은 수를 써넣으세요.

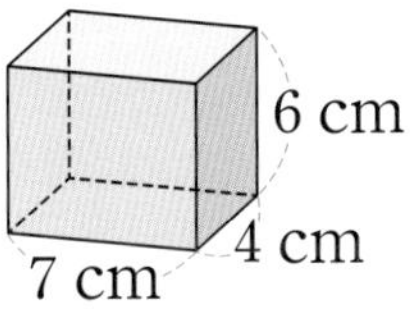

$(7\times4+4\times\square+7\times\square)\times2$

$=\square(cm^2)$

05~06 정육면체를 보고 물음에 답해 보세요.

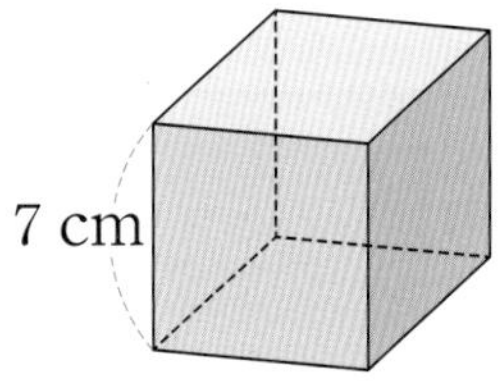

05 정육면체의 부피는 몇 cm^3인지 구해 보세요.

(　　　　　　)

06 정육면체의 겉넓이는 몇 cm^2인지 구해 보세요.

(　　　　　　)

07 직육면체의 부피는 몇 cm^3인지 구해 보세요.

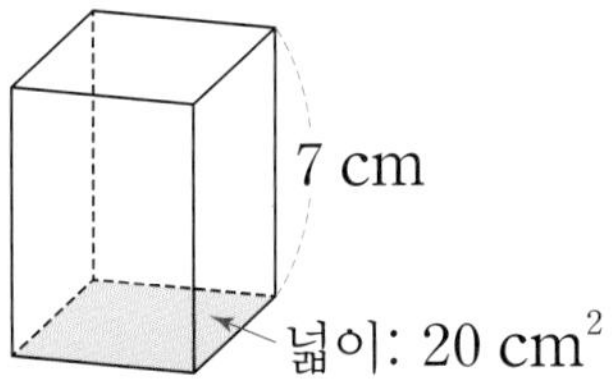

(　　　　　　)

08 □ 안에 알맞은 수를 써넣으세요.

$10000000\ cm^3=\square\ m^3$

6 단원

09 전개도를 접어서 만들 수 있는 직육면체의 겉넓이는 몇 cm^2인지 구해 보세요.

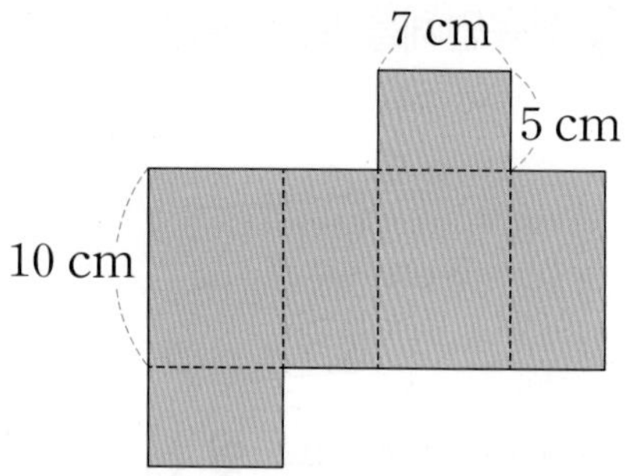

( )

AI가 뽑은 정답률 낮은 문제

10 직육면체의 부피는 몇 m^3인지 구해 보세요.

118쪽 유형 1

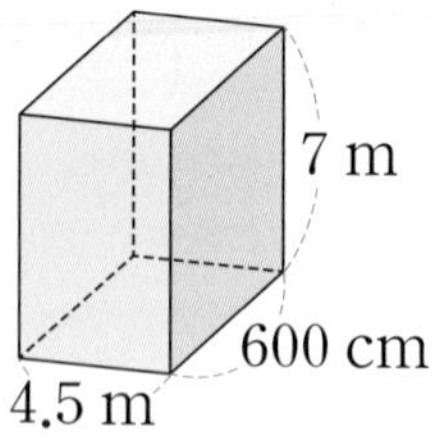

( )

11 부피를 비교하여 ○ 안에 >, =, <를 알맞게 써넣으세요.

$6.7\ m^3$ ○ $67000000\ cm^3$

12 한 모서리의 길이가 3 cm인 정육면체 모양의 블록이 있습니다. 이 블록의 겉넓이는 몇 cm^2인지 구해 보세요.

( )

서술형

13 가로가 9 cm, 세로가 7 cm, 높이가 20 cm인 직육면체 모양의 선물 상자가 있습니다. 이 선물 상자의 부피는 몇 cm^3인지 풀이 과정을 쓰고 풀이 과정을 쓰고 답을 구해 보세요.

풀이

답

14 부피가 1 m^3인 정육면체 모양의 상자 15개로 만든 직육면체의 부피는 몇 cm^3인지 구해 보세요.

( )

AI가 뽑은 정답률 낮은 문제 서술형

15 겉넓이가 24 cm^2인 정육면체의 한 모서리의 길이는 몇 cm인지 풀이 과정을 쓰고 답을 구해 보세요.

119쪽 유형4

풀이

____

____

____

답 _______________

16 직육면체와 정육면체의 부피의 차는 몇 cm^3인지 구해 보세요.

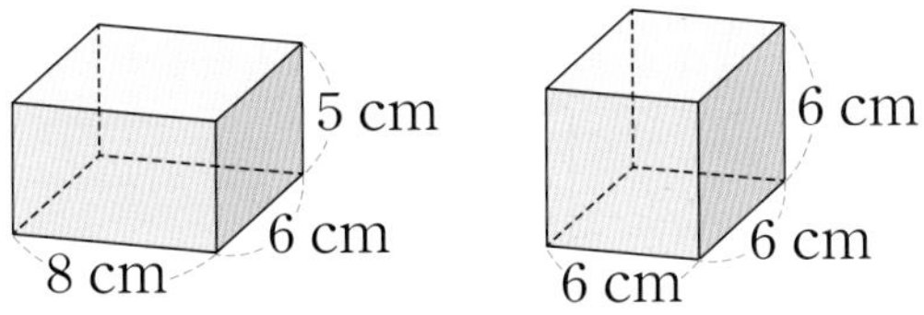

( )

17 직육면체에서 색칠한 면은 넓이가 45 cm^2입니다. 이 직육면체의 겉넓이는 몇 cm^2인지 구해 보세요.

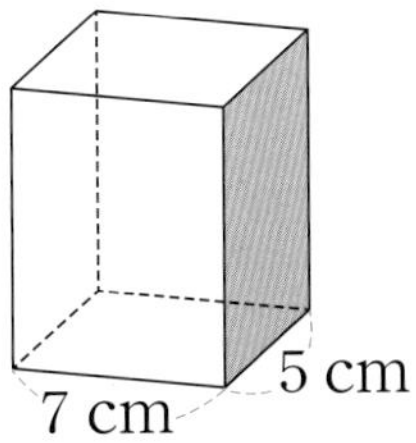

( )

18 정육면체의 전개도에서 색칠한 부분의 넓이가 100 cm^2라면 이 전개도를 접어서 만들 수 있는 정육면체의 겉넓이는 몇 cm^2인지 구해 보세요.

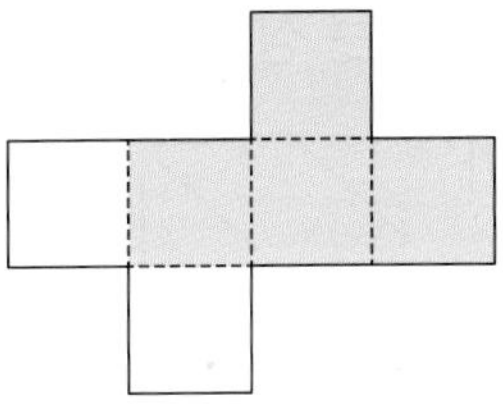

( )

AI가 뽑은 정답률 낮은 문제

19 입체도형의 부피는 몇 cm^3인지 구해 보세요.

121쪽 유형8

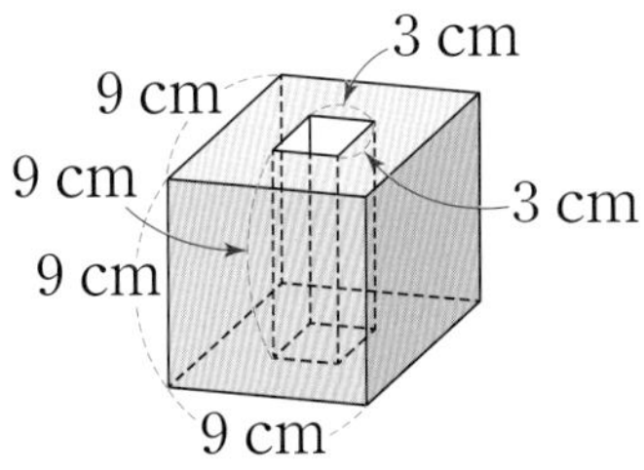

( )

AI가 뽑은 정답률 낮은 문제

20 가로가 8 m, 세로가 4 m, 높이가 6 m인 직육면체 모양의 창고가 있습니다. 이 창고에 한 모서리의 길이가 40 cm인 정육면체 모양의 상자를 빈틈없이 쌓으려고 합니다. 정육면체 모양의 상자를 몇 개까지 쌓을 수 있는지 구해 보세요.

122쪽 유형10

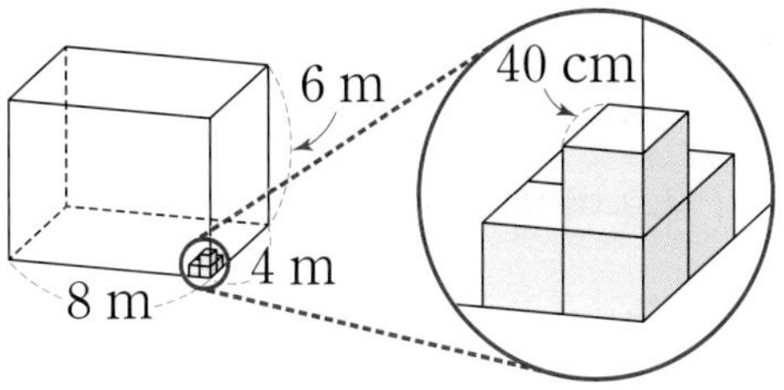

( )

6 단원

점수

118~123쪽에서 같은 유형의 문제를 더 풀 수 있어요.

01 두 상자에 크기가 같은 직육면체 모양의 과자 상자를 담아 부피를 비교하려고 합니다. 부피가 더 큰 상자에 ○표 해 보세요.

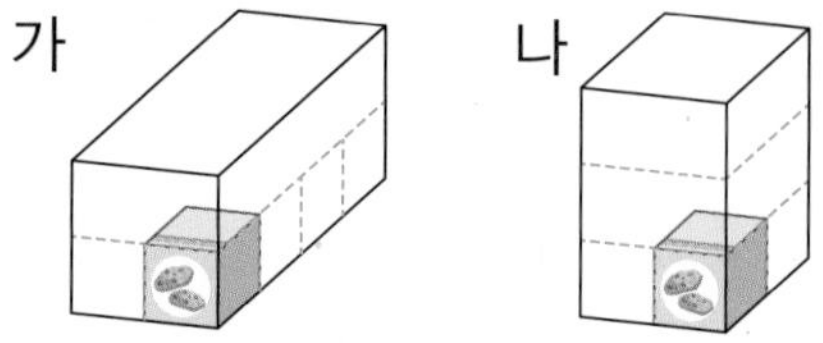

( ) ( )

02 부피가 1 cm^3인 쌓기나무로 만든 직육면체입니다. 직육면체의 부피는 몇 cm^3인지 구해 보세요.

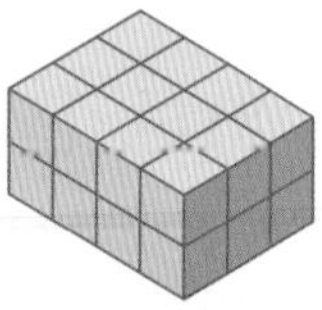

( )

03~04 □ 안에 알맞은 수를 써넣으세요.

03

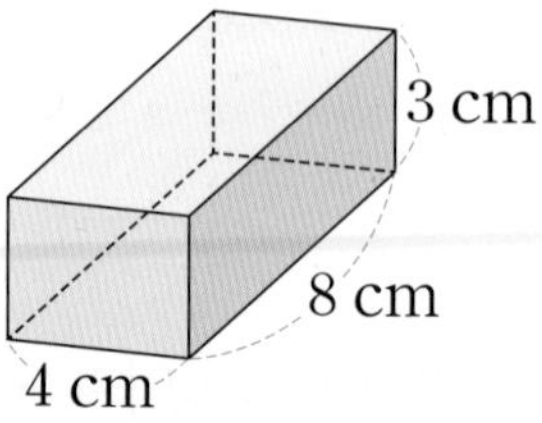

(직육면체의 부피)$=4\times8\times$□

$=$□(cm^3)

04

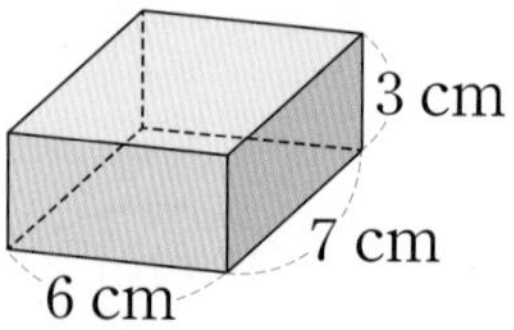

(직육면체의 겉넓이)

$=(42+$□$+18)\times$□

$=$□(cm^2)

05 정육면체의 부피는 몇 cm^3인지 구해 보세요.

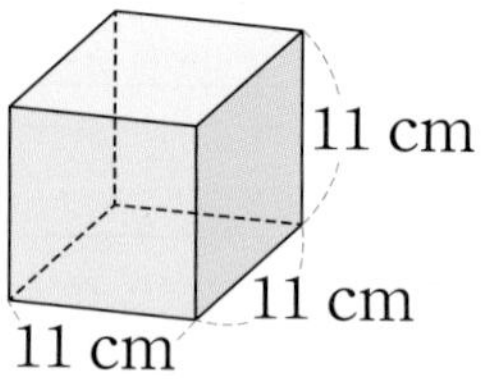

( )

06 정육면체의 한 면의 넓이가 16 cm^2일 때 정육면체의 겉넓이는 몇 cm^2인지 구해 보세요.

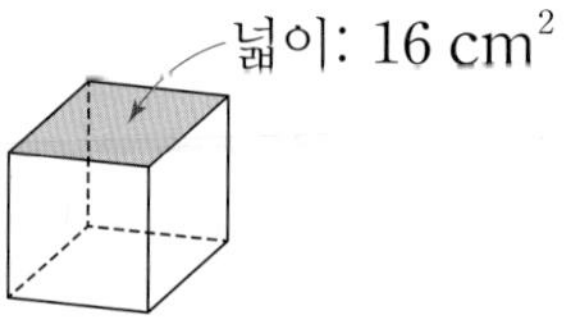

( )

07~08 전개도를 보고 물음에 답해 보세요.

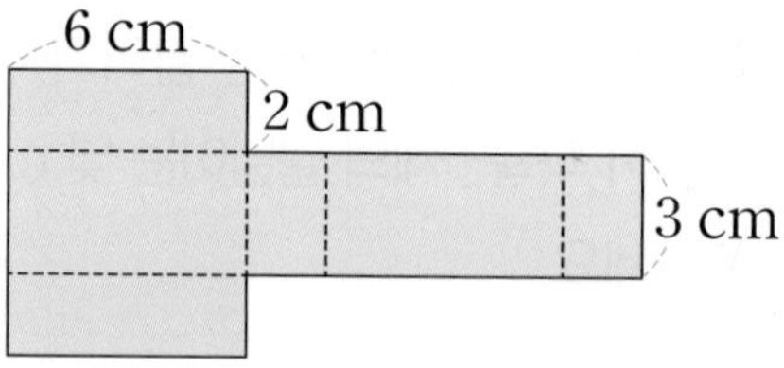

07 전개도를 접어서 만들 수 있는 직육면체의 부피는 몇 cm^3인지 구해 보세요.

( )

08 전개도를 접어서 만들 수 있는 직육면체의 겉넓이는 몇 cm^2인지 구해 보세요.

( )

09 물건의 부피를 나타낼 때 cm^3를 사용하는 것이 알맞은 경우를 모두 찾아 기호를 써 보세요.

㉠ 옷장	㉡ 공책
㉢ 필통	㉣ 냉장고

(   )

10 서윤이 침대의 부피는 2100000 cm^3입니다. 이 침대의 부피를 m^3로 나타내어 보세요.

(   )

AI가 뽑은 정답률 낮은 문제

11 전개도를 접어서 만들 수 있는 정육면체의 겉넓이는 몇 cm^2인지 구해 보세요.

118쪽 유형 2

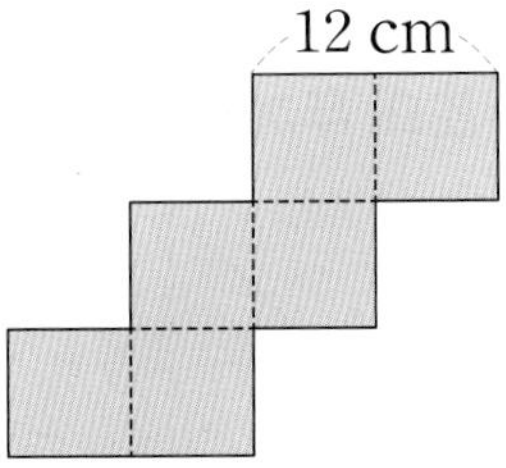

(   )

12 한 모서리의 길이가 3 m인 정육면체의 부피를 구하여 m^3와 cm^3로 각각 나타내어 보세요.

(   ) m^3

(   ) cm^3

13 가로가 30 cm, 세로가 12 cm, 높이가 15 cm인 직육면체 모양의 상자를 겹치는 부분 없이 포장하려고 합니다. 필요한 포장지의 넓이는 몇 cm^2인지 구해 보세요.

(   )

서술형

14 직육면체의 부피가 360 cm^3일 때 색칠한 면의 넓이는 몇 cm^2인지 풀이 과정을 쓰고 답을 구해 보세요.

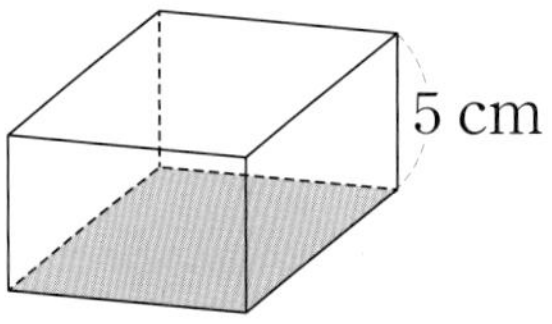

풀이

답

6 단원

서술형

15 오른쪽 도화지 6장을 사용하여 정육면체 모양의 상자를 만들려고 합니다. 만든 상자의 겉넓이는 몇 cm^2인지 풀이 과정을 쓰고 답을 구해 보세요.

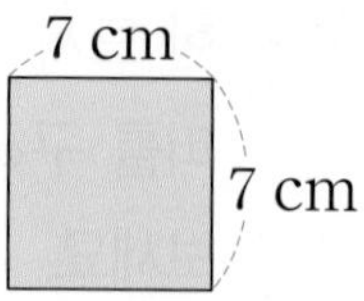

풀이

답

AI가 뽑은 정답률 낮은 문제

16 부피가 작은 것부터 차례대로 기호를 써 보세요.

120쪽 유형 5

㉠ 110000 cm^3
㉡ 1.2 m^3
㉢ 한 밑면의 넓이가 300 cm^2이고 높이가 400 cm인 직육면체의 부피

(　　　　　　　　)

17 다음 정육면체의 각 모서리의 길이를 2배로 늘인 정육면체의 부피는 처음 정육면체의 부피의 몇 배가 되는지 구해 보세요.

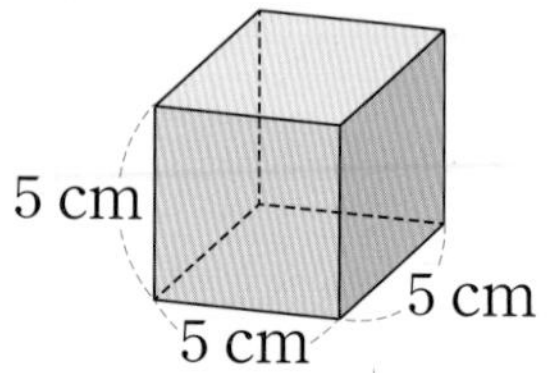

(　　　　　　　　)

AI가 뽑은 정답률 낮은 문제

18 직육면체의 겉넓이가 108 cm^2일 때 높이는 몇 cm인지 구해 보세요.

120쪽 유형 6

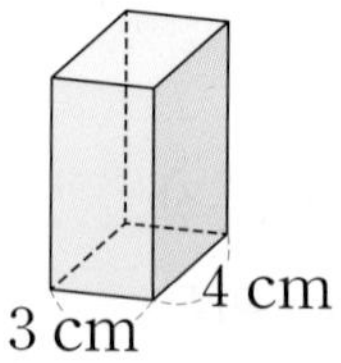

(　　　　　　　　)

AI가 뽑은 정답률 낮은 문제

19 입체도형의 부피는 몇 cm^3인지 구해 보세요.

121쪽 유형 8

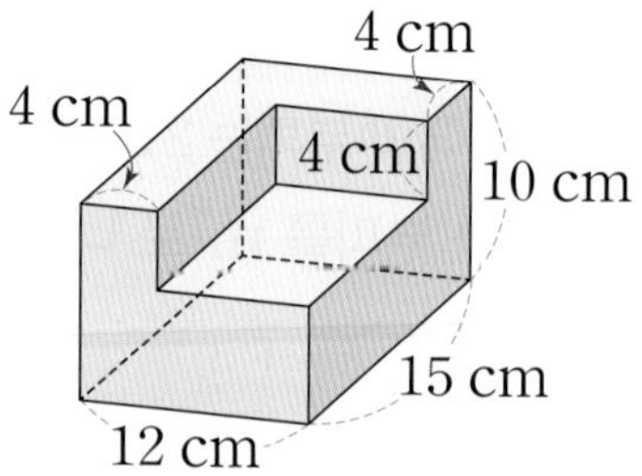

(　　　　　　　　)

AI가 뽑은 정답률 낮은 문제

20 다음과 같이 직육면체 모양의 수조에 돌을 넣었더니 물의 높이가 4 cm 높아졌습니다. 이 돌의 부피는 몇 cm^3인지 구해 보세요. (단, 수조의 두께는 생각하지 않습니다.)

123쪽 유형 11

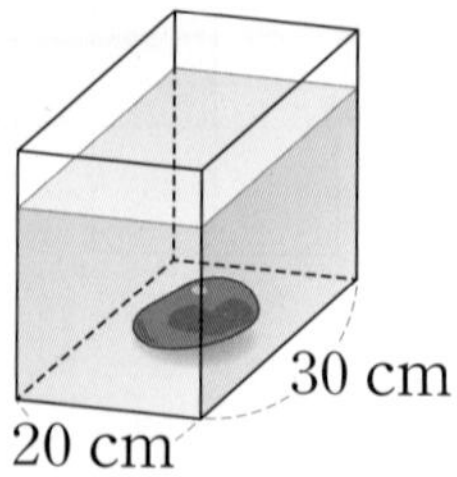

(　　　　　　　　)

01 직접 맞대어 두 직육면체의 부피를 비교하려고 합니다. 알맞은 말에 ○표 해 보세요.

가
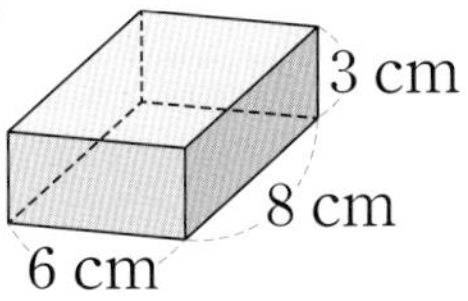

나
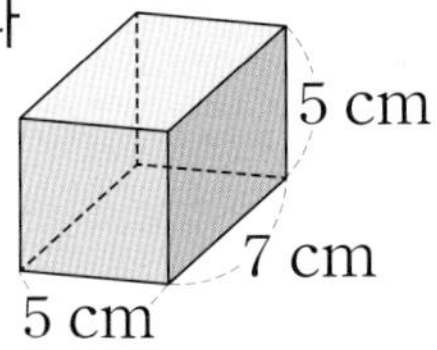

가와 나의 부피를 정확하게 비교할 수 (있습니다 , 없습니다).

02 크기가 같은 쌓기나무를 사용하여 두 직육면체의 부피를 비교하려고 합니다. ○ 안에 >, =, <를 알맞게 써넣으세요.

가
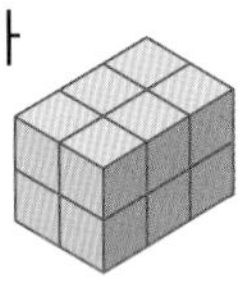

나
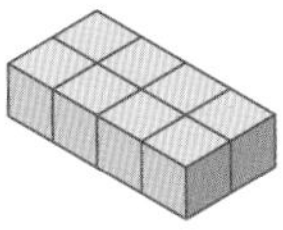

(가의 부피) ○ (나의 부피)

03 □ 안에 알맞은 수를 써넣으세요.

$1\ m^3 = \square\ cm^3$

04 정육면체의 부피를 구하려고 합니다. □ 안에 알맞은 수를 써넣으세요.

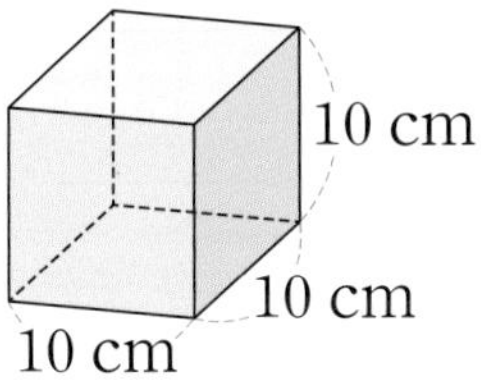

$\square \times \square \times \square$
$= \square (cm^3)$

05~06 직육면체를 보고 물음에 답해 보세요.

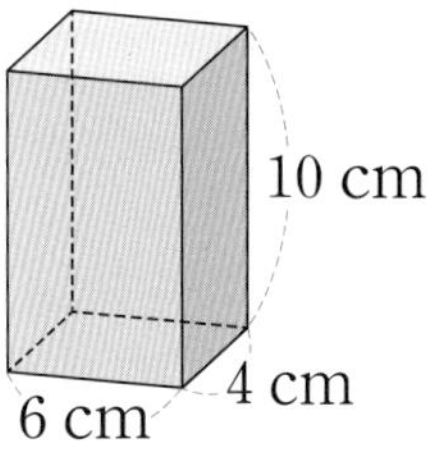

05 직육면체의 부피는 몇 cm^3인지 구해 보세요.

( )

06 직육면체의 겉넓이는 몇 cm^2인지 구해 보세요.

( )

07 전개도를 접어서 만들 수 있는 정육면체의 겉넓이는 몇 cm^2인지 구해 보세요.

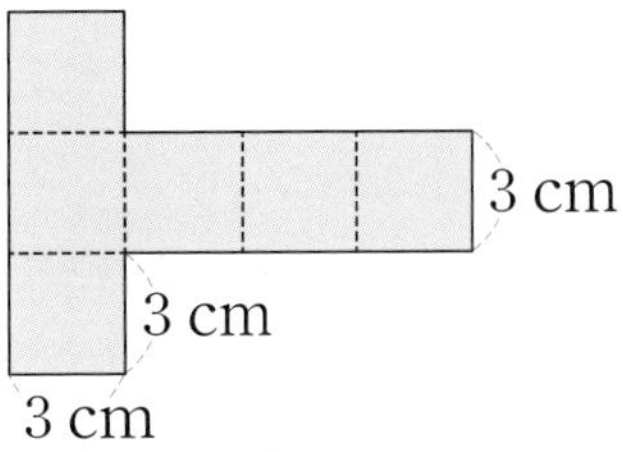

( )

08 부피를 비교하여 더 큰 것에 ○표 해 보세요.

$6\ m^3$	( )
$4000000\ cm^3$	( )

09 정육면체의 부피는 몇 m^3인지 구해 보세요.

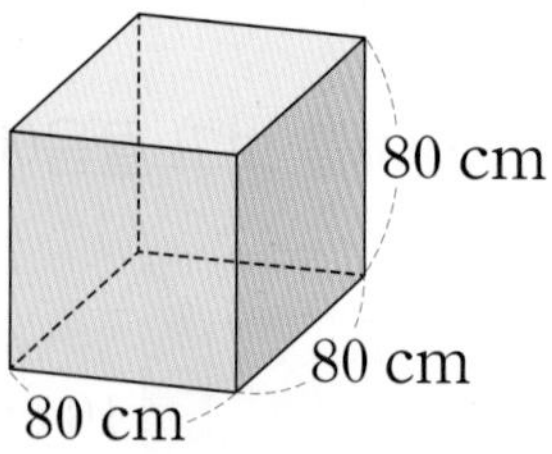

(   )

10 한 모서리의 길이가 9 cm인 정육면체의 겉넓이는 몇 cm^2인지 구해 보세요.

(   )

11 가로가 10 cm, 세로가 12 cm, 높이가 9 cm인 직육면체의 부피는 몇 cm^3인지 구해 보세요.

(   )

12 가로가 8 cm, 세로가 4 cm, 높이가 3 cm인 직육면체 모양의 비누 상자가 있습니다. 이 비누 상자의 겉넓이는 몇 cm^2인지 구해 보세요.

(   )

13 직육면체 모양의 선물 상자와 큐브 중에서 부피가 더 큰 것을 찾아 써 보세요.

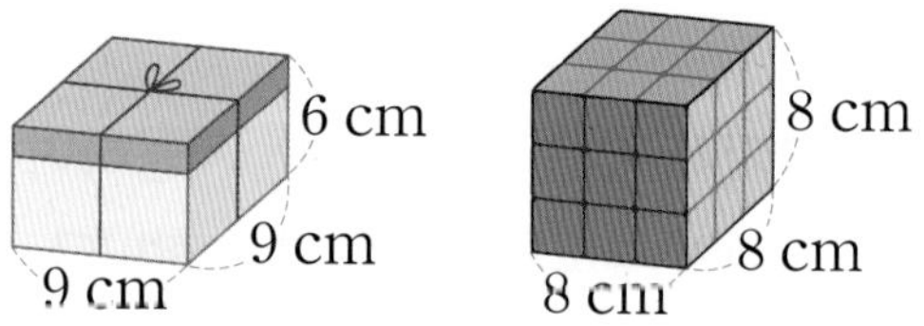

(   )

서술형

14 한 면의 둘레가 28 cm인 정육면체가 있습니다. 이 정육면체의 겉넓이는 몇 cm^2인지 풀이 과정을 쓰고 답을 구해 보세요.

풀이

답

AI가 뽑은 정답률 낮은 문제

15 부피가 64 cm^3인 정육면체가 있습니다. 이 정육면체의 한 모서리의 길이는 몇 cm인지 구해 보세요.

119쪽 유형3

(　　　　　　　　　　)

16 직육면체 모양의 물건 가와 나 중 어느 것의 겉넓이가 몇 cm^2 더 넓은지 구해 보세요.

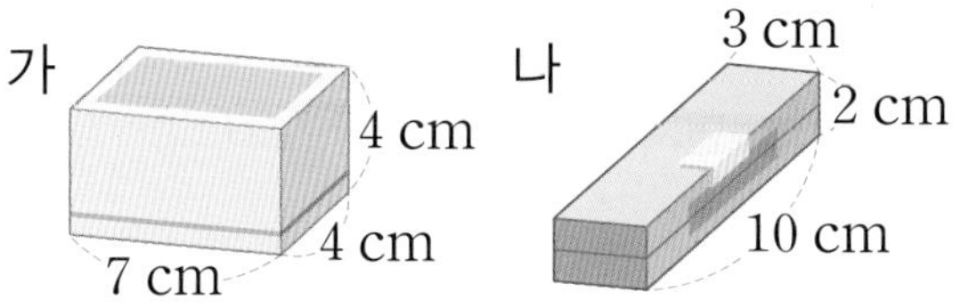

(　　　　　　,　　　　　　)

17 두 직육면체 가와 나의 부피는 같습니다. 직육면체 나의 높이는 몇 cm인지 구해 보세요.

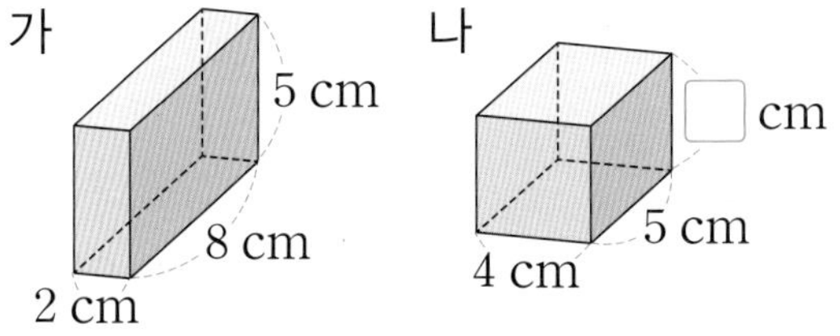

(　　　　　　　　　　)

AI가 뽑은 정답률 낮은 문제

18 입체도형의 부피는 몇 cm^3인지 구해 보세요.

121쪽 유형8

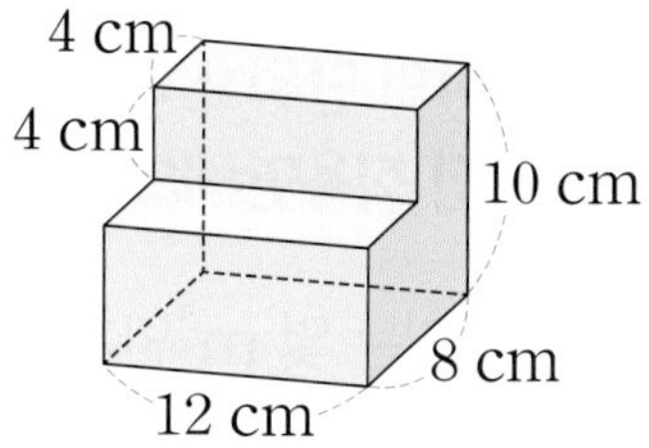

(　　　　　　　　　　)

AI가 뽑은 정답률 낮은 문제　　서술형

19 겉넓이가 384 cm^2인 정육면체의 모든 모서리의 길이의 합은 몇 cm인지 풀이 과정을 쓰고 답을 구해 보세요.

119쪽 유형4

풀이

____

____

____

답 _______________

AI가 뽑은 정답률 낮은 문제

20 직육면체 모양의 빵을 똑같이 4조각으로 자르면 빵 4조각의 겉넓이의 합은 처음 빵의 겉넓이보다 몇 cm^2 늘어날지 구해 보세요.

123쪽 유형12

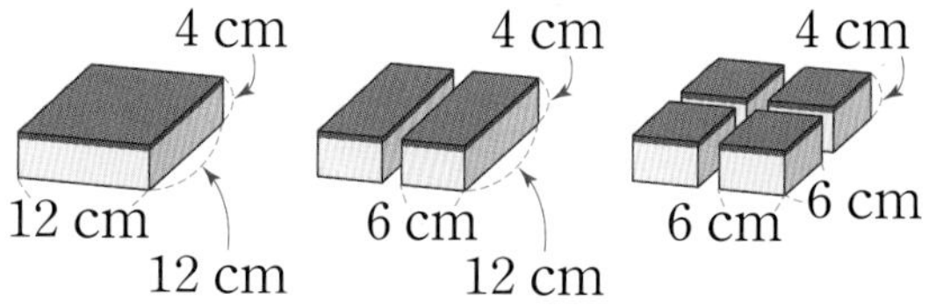

처음 빵　　똑같이 2조각으로 자른 빵　　똑같이 4조각으로 자른 빵

(　　　　　　　　　　)

6 단원

6 단원 틀린 유형 다시 보기 | 직육면체의 부피와 겉넓이

2회 10번

유형 1 길이의 단위가 다른 모서리를 가진 직육면체의 부피 구하기

직육면체의 부피는 몇 m^3인지 구해 보세요.

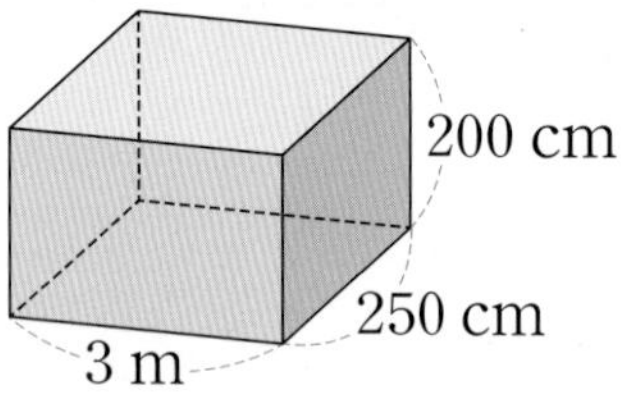

(   )

Tip 1 m=100 cm임을 이용하여 모서리의 길이를 같은 단위로 바꿔요.

1-1 직육면체의 부피는 몇 m^3인지 구해 보세요.

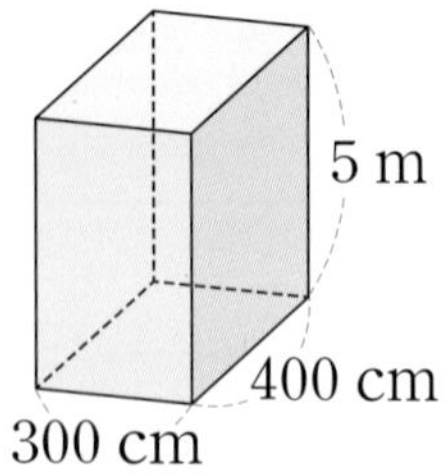

(   )

1-2 직육면체의 부피는 몇 cm^3인지 구해 보세요.

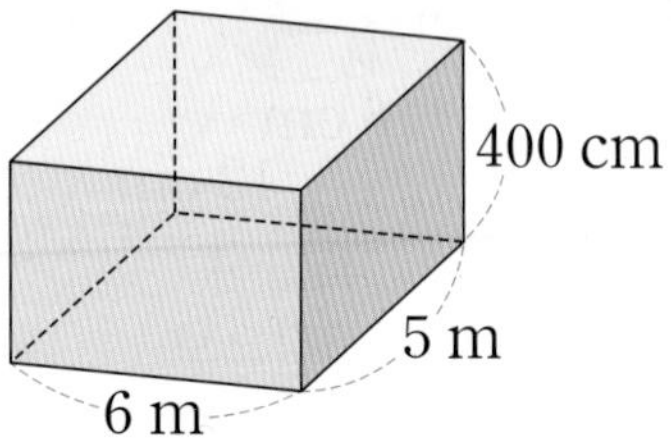

(   )

1회 11번 3회 11번

유형 2 모서리의 길이를 구하여 직육면체(정육면체)의 겉넓이 구하기

전개도를 접어서 만들 수 있는 정육면체의 겉넓이는 몇 cm^2인지 구해 보세요.

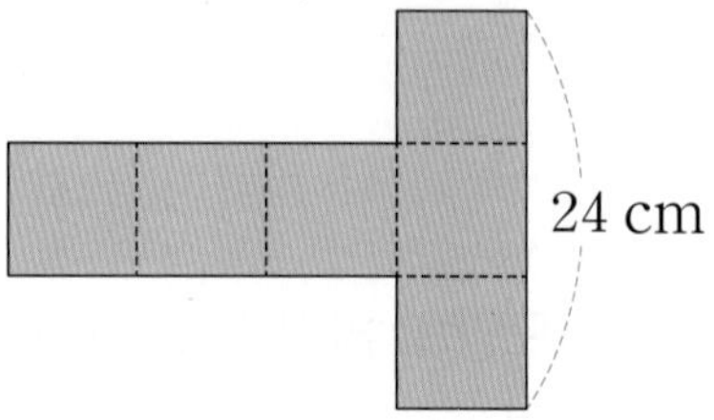

(   )

Tip 먼저 정육면체의 한 모서리의 길이를 구해요.

2-1 전개도를 접어서 만들 수 있는 정육면체의 겉넓이는 몇 cm^2인지 구해 보세요.

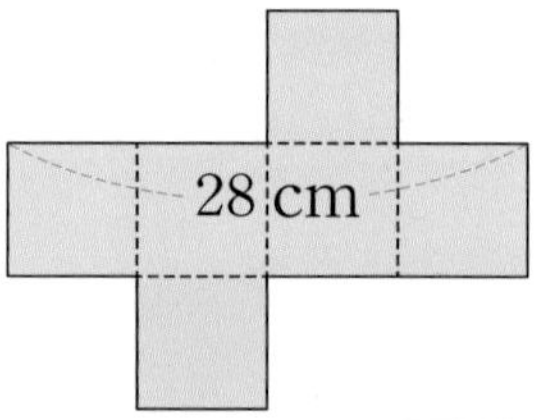

(   )

2-2 전개도를 접어서 만들 수 있는 직육면체의 겉넓이는 몇 cm^2인지 구해 보세요.

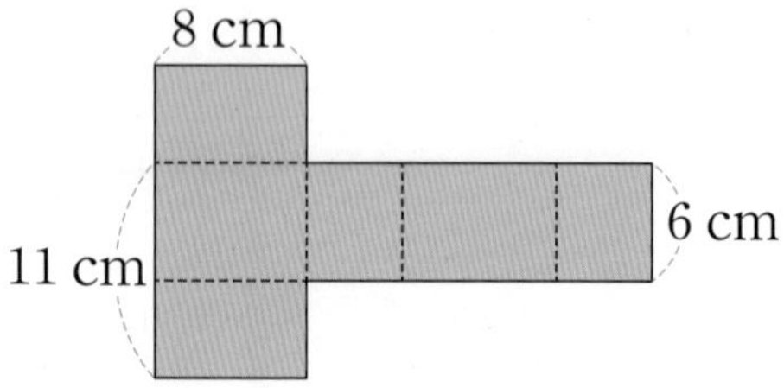

(   )

1회 14번 | 4회 15번

유형 3 부피를 알 때 직육면체 (정육면체)의 모서리 길이 구하기

직육면체의 부피는 $315\ cm^3$ 입니다. □ 안에 알맞은 수를 써넣으세요.

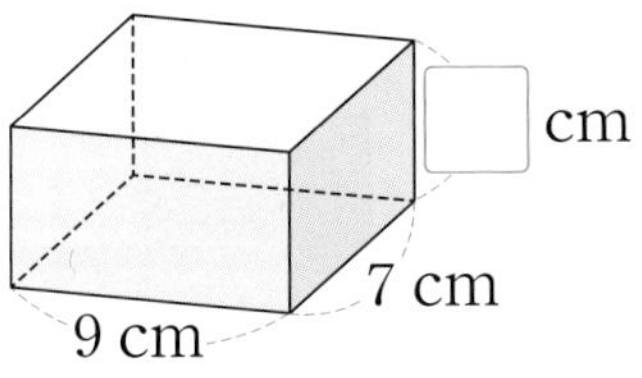

Tip (직육면체의 부피)=(가로)×(세로)×(높이)
=(밑면의 넓이)×(높이)
→ (높이)=(직육면체의 부피)÷(밑면의 넓이)

3-1 직육면체의 부피는 $480\ cm^3$입니다. □ 안에 알맞은 수를 써넣으세요.

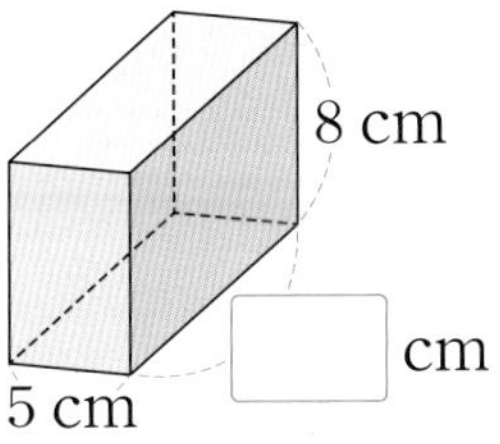

3-2 정육면체의 부피는 $512\ cm^3$입니다. □ 안에 알맞은 수를 써넣으세요.

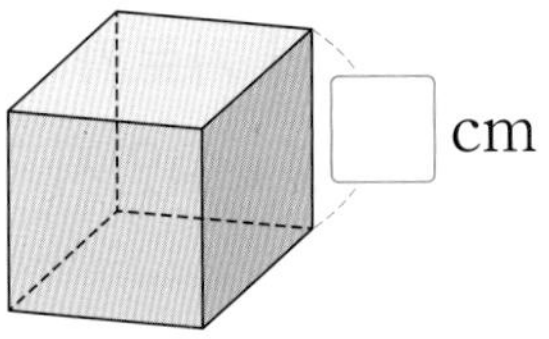

2회 15번 | 4회 19번

유형 4 겉넓이를 알 때 정육면체의 모서리 길이 구하기

겉넓이가 $54\ cm^2$ 인 정육면체의 한 모서리의 길이는 몇 cm인지 구해 보세요.

(   )

Tip 정육면체의 한 모서리의 길이를 □ cm라 하고 겉넓이 구하는 식을 써요.

4-1 겉넓이가 $864\ cm^2$인 정육면체의 한 모서리의 길이는 몇 cm인지 구해 보세요.

(   )

4-2 정육면체의 겉넓이는 $150\ cm^2$입니다. □ 안에 알맞은 수를 써넣으세요.

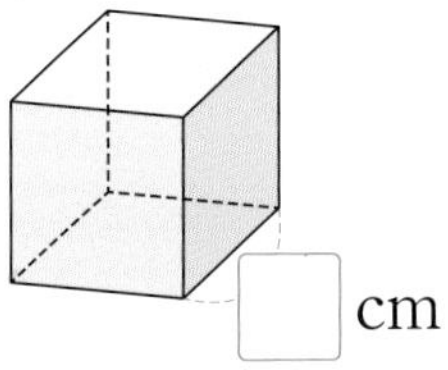

4-3 겉넓이가 $600\ cm^2$ 인 정육면체의 모든 모서리의 길이의 합은 몇 cm인지 구해 보세요.

(   )

6 단원

1회 15번 3회 16번

유형 5 단위가 다른 부피 비교하기

부피가 큰 것부터 차례대로 기호를 써 보세요.

㉠ $4.8\ m^3$
㉡ $5000000\ cm^3$
㉢ $790000\ cm^3$

(　　　　　　　　　　)

Tip 단위를 같게 하여 부피를 비교해요.

5-1 부피가 작은 것부터 차례대로 기호를 써 보세요.

㉠ $1.6\ m^3$
㉡ $3200000\ cm^3$
㉢ $10\ m^3$

(　　　　　　　　　　)

5-2 부피가 큰 것부터 차례대로 기호를 써 보세요.

㉠ $0.09\ m^3$
㉡ 한 밑면의 넓이가 $400\ cm^2$이고 높이가 100 cm인 직육면체의 부피
㉢ $80000\ cm^3$

(　　　　　　　　　　)

3회 18번

유형 6 겉넓이를 알 때 직육면체의 모서리 길이 구하기

전개도를 접어서 만든 직육면체의 겉넓이가 $166\ cm^2$일 때 □ 안에 알맞은 수를 써넣으세요.

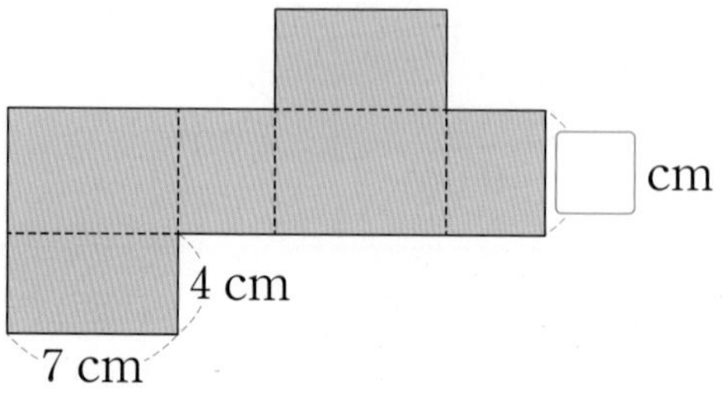

Tip (직육면체의 겉넓이)
=(한 밑면의 넓이)×2+(옆면의 넓이)

6-1 전개도를 접어서 만든 직육면체의 겉넓이가 $152\ cm^2$일 때 □ 안에 알맞은 수를 써넣으세요.

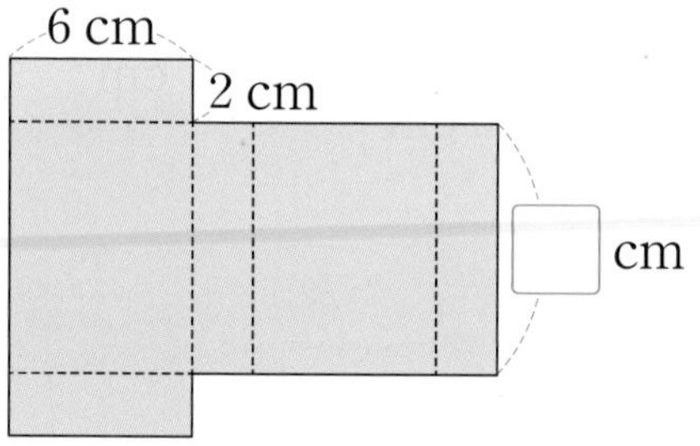

6-2 겉넓이가 $216\ cm^2$인 직육면체가 있습니다. 이 직육면체의 가로가 10 cm, 세로가 6 cm일 때 높이는 몇 cm인지 구해 보세요.

(　　　　　　　　　　)

1회 18번

유형 7 위, 앞, 옆에서 본 모양을 보고 직육면체의 겉넓이 구하기

직육면체를 위, 앞, 옆에서 본 모양입니다. 직육면체의 겉넓이는 몇 cm^2인지 구해 보세요.

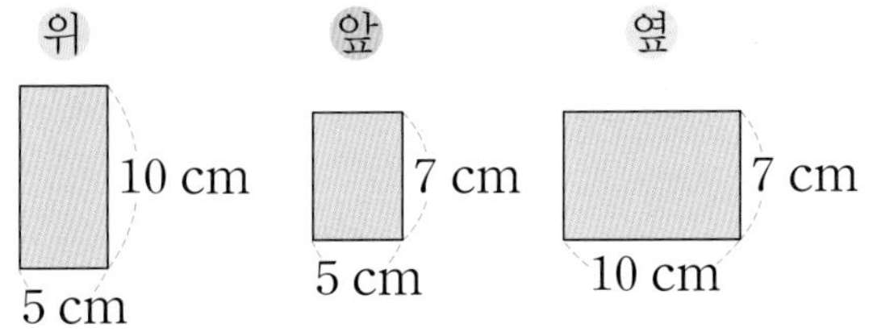

(　　　　　　　　)

Tip 위, 앞, 옆에서 본 모양을 이용하여 직육면체의 겨냥도를 그려 겉넓이를 구해요.

7-1 직육면체의 위, 앞, 옆에서 본 모양이 모두 다음과 같을 때 직육면체의 겉넓이는 몇 cm^2인지 구해 보세요.

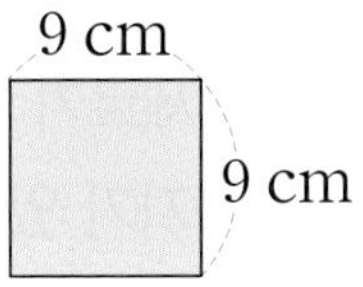

(　　　　　　　　)

7-2 직육면체를 위, 앞에서 본 모양입니다. 직육면체의 겉넓이는 몇 cm^2인지 구해 보세요.

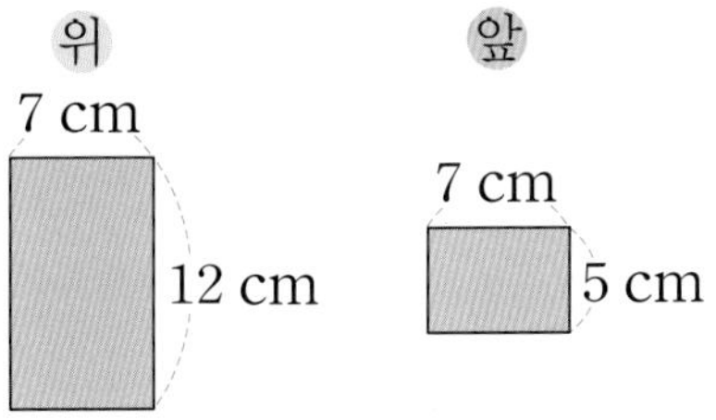

(　　　　　　　　)

2회 19번　3회 19번　4회 18번

유형 8 여러 가지 입체도형의 부피 구하기

입체도형의 부피는 몇 cm^3인지 구해 보세요.

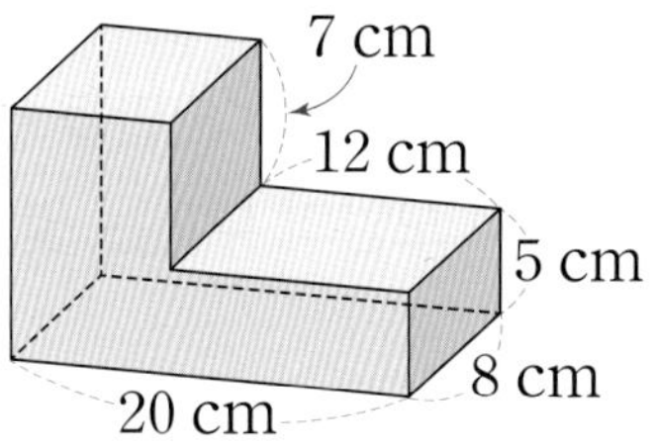

(　　　　　　　　)

Tip 입체도형을 두 부분으로 나누어 각각 부피를 구하고 구한 두 부피를 더해요.

8-1 입체도형의 부피는 몇 cm^3인지 구해 보세요.

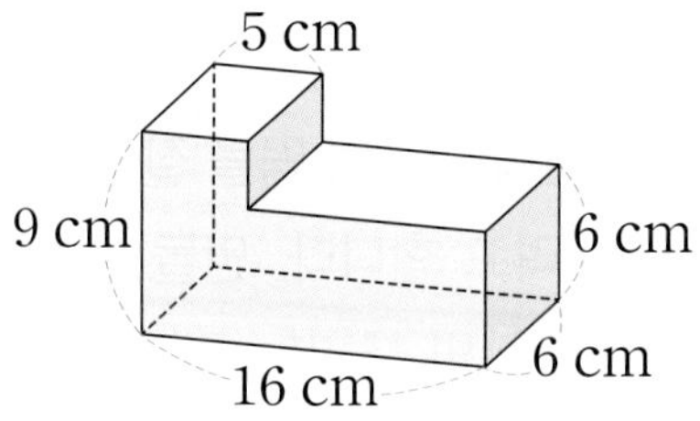

(　　　　　　　　)

8-2 입체도형의 부피는 몇 cm^3인지 구해 보세요.

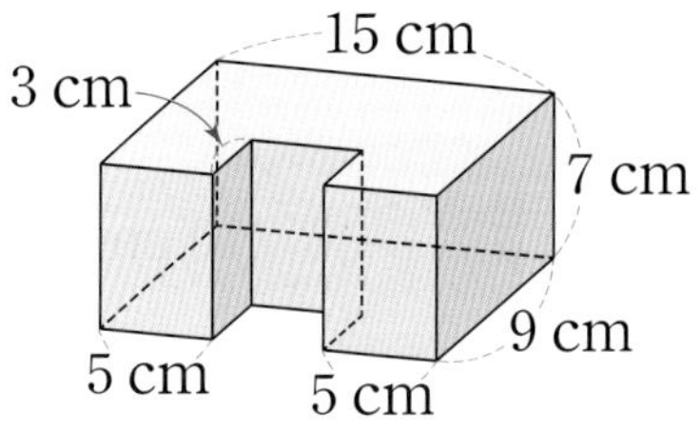

(　　　　　　　　)

1회 19번

유형 9 직육면체를 잘라 만들 수 있는 가장 큰 정육면체의 부피 구하기

직육면체 모양의 식빵을 잘라서 정육면체 모양으로 만들려고 합니다. 만들 수 있는 가장 큰 정육면체 모양의 부피는 몇 cm^3인지 구해 보세요.

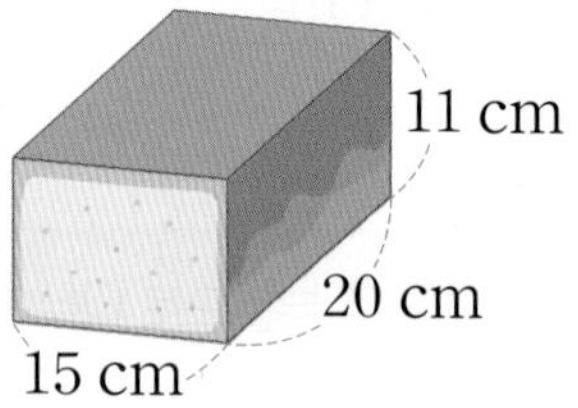

(　　　　　　　　)

Tip 길이가 가장 짧은 모서리가 만들 수 있는 가장 큰 정육면체의 한 모서리의 길이가 돼요.

9-1 직육면체 모양의 떡을 잘라서 정육면체 모양으로 만들려고 합니다. 만들 수 있는 가장 큰 정육면체 모양의 부피는 몇 cm^3인지 구해 보세요.

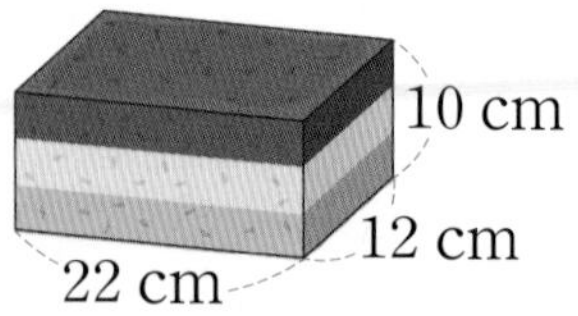

(　　　　　　　　)

9-2 직육면체 모양의 나무토막을 잘라서 정육면체 모양으로 만들려고 합니다. 가장 큰 정육면체 모양을 잘라 내고 남은 나무토막의 부피는 몇 cm^3인지 구해 보세요.

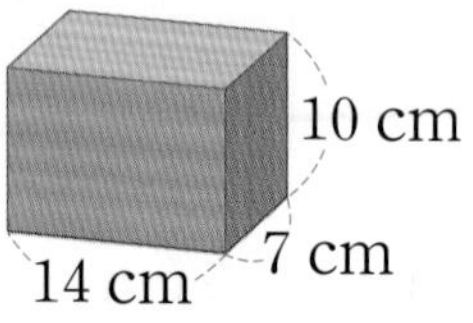

(　　　　　　　　)

2회 20번

유형 10 가득 쌓을 수 있는 물건의 수 구하기

가로가 5 m, 세로가 2 m, 높이가 3 m인 직육면체 모양의 창고가 있습니다. 이 창고에 한 모서리의 길이가 20 cm인 정육면체 모양의 상자를 빈틈없이 쌓으려고 합니다. 정육면체 모양의 상자를 몇 개까지 쌓을 수 있는지 구해 보세요.

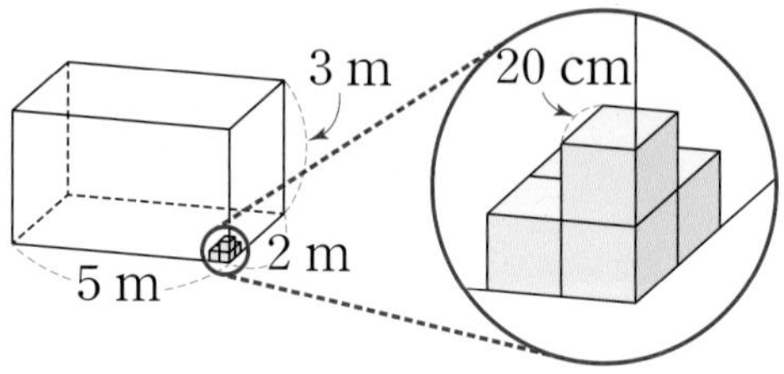

(　　　　　　　　)

Tip 창고의 가로, 세로, 높이에 정육면체 모양의 상자가 각각 몇 개씩 들어가는지 알아본 다음, 정육면체 모양의 상자를 몇 개까지 쌓을 수 있는지 알아봐요.

10-1 가로가 2 m, 세로가 3 m, 높이가 1 m인 직육면체 모양의 상자가 있습니다. 이 상자에 한 모서리의 길이가 10 cm인 정육면체 모양의 쌓기나무를 빈틈없이 쌓으려고 합니다. 정육면체 모양의 쌓기나무를 몇 개까지 쌓을 수 있는지 구해 보세요.

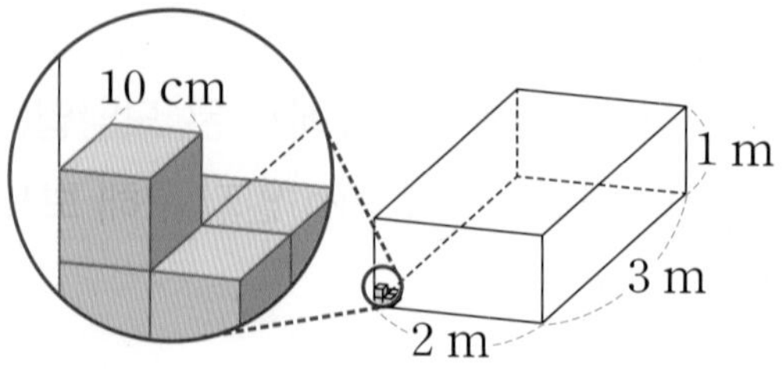

(　　　　　　　　)

3회 20번

유형 11 돌의 부피 구하기

오른쪽과 같이 직육면체 모양의 수조에 돌을 넣었더니 물의 높이가 3 cm 높아졌습니다. 이 돌의 부피는 몇 cm^3인지 구해 보세요. (단, 수조의 두께는 생각하지 않습니다.)

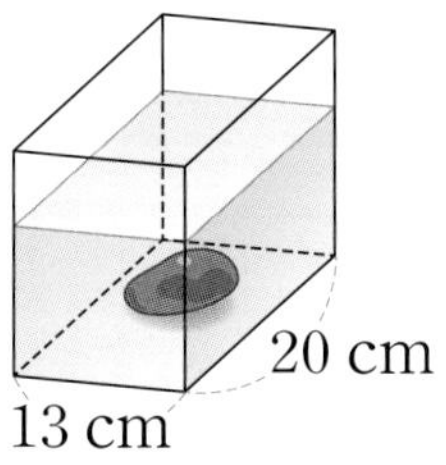

(　　　　　　　　)

Tip 돌의 부피는 늘어난 물의 부피와 같아요.

11-1 다음과 같이 직육면체 모양의 수조에 벽돌을 넣었더니 물의 높이가 2 cm 높아졌습니다. 이 벽돌의 부피는 몇 cm^3인지 구해 보세요. (단, 수조의 두께는 생각하지 않습니다.)

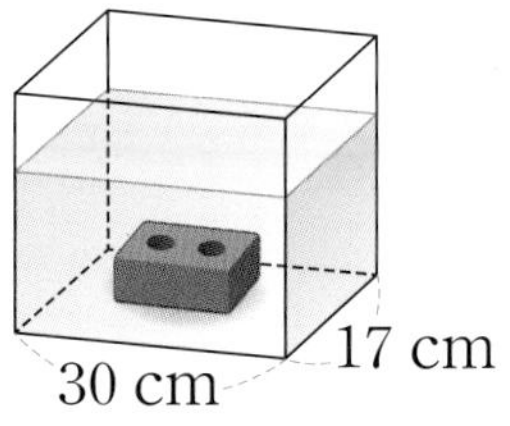

(　　　　　　　　)

11-2 다음과 같은 직육면체 모양의 수조에 돌을 넣었더니 돌이 물속에 완전히 잠기면서 물의 높이가 15 cm가 되었습니다. 돌의 부피는 몇 cm^3인지 구해 보세요. (단, 수조의 두께는 생각하지 않습니다.)

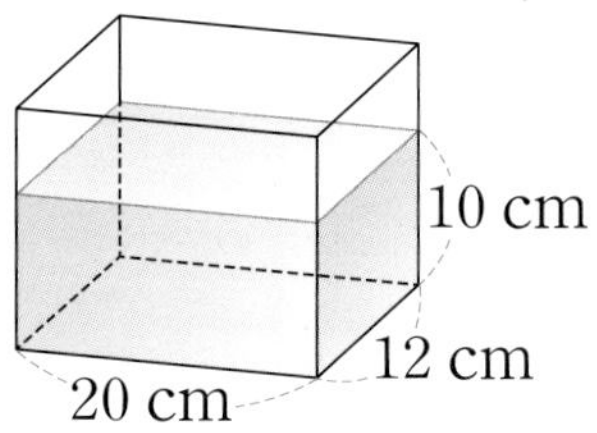

(　　　　　　　　)

4회 20번

유형 12 똑같이 잘랐을 때 늘어난 겉넓이 구하기

직육면체 모양의 두부를 똑같이 4조각으로 자르면 두부 4조각의 겉넓이의 합은 처음 두부의 겉넓이보다 몇 cm^2 늘어날지 구해 보세요.

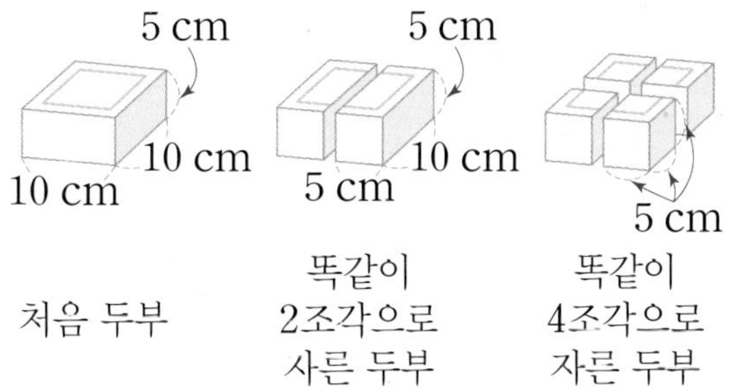

(　　　　　　　　)

Tip 자를 때마다 늘어나는 면을 찾아봐요.

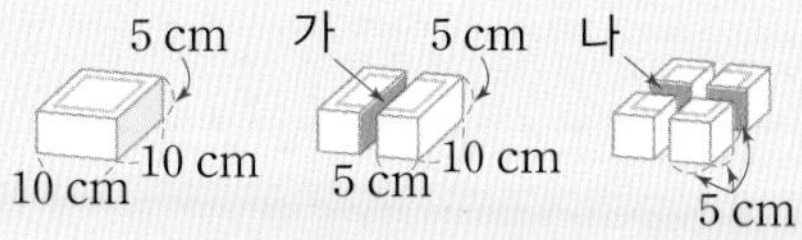

똑같이 2조각으로 자르면 가 면이 2개 늘어나요.
똑같이 4조각으로 자르면 똑같이 2조각으로 자를 때보다 나 면이 4개 늘어나요.

12-1 직육면체 모양의 나무토막을 똑같이 3조각으로 잘랐습니다. 자른 나무토막 3조각의 겉넓이의 합은 처음 나무토막의 겉넓이보다 몇 cm^2 늘어나는지 구해 보세요.

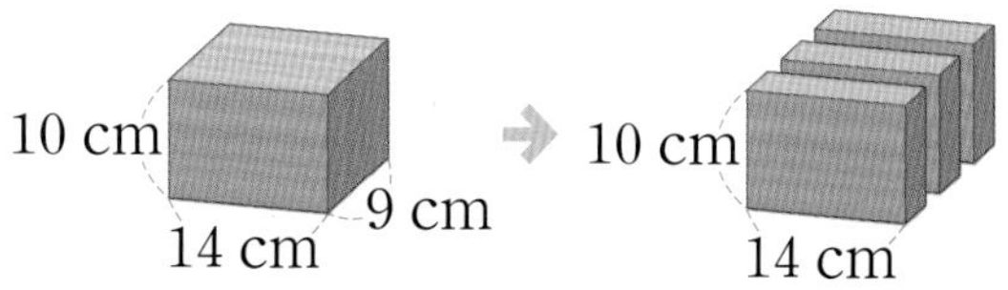

(　　　　　　　　)

MEMO

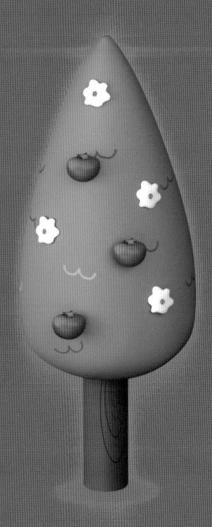

기본을 단단하게
나만의 속도로
무엇보다 재미있게

아이스크림 더 실전

정답 및 풀이

수학

6-1

i-Scream edu

정답 및 풀이

1단원 분수의 나눗셈

6~8쪽 AI가 추천한 단원 평가 1회

01 $\frac{1}{5}$	02 $5, \frac{2}{11}$	03 $\frac{3}{32}$
04 $\frac{8}{21}$	05 $\frac{7}{18}$	06 ㉢
07 (　)(○)	08 ㉠	09 $1\frac{2}{3}$
10 풀이 참고	11 $\frac{3}{7}$ kg	12 $\frac{7}{20}$ cm^2
13 ㉡	14 $\frac{11}{180}$ km	15 ㉡, ㉢, ㉠
16 $\frac{1}{30}$	17 $\frac{1}{4}$ kg	18 $2\frac{7}{27}$ cm
19 풀이 참고, 5	20 $\frac{17}{40}$ L	

07 $4\div7=\frac{4}{7}$, $3\frac{1}{2}\div5=\frac{7}{2}\div5=\frac{7}{2}\times\frac{1}{5}=\frac{7}{10}$

$\frac{4}{7}=\frac{40}{70}$, $\frac{7}{10}=\frac{49}{70}$이므로 $\frac{40}{70}<\frac{49}{70}$입니다.

09 $\frac{11}{2}=5\frac{1}{2}$이므로 $8\frac{1}{3}>5\frac{1}{2}>5$입니다.

따라서 $8\frac{1}{3}\div5=\frac{25}{3}\div5=\frac{25\div5}{3}=\frac{5}{3}=1\frac{2}{3}$

입니다.

10 예 대분수를 가분수로 바꾸어 계산해야 하는데 바꾸지 않고 계산했습니다.」❶

$1\frac{1}{8}\div7=\frac{9}{8}\div7=\frac{9}{8}\times\frac{1}{7}=\frac{9}{56}$」❷

채점 기준

❶ 계산이 잘못된 이유 쓰기	2점
❷ 바르게 계산하기	3점

11 $3\div7=\frac{3}{7}$이므로 책 1권의 무게는 $\frac{3}{7}$ kg입니다.

12 (색칠한 부분의 넓이)

=(직사각형의 넓이)÷8

$=2\frac{4}{5}\div8=\frac{14}{5}\div8=\frac{14}{5}\times\frac{1}{8}=\frac{7}{20}(cm^2)$

13 나누어지는 수가 나누는 수보다 크면 계산 결과가 1보다 큽니다. ㉠ $4<9$, ㉡ $7>5$, ㉢ $1\frac{3}{4}<4$이므로 계산 결과가 1보다 큰 것은 ㉡입니다.

14 (1분 동안 걸은 거리)

=(30분 동안 걸은 거리)÷30

$=\frac{11}{6}\div30=\frac{11}{6}\times\frac{1}{30}=\frac{11}{180}$(km)

15 ㉠ $\frac{3}{4}\div4=\frac{3}{4}\times\frac{1}{4}=\frac{3}{16}=\frac{6}{32}$

㉡ $\frac{16}{5}\div3=\frac{16}{5}\times\frac{1}{3}=\frac{16}{15}=1\frac{1}{15}$

㉢ $1\frac{3}{8}\div4=\frac{11}{8}\div4=\frac{11}{8}\times\frac{1}{4}=\frac{11}{32}$

$1\frac{1}{15}>\frac{11}{32}>\frac{3}{16}\left(=\frac{6}{32}\right)$이므로 계산 결과가 큰 것부터 차례대로 기호를 쓰면 ㉡, ㉢, ㉠입니다.

16 $★=\frac{2}{3}\div4=\frac{2}{3}\times\frac{1}{4}=\frac{1}{6}$

$♥=\frac{1}{6}\div5=\frac{1}{6}\times\frac{1}{5}=\frac{1}{30}$

17 (참외 7개의 무게)$=2-\frac{1}{4}=1\frac{4}{4}-\frac{1}{4}=1\frac{3}{4}$(kg)

(참외 1개의 무게)$=1\frac{3}{4}\div7=\frac{7}{4}\div7$

$=\frac{7\div7}{4}=\frac{1}{4}$(kg)

18 (정삼각형 1개의 둘레)

$=20\frac{1}{3}\div3=\frac{61}{3}\div3=\frac{61}{3}\times\frac{1}{3}=\frac{61}{9}=6\frac{7}{9}$(cm)

(정삼각형의 한 변의 길이)

$=6\frac{7}{9}\div3=\frac{61}{9}\div3=\frac{61}{9}\times\frac{1}{3}$

$=\frac{61}{27}=2\frac{7}{27}$(cm)

19 예 $12\frac{1}{4}\div3=\frac{49}{4}\div3=\frac{49}{4}\times\frac{1}{3}=\frac{49}{12}$

$=4\frac{1}{12}$」❶

$4\frac{1}{12}<$ □이므로 □ 안에 들어갈 수 있는 가장 작은 자연수는 5입니다.」❷

채점 기준

❶ 주어진 식 간단히 하기	3점
❷ □ 안에 들어갈 수 있는 가장 작은 자연수 구하기	2점

20 (섞은 물의 양)$=1\frac{1}{5}+\frac{1}{2}=1\frac{2}{10}+\frac{5}{10}=1\frac{7}{10}$(L)

(한 병에 담아야 하는 물의 양)

$=1\frac{7}{10}\div4=\frac{17}{10}\div4=\frac{17}{10}\times\frac{1}{4}=\frac{17}{40}$(L)

9~11쪽 AI가 추천한 단원 평가 2회

01 예 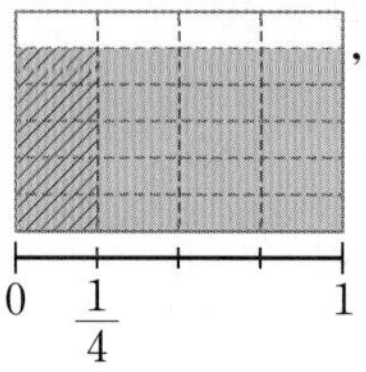, 4, 4, 4, $\frac{5}{24}$

02 10, 10, $\frac{5}{28}$ 03 $\frac{1}{6}$ 04 $\frac{5}{36}$

05 $2\frac{5}{7}\div3=\frac{19}{7}\div3=\frac{19}{7}\times\frac{1}{3}=\frac{19}{21}$

06 (위에서부터) $\frac{9}{16}$, $\frac{9}{40}$

07 ( )( )(○) 08 <

09 $\frac{13}{30}$ 10 $\frac{5}{9}$ m

11 풀이 참고, 17개 12 $\frac{15}{56}$ L

13 $8\frac{1}{3}$ cm 14 ㉢ 15 ㉡

16 $\frac{27}{28}$ 17 $\frac{1}{2}$ m 18 $\frac{3}{20}$ kg

19 풀이 참고, $\frac{4}{125}$ 20 $\frac{8}{21}$

09 $\square\times5=2\frac{1}{6}$

→ $\square=2\frac{1}{6}\div5=\frac{13}{6}\div5=\frac{13}{6}\times\frac{1}{5}=\frac{13}{30}$

11 예 $2\frac{3}{7}\div5=\frac{17}{7}\div5=\frac{17}{7}\times\frac{1}{5}=\frac{17}{35}$」❶

$\frac{17}{35}$은 $\frac{1}{35}$이 17개인 수입니다.」❷

채점 기준

❶ $2\frac{3}{7}\div5$ 계산하기	3점
❷ $2\frac{3}{7}\div5$의 계산 결과는 $\frac{1}{35}$이 몇 개인 수인지 구하기	2점

12 (한 명이 마신 주스의 양)

=(전체 주스의 양)÷(사람 수)

$=\frac{15}{14}\div4=\frac{15}{14}\times\frac{1}{4}=\frac{15}{56}$(L)

13 (평행사변형의 넓이)=(밑변의 길이)×(높이)

→ (밑변의 길이)=(평행사변형의 넓이)÷(높이)

$=33\frac{1}{3}\div4=\frac{100}{3}\div4$

$=\frac{100\div4}{3}=\frac{25}{3}=8\frac{1}{3}$(cm)

14 ㉠ $3\div11=\frac{3}{11}$

㉡ $4\frac{2}{5}\div3=\frac{22}{5}\div3=\frac{22}{5}\times\frac{1}{3}=\frac{22}{15}=1\frac{7}{15}$

㉢ $4\div22=\frac{\overset{2}{\cancel{4}}}{\underset{11}{\cancel{22}}}=\frac{2}{11}$

따라서 몫이 가장 작은 것은 ㉢입니다.

15 (나누어지는 수)<(나누는 수)이면 계산 결과가 진분수입니다.

㉠ $3\frac{4}{5}>3$, ㉡ $10\frac{1}{4}<11$, ㉢ $8\frac{2}{3}>8$이므로

계산 결과가 진분수인 것은 ㉡입니다.

16 ㉠$=6\div7=\frac{6}{7}$, ㉡$=\frac{6}{7}\div8=\frac{\overset{3}{\cancel{6}}}{7}\times\frac{1}{\underset{4}{\cancel{8}}}=\frac{3}{28}$

→ $\frac{6}{7}+\frac{3}{28}=\frac{24}{28}+\frac{3}{28}=\frac{27}{28}$

17 (정사각형의 둘레)$=\frac{3}{\underset{2}{\cancel{8}}}\times\overset{1}{\cancel{4}}=\frac{3}{2}=1\frac{1}{2}$(m)

(정삼각형의 한 변의 길이)

$=1\frac{1}{2}\div3=\frac{3}{2}\div3=\frac{3\div3}{2}=\frac{1}{2}$(m)

18 (오이 5개의 무게)

$=1\frac{3}{8}-\frac{5}{8}=\frac{11}{8}-\frac{5}{8}=\frac{\overset{3}{\cancel{6}}}{\underset{4}{\cancel{8}}}=\frac{3}{4}$(kg)

(오이 1개의 무게)

$=\frac{3}{4}\div5=\frac{3}{4}\times\frac{1}{5}=\frac{3}{20}$(kg)

19 예 어떤 수를 □라고 하면 $\square\times5=\frac{4}{5}$에서

$\square=\frac{4}{5}\div5=\frac{4}{5}\times\frac{1}{5}=\frac{4}{25}$입니다.」❶

따라서 바르게 계산하면

$\frac{4}{25}\div5=\frac{4}{25}\times\frac{1}{5}=\frac{4}{125}$입니다.」❷

채점 기준

❶ 어떤 수 구하기	3점
❷ 바르게 계산한 값 구하기	2점

20 계산 결과가 가장 큰 나눗셈식을 만들려면 계산 결과의 분모가 작아지도록 식을 만들어야 합니다.

$\frac{8}{7}\div3=\frac{8}{7}\times\frac{1}{3}=\frac{8}{21}$

또는 $\frac{8}{3}\div7=\frac{8}{3}\times\frac{1}{7}=\frac{8}{21}$입니다.

12~14쪽 **AI가 추천한 단원 평가 3회**

01 $2, \frac{3}{10}$	02 $\frac{4}{5}$	03 $\frac{7}{48}$
04 94	05 $\frac{5}{7}$	06 (○)(　)
07 $4\frac{1}{6}$	08 $\frac{5}{54}$	09 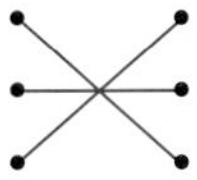
10 ㉡	11 $\frac{2}{7}$봉지	12 $\frac{7}{60}$ L
13 $1\frac{5}{21}$	14 풀이 참고, ㉡, ㉢, ㉠	
15 $4\frac{1}{3}$ cm²	16 $7\frac{17}{25}$ cm	
17 풀이 참고, $8\frac{17}{25}$ km		18 4개
19 16	20 $\frac{7}{80}$ km	

04 $\frac{3}{8}\div10=\frac{3}{8}\times\frac{1}{10}=\frac{3}{80}$ ➔ $10+1+80+3=94$

10 ㉠ $\frac{10}{9}\div5=\frac{10\div5}{9}=\frac{2}{9}<\frac{1}{2}$

㉡ $\frac{15}{4}\div5=\frac{15\div5}{4}=\frac{3}{4}>\frac{1}{2}$

11 $2\div7=\frac{2}{7}$이므로 하루에 먹은 쌀은 $\frac{2}{7}$봉지입니다.

12 (비커 한 개에 담은 소금물의 양)

=(전체 소금물의 양)÷(비커 수)

$=\frac{7}{10}\div6=\frac{7}{10}\times\frac{1}{6}=\frac{7}{60}$(L)

13 어떤 수를 □라고 하면 $□\times3=3\frac{5}{7}$에서

$□=3\frac{5}{7}\div3=\frac{26}{7}\div3=\frac{26}{7}\times\frac{1}{3}=\frac{26}{21}=1\frac{5}{21}$

입니다.

14 예 ㉠ $\frac{11}{6}\div4=\frac{11}{6}\times\frac{1}{4}=\frac{11}{24}$

㉡ $\frac{22}{3}\div5=\frac{22}{3}\times\frac{1}{5}=\frac{22}{15}=1\frac{7}{15}$

㉢ $\frac{36}{5}\div6=\frac{36\div6}{5}=\frac{6}{5}=1\frac{1}{5}\left(=1\frac{3}{15}\right)$」❶

$1\frac{7}{15}>1\frac{1}{5}\left(=1\frac{3}{15}\right)>\frac{11}{24}$이므로 계산 결과가 큰 것부터 차례대로 기호를 쓰면 ㉡, ㉢, ㉠입니다.」❷

채점 기준

❶ ㉠, ㉡, ㉢의 계산 결과 각각 구하기	3점
❷ 계산 결과가 큰 것부터 차례대로 기호 쓰기	2점

15 (색칠한 부분의 밑변의 길이)

$=6\frac{1}{2}\div3=\frac{13}{2}\div3=\frac{13}{2}\times\frac{1}{3}=\frac{13}{6}=2\frac{1}{6}$(cm)

(색칠한 부분의 넓이)

$=2\frac{1}{6}\times4\div2=\frac{13}{\cancel{6}_{3}}\times\cancel{4}^{2}\div2$

$=\frac{26}{3}\div2=\frac{26\div2}{3}=\frac{13}{3}=4\frac{1}{3}$(cm²)

16 (정오각형의 한 변의 길이)

$=6\frac{2}{5}\div5=\frac{32}{5}\div5=\frac{32}{5}\times\frac{1}{5}=\frac{32}{25}=1\frac{7}{25}$(cm)

(정육각형의 둘레)

$=1\frac{7}{25}\times6=\frac{32}{25}\times6=\frac{192}{25}=7\frac{17}{25}$(cm)

17 예 1분 동안 달리는 거리는

$12\frac{2}{5}\div10=\frac{62}{5}\div10=\frac{\cancel{62}^{31}}{5}\times\frac{1}{\cancel{10}_{5}}$

$=\frac{31}{25}=1\frac{6}{25}$(km)입니다.」❶

따라서 7분 동안 달리는 거리는

$1\frac{6}{25}\times7=\frac{31}{25}\times7=\frac{217}{25}=8\frac{17}{25}$(km)입니다.」❷

채점 기준

❶ 1분 동안 달리는 거리 구하기	3점
❷ 7분 동안 달리는 거리 구하기	2점

18 $6\frac{1}{4}\div3=\frac{25}{4}\div3=\frac{25}{4}\times\frac{1}{3}=\frac{25}{12}=2\frac{1}{12}$

$12\frac{2}{3}\div2=\frac{38}{3}\div2=\frac{38\div2}{3}=\frac{19}{3}=6\frac{1}{3}$

따라서 $2\frac{1}{12}<□<6\frac{1}{3}$이므로 □ 안에 들어갈 수 있는 자연수는 3, 4, 5, 6으로 모두 4개입니다.

19 $4\frac{1}{8}\div66\times▲=\frac{33}{8}\div66\times▲$

$=\frac{\cancel{33}^{1}}{8}\times\frac{1}{\cancel{66}_{2}}\times▲=\frac{1}{16}\times▲$

계산 결과가 자연수가 되려면 ▲는 16의 배수여야 합니다.

따라서 $\frac{1}{16}\times▲$가 가장 작은 자연수여야 하므로 ▲에 알맞은 자연수는 16입니다.

20 (도로 한쪽에 세우려는 표지판의 수)=18÷2=9(개)

(표지판 사이의 간격 수)=9−1=8(군데)

(표지판 사이의 간격)

$=\frac{7}{10}\div8=\frac{7}{10}\times\frac{1}{8}=\frac{7}{80}$(km)

15~17쪽 AI가 추천한 단원 평가 4회

01 7, $\frac{3}{28}$　02 $\frac{2}{9}$　03 $\frac{5}{54}$
04 $\frac{13}{70}$　05 $\frac{49}{72}$　06 ㉡
07 13　08 ㉠　09 $\frac{1}{2}$
10 $3\frac{1}{8}$ cm　11 풀이 참고, $\frac{17}{48}$
12 $2\frac{2}{5}$ g　13 ④　14 $1\frac{7}{18}$배
15 $\frac{9}{110}$배　16 $\frac{2}{91}$　17 풀이 참고
18 $1\frac{19}{27}$　19 $5\frac{3}{4}$, $\frac{23}{28}$
20 오후 2시 1분 30초

08 ㉠ $3\frac{2}{7}\div4=\frac{23}{7}\div4=\frac{23}{7}\times\frac{1}{4}=\frac{23}{28}$
㉡ $1\frac{1}{4}\div2=\frac{5}{4}\div2=\frac{5}{4}\times\frac{1}{2}=\frac{5}{8}$
➜ $\frac{23}{28}\left(=\frac{46}{56}\right)>\frac{5}{8}\left(=\frac{35}{56}\right)$

09 ㉠ $3\frac{1}{2}\div4=\frac{7}{2}\div4=\frac{7}{2}\times\frac{1}{4}=\frac{7}{8}$
㉡ $1\frac{1}{8}\div3=\frac{9}{8}\div3=\frac{9\div3}{8}=\frac{3}{8}$
➜ $\frac{7}{8}-\frac{3}{8}=\frac{\overset{1}{\cancel{4}}}{\underset{2}{\cancel{8}}}=\frac{1}{2}$

10 (직사각형의 넓이)=(가로)×(세로)
➜ (가로)=(직사각형의 넓이)÷(세로)
$=25\div8=\frac{25}{8}=3\frac{1}{8}$(cm)

11 예 $2\frac{5}{6}<3\frac{3}{5}<4\frac{1}{3}$이므로 가장 작은 수는 $2\frac{5}{6}$입니다.」❶
따라서 가장 작은 수를 8로 나눈 몫은
$2\frac{5}{6}\div8=\frac{17}{6}\div8=\frac{17}{6}\times\frac{1}{8}=\frac{17}{48}$입니다.」❷

채점 기준

❶ 가장 작은 수 찾기	2점
❷ 가장 작은 수를 8로 나눈 몫 구하기	3점

12 (구슬 1개의 무게)
=(구슬 8개의 무게)÷(구슬 수)
$=\frac{96}{5}\div8=\frac{96\div8}{5}=\frac{12}{5}=2\frac{2}{5}$(g)

13 나누어지는 수가 나누는 수보다 작으면 계산 결과가 1보다 작습니다.
따라서 $6\frac{2}{3}<8$이므로 계산 결과가 1보다 작은 것은 ④입니다.

14 $5\frac{5}{9}\div4=\frac{50}{9}\div4=\frac{\overset{25}{\cancel{50}}}{9}\times\frac{1}{\underset{2}{\cancel{4}}}=\frac{25}{18}=1\frac{7}{18}$(배)

15 ㉮ $2\frac{5}{11}\div5=\frac{27}{11}\div5=\frac{27}{11}\times\frac{1}{5}=\frac{27}{55}$
따라서 ㉮는 ㉯의 $\frac{27}{55}\div6=\frac{\overset{9}{\cancel{27}}}{55}\times\frac{1}{\underset{2}{\cancel{6}}}=\frac{9}{110}$(배)
입니다.

16 $2\div13=\frac{2}{13}$
$7\times★=\frac{2}{13}$ ➜ $★=\frac{2}{13}\div7=\frac{2}{13}\times\frac{1}{7}=\frac{2}{91}$

17 예 물 19 L를 통 4개에 똑같이 나누어 담으려고 합니다. 통 1개에 물을 몇 L 담아야 할까요?」❶
$4\frac{3}{4}$ L」❷

채점 기준

❶ '19÷4'에 알맞은 문제 만들기	3점
❷ 답 구하기	2점

18 $3\frac{5}{6}◆9=3\frac{5}{6}\div9\times4=\frac{23}{6}\div9\times4$
$=\frac{23}{6}\times\frac{1}{9}\times4=\frac{23}{\underset{27}{\cancel{54}}}\times\overset{2}{\cancel{4}}=\frac{46}{27}=1\frac{19}{27}$

19 계산 결과가 가장 크려면 나누어지는 수가 가장 커야 합니다. 만들 수 있는 가장 큰 대분수는 $5\frac{3}{4}$입니다.
➜ $5\frac{3}{4}\div7=\frac{23}{4}\div7=\frac{23}{4}\times\frac{1}{7}=\frac{23}{28}$

20 (하루에 빨라지는 시간)
$=\frac{9}{2}\div3=\frac{9\div3}{2}=\frac{3}{2}=1\frac{1}{2}$(분)
$=1\frac{30}{60}$(분) ➜ 1분 30초
따라서 다음 날 오후 2시에 이 시계가 가리키는 시각은 오후 2시+1분 30초=오후 2시 1분 30초입니다.

18~23쪽 틀린 유형 다시 보기

유형 1 ㉠ | 1-1 ㉡ | 1-2 ㉡

1-3 재우

유형 2 예 $1\frac{4}{9}\div2=\frac{13}{9}\div2=\frac{13}{9}\times\frac{1}{2}=\frac{13}{18}$

2-1 예 $1\frac{9}{10}\div3=\frac{19}{10}\div3=\frac{19}{10}\times\frac{1}{3}=\frac{19}{30}$

2-2 민재, $\frac{1}{8}$ | 유형 3 $1\frac{4}{11}$ | 3-1 $\frac{4}{21}$

3-2 $\frac{17}{40}$ | 3-3 $\frac{3}{64}$ | 유형 4 $5\frac{2}{3}$ cm

4-1 $2\frac{18}{35}$ | 4-2 $3\frac{1}{12}$ | 유형 5 $2\frac{5}{6}$ cm

5-1 $\frac{5}{72}$ m | 5-2 $\frac{3}{14}$ m | 5-3 $\frac{7}{75}$ m

유형 6 $\frac{7}{15}$ kg | 6-1 $\frac{17}{20}$ kg | 6-2 $\frac{3}{5}$ kg

유형 7 5 | 7-1 3 | 7-2 4개

7-3 5개 | 유형 8 $\frac{11}{180}$ | 8-1 $\frac{29}{144}$

8-2 $\frac{40}{63}$ | 8-3 $\frac{37}{40}$ | 유형 9 $\frac{4}{35}$

9-1 $\frac{9}{20}$ | 9-2 $6\frac{8}{15}$ | 유형 10 7

10-1 18 | 10-2 11 | 유형 11 $1\frac{1}{5}$ km

11-1 $\frac{5}{8}$ km | 11-2 $\frac{20}{49}$ km

유형 12 오전 8시 3분 20초

12-1 오후 3시 1분 42초

12-2 오전 10시 57분 40초

유형 1 ㉠ $3\div2=\frac{3}{2}=1\frac{1}{2}$ ㉡ $5\div6=\frac{5}{6}$

$1\frac{1}{2}>\frac{5}{6}$이므로 계산 결과가 더 큰 것은 ㉠입니다.

1-1 ㉠ $2\div3=\frac{2}{3}=\frac{4}{6}$ ㉡ $1\div2=\frac{1}{2}=\frac{3}{6}$

$\frac{3}{6}<\frac{4}{6}$이므로 계산 결과가 더 작은 것은 ㉡입니다.

1-2 ㉠ $\frac{6}{7}\div3=\frac{6\div3}{7}=\frac{2}{7}=\frac{18}{63}$

㉡ $\frac{8}{9}\div2=\frac{8\div2}{9}=\frac{4}{9}=\frac{28}{63}$

$\frac{18}{63}<\frac{28}{63}$이므로 계산 결과가 더 큰 것은 ㉡입니다.

1-3 • $1\frac{1}{4}\div5=\frac{5}{4}\div5=\frac{5\div5}{4}=\frac{1}{4}=\frac{2}{8}$

• $\frac{9}{4}\div6=\frac{\overset{3}{\cancel{9}}}{4}\times\frac{1}{\underset{2}{\cancel{6}}}=\frac{3}{8}$

$\frac{2}{8}<\frac{3}{8}$이므로 계산 결과가 더 큰 사람은 재우입니다.

유형 2 대분수를 가분수로 바꾸어 계산해야 하는데 바꾸지 않고 계산했습니다.

2-1 대분수를 가분수로 바꾸어 계산해야 하는데 바꾸지 않고 계산했습니다.

2-2 • $\frac{3}{4}\div6=\frac{\overset{1}{\cancel{3}}}{4}\times\frac{1}{\underset{2}{\cancel{6}}}=\frac{1}{8}$

• $\frac{3}{5}\div7=\frac{3}{5}\times\frac{1}{7}=\frac{3}{35}$

따라서 잘못 계산한 사람은 민재이고, 바르게 계산한 값은 $\frac{1}{8}$입니다.

유형 3 $\square\times11=15$ ➜ $\square=15\div11=\frac{15}{11}=1\frac{4}{11}$

3-1 $3\times\square=\frac{4}{7}$ ➜ $\square=\frac{4}{7}\div3=\frac{4}{7}\times\frac{1}{3}=\frac{4}{21}$

3-2 $\square\times5=2\frac{1}{8}$

➜ $\square=2\frac{1}{8}\div5=\frac{17}{8}\div5=\frac{17}{8}\times\frac{1}{5}=\frac{17}{40}$

3-3 $\frac{15}{16}\div5=\frac{15\div5}{16}=\frac{3}{16}$

$4\times♥=\frac{3}{16}$ ➜ $♥=\frac{3}{16}\div4=\frac{3}{16}\times\frac{1}{4}=\frac{3}{64}$

유형 4 (삼각형의 넓이)=(밑변의 길이)×(높이)÷2

➜ (밑변의 길이)=(삼각형의 넓이)×2÷(높이)

$=8\frac{1}{2}\times2\div3=\frac{17}{\underset{1}{\cancel{2}}}\times\overset{1}{\cancel{2}}\div3$

$=17\div3=\frac{17}{3}=5\frac{2}{3}$(cm)

4-1 (마름모의 넓이)

$=$(한 대각선의 길이)$\times$(다른 대각선의 길이)$\div 2$

→ (다른 대각선의 길이)

$=$(마름모의 넓이)$\times 2\div$(한 대각선의 길이)

$=6\frac{2}{7}\times 2\div 5=\frac{44}{7}\times 2\div 5$

$=\frac{88}{7}\div 5=\frac{88}{7}\times\frac{1}{5}=\frac{88}{35}=2\frac{18}{35}$(cm)

4-2 (평행사변형의 넓이)

$=$(밑변의 길이)$\times$(높이)

$=6\frac{1}{6}\times 4=\frac{37}{\underset{3}{\cancel{6}}}\times\overset{2}{\cancel{4}}=\frac{74}{3}=24\frac{2}{3}$(cm²)

(높이)$=$(평행사변형의 넓이)$\div$(밑변의 길이)

$=24\frac{2}{3}\div 8=\frac{74}{3}\div 8$

$=\frac{\overset{37}{\cancel{74}}}{3}\times\frac{1}{\underset{4}{\cancel{8}}}=\frac{37}{12}=3\frac{1}{12}$(cm)

유형 5 정육각형은 6개의 변의 길이가 같습니다.

(한 변의 길이)$=$(정육각형의 둘레)$\div$(변의 수)

$=17\div 6=\frac{17}{6}=2\frac{5}{6}$(cm)

참고 정다각형은 모든 변의 길이가 같습니다.

5-1 정팔각형은 8개의 변의 길이가 같습니다.

(한 변의 길이)$=$(정팔각형의 둘레)$\div$(변의 수)

$=\frac{5}{9}\div 8=\frac{5}{9}\times\frac{1}{8}=\frac{5}{72}$(m)

5-2 끈의 길이는 정사각형의 둘레와 같습니다.

(한 변의 길이)$=$(끈의 길이)$\div$(변의 수)

$=\frac{6}{7}\div 4=\frac{\overset{3}{\cancel{6}}}{7}\times\frac{1}{\underset{2}{\cancel{4}}}=\frac{3}{14}$(m)

5-3 끈의 길이는 정오각형 3개의 둘레와 같습니다.

(정오각형 1개의 둘레)

$=$(끈의 길이)$\div 3$

$=1\frac{2}{5}\div 3=\frac{7}{5}\div 3=\frac{7}{5}\times\frac{1}{3}=\frac{7}{15}$(m)

(한 변의 길이)$=$(정오각형의 둘레)$\div$(변의 수)

$=\frac{7}{15}\div 5=\frac{7}{15}\times\frac{1}{5}=\frac{7}{75}$(m)

유형 6 (사과 6개의 무게)

$=3-\frac{1}{5}=2\frac{5}{5}-\frac{1}{5}=2\frac{4}{5}$(kg)

(사과 1개의 무게)

$=2\frac{4}{5}\div 6=\frac{14}{5}\div 6=\frac{\overset{7}{\cancel{14}}}{5}\times\frac{1}{\underset{3}{\cancel{6}}}=\frac{7}{15}$(kg)

6-1 (호박 5개의 무게)

$=4\frac{1}{2}-\frac{1}{4}=4\frac{2}{4}-\frac{1}{4}=4\frac{1}{4}$(kg)

(호박 1개의 무게)

$=4\frac{1}{4}\div 5=\frac{17}{4}\div 5=\frac{17}{4}\times\frac{1}{5}=\frac{17}{20}$(kg)

6-2 (귤 7개의 무게)

$=1\frac{34}{35}-\frac{4}{7}=1\frac{34}{35}-\frac{20}{35}=1\frac{\overset{2}{\cancel{14}}}{\underset{5}{\cancel{35}}}=1\frac{2}{5}$(kg)

(귤 1개의 무게)

$=1\frac{2}{5}\div 7=\frac{7}{5}\div 7=\frac{7\div 7}{5}=\frac{1}{5}$(kg)

(귤 3개의 무게)$=\frac{1}{5}\times 3=\frac{3}{5}$(kg)

유형 7 $\frac{16}{9}\div 4=\frac{16\div 4}{9}=\frac{4}{9}$

$\frac{4}{9}<\frac{\square}{9}$이므로 □ 안에 들어갈 수 있는 자연수는 5, 6, 7……입니다.

따라서 가장 작은 자연수는 5입니다.

7-1 $10\frac{3}{8}\div 3=\frac{83}{8}\div 3=\frac{83}{8}\times\frac{1}{3}=\frac{83}{24}=3\frac{11}{24}$

$\square<3\frac{11}{24}$이므로 □ 안에 들어갈 수 있는 자연수는 1, 2, 3입니다. 따라서 가장 큰 자연수는 3입니다.

7-2 $5\div 8=\frac{5}{8}$, $\frac{51}{4}\div 3=\frac{51\div 3}{4}=\frac{17}{4}=4\frac{1}{4}$

$\frac{5}{8}<\square<4\frac{1}{4}$이므로 □ 안에 들어갈 수 있는 자연수는 1, 2, 3, 4로 모두 4개입니다.

7-3 $2\frac{2}{5}\div 4=\frac{12}{5}\div 4=\frac{12\div 4}{5}=\frac{3}{5}=\frac{6}{10}$

$\frac{\square}{10}<\frac{6}{10}$이므로 □ 안에 들어갈 수 있는 자연수는 1, 2, 3, 4, 5로 모두 5개입니다.

유형 8 어떤 수를 □라고 하면 $\square\times6=\frac{11}{5}$에서

$\square=\frac{11}{5}\div6=\frac{11}{5}\times\frac{1}{6}=\frac{11}{30}$입니다.

따라서 바르게 계산하면

$\frac{11}{30}\div6=\frac{11}{30}\times\frac{1}{6}=\frac{11}{180}$입니다.

8-1 어떤 수를 □라고 하면 $\square\times4=3\frac{2}{9}$에서

$\square=3\frac{2}{9}\div4=\frac{29}{9}\div4=\frac{29}{9}\times\frac{1}{4}=\frac{29}{36}$입니다.

따라서 바르게 계산하면

$\frac{29}{36}\div4=\frac{29}{36}\times\frac{1}{4}=\frac{29}{144}$입니다.

8-2 어떤 수를 □라고 하면 $\square\div8=\frac{5}{7}$에서

$\square=\frac{5}{7}\times8=\frac{40}{7}=5\frac{5}{7}$입니다.

따라서 바르게 계산하면

$5\frac{5}{7}\div9=\frac{40}{7}\div9=\frac{40}{7}\times\frac{1}{9}=\frac{40}{63}$입니다.

8-3 어떤 수를 □라고 하면 $\square\times6\div3=3\frac{7}{10}$에서

$\square=3\frac{7}{10}\times3\div6=\frac{37}{10}\times3\div6=\frac{111}{10}\div6$

$=\frac{\overset{37}{\cancel{111}}}{10}\times\frac{1}{\underset{2}{\cancel{6}}}=\frac{37}{20}=1\frac{17}{20}$입니다.

따라서 바르게 계산하면

$1\frac{17}{20}\div6\times3=\frac{37}{20}\div6\times3=\frac{37}{20}\times\frac{1}{\underset{2}{\cancel{6}}}\times\overset{1}{\cancel{3}}$

$=\frac{37}{40}$입니다.

유형 9 계산 결과가 가장 작은 나눗셈식을 만들려면 계산 결과의 분모가 커지도록 식을 만들어야 합니다.

$\frac{4}{5}\div7=\frac{4}{5}\times\frac{1}{7}=\frac{4}{35}$ 또는

$\frac{4}{7}\div5=\frac{4}{7}\times\frac{1}{5}=\frac{4}{35}$입니다.

9-1 계산 결과가 가장 큰 나눗셈식을 만들려면 계산 결과의 분모가 작아지도록 식을 만들어야 합니다.

$\frac{9}{4}\div5=\frac{9}{4}\times\frac{1}{5}=\frac{9}{20}$ 또는

$\frac{9}{5}\div4=\frac{9}{5}\times\frac{1}{4}=\frac{9}{20}$입니다.

9-2 계산 결과가 가장 큰 식을 만들려면 나누는 수는 가장 작게, 곱하는 수는 가장 크게 해야 합니다.

➔ $2\frac{4}{5}\div3\times7=\frac{14}{5}\div3\times7=\frac{14}{5}\times\frac{1}{3}\times7$

$=\frac{98}{15}=6\frac{8}{15}$

유형 10 $2\frac{2}{7}\div8\times★=\frac{16}{7}\div8\times★$

$=\frac{16\div8}{7}\times★=\frac{2}{7}\times★$

계산 결과가 자연수가 되려면 ★은 7의 배수여야 합니다. $\frac{2}{7}\times$★이 가장 작은 자연수여야 하므로 ★에 알맞은 자연수는 7입니다.

10-1 $1\frac{2}{9}\div22\times◆=\frac{11}{9}\div22\times◆$

$=\frac{\overset{1}{\cancel{11}}}{9}\times\frac{1}{\underset{2}{\cancel{22}}}\times◆=\frac{1}{18}\times◆$

계산 결과가 자연수가 되려면 ◆가 18의 배수여야 합니다. $\frac{1}{18}\times$◆가 가장 작은 자연수여야 하므로 ◆에 알맞은 자연수는 18입니다.

10-2 $1\frac{4}{11}\times♥\div15=\frac{15}{11}\times♥\div15$

$=\frac{15}{11}\div15\times♥$

$=\frac{15\div15}{11}\times♥=\frac{1}{11}\times♥$

계산 결과가 자연수가 되려면 ♥가 11의 배수여야 합니다. $\frac{1}{11}\times$♥가 가장 작은 자연수여야 하므로 ♥에 알맞은 자연수는 11입니다.

유형 11 (나무 사이의 간격 수)=10−1=9(군데)

(나무 사이의 간격)

=(도로의 길이)÷(나무 사이의 간격 수)

$=10\frac{4}{5}\div9=\frac{54}{5}\div9=\frac{54\div9}{5}$

$=\frac{6}{5}=1\frac{1}{5}$(km)

11-1 도로의 한쪽에 설치하려는 가로등은 $42 \div 2 = 21$(개)이므로 가로등 사이의 간격은 $21 - 1 = 20$(군데)입니다.
(가로등 사이의 간격)
=(도로의 길이)÷(가로등 사이의 간격 수)
$= 12\frac{1}{2} \div 20 = \frac{25}{2} \div 20$
$= \frac{\cancel{25}^{5}}{2} \times \frac{1}{\cancel{20}_{4}} = \frac{5}{8}$(km)

11-2 나무 사이의 간격 수와 원 모양의 호수 둘레에 심은 나무의 수는 같습니다.
(나무 사이의 간격)
=(호수의 둘레)÷(나무 사이의 간격 수)
$= 2\frac{6}{7} \div 7 = \frac{20}{7} \div 7$
$= \frac{20}{7} \times \frac{1}{7} = \frac{20}{49}$(km)

유형 12 (하루에 빨라지는 시간)$= 10 \div 3 = \frac{10}{3} = 3\frac{1}{3}$(분)
$= 3\frac{20}{60}$(분) ➔ 3분 20초
따라서 다음 날 오전 8시에 이 시계가 가리키는 시각은 오전 8시+3분 20초=오전 8시 3분 20초입니다.

12-1 (하루에 빨라지는 시간)
$= 8\frac{1}{2} \div 5 = \frac{17}{2} \div 5 = \frac{17}{2} \times \frac{1}{5} = \frac{17}{10}$
$= 1\frac{7}{10}$(분)$= 1\frac{42}{60}$(분) ➔ 1분 42초
따라서 다음 날 오후 3시에 이 시계가 가리키는 시각은 오후 3시+1분 42초=오후 3시 1분 42초입니다.

12-2 (하루에 느려지는 시간)
$= 9\frac{1}{3} \div 4 = \frac{28}{3} \div 4 = \frac{28 \div 4}{3}$
$= \frac{7}{3} = 2\frac{1}{3}$(분)$= 2\frac{20}{60}$(분) ➔ 2분 20초
따라서 다음 날 오전 11시에 이 시계가 가리키는 시각은 오전 11시−2분 20초=오전 10시 57분 40초입니다.
참고 느려지는 시계의 시각은
(실제 시각)−(느려지는 시간)으로 구합니다.

2단원 각기둥과 각뿔

26~28쪽 AI가 추천한 단원 평가 1회

01 나, 라 02 다, 바
03 (위에서부터) 모서리, 높이, 꼭짓점
04 육각기둥 05 사각뿔 06 점 ㄱ
07 전개도 08 윤후 09 5개
10 4, 4, 6 11 풀이 참고 12 4개
13 선분 ㅈㅇ 14 ②
15 (왼쪽에서부터) 3, 9, 3
16

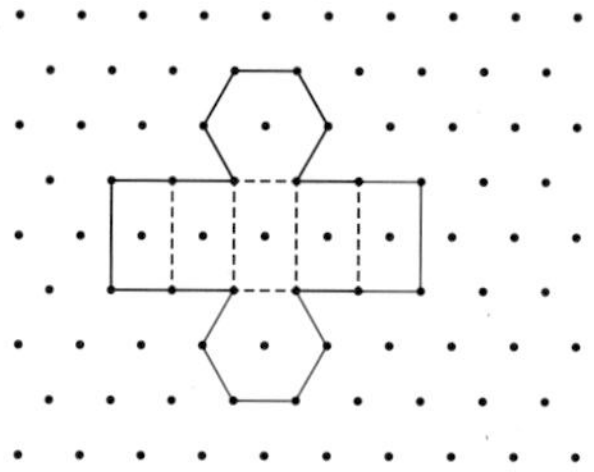

17 ㉢
18 풀이 참고, 팔각기둥 19 삼각뿔
20 100 cm

06 꼭짓점 중에서도 옆면이 모두 만나는 점은 점 ㄱ입니다.

08 각기둥의 겨냥도는 보이는 모서리는 실선으로, 보이지 않는 모서리는 점선으로 그립니다.
따라서 바르게 그린 사람은 윤후입니다.

09 입체도형은 오각뿔입니다. 오각뿔의 밑면의 변의 수는 5개이므로 옆면도 5개입니다.

10 • (삼각뿔의 꼭짓점의 수)$= 3 + 1 = 4$(개)
• (삼각뿔의 면의 수)$= 3 + 1 = 4$(개)
• (삼각뿔의 모서리의 수)$= 3 \times 2 = 6$(개)

11 예 밑면이 다각형이 아닙니다.」❶

채점 기준	
❶ 각기둥이 아닌 이유 쓰기	5점

참고 입체도형이 각기둥이 아닌 이유를 알맞게 쓰면 정답으로 인정합니다.

12 면 ㄷㄹㅁㅂ은 평행한 면 ㅋㅌㅈㅊ 외에 다른 네 면과 만납니다.
따라서 면 ㄷㄹㅁㅂ과 만나는 면은 모두 4개입니다.

13 전개도를 접었을 때 점 ㄱ은 점 ㅈ과 만나고 점 ㄴ은 점 ㅇ과 만나므로 선분 ㄱㄴ과 맞닿는 선분은 선분 ㅈㅇ입니다.

14 ② 서로 평행한 두 면은 밑면입니다.

15

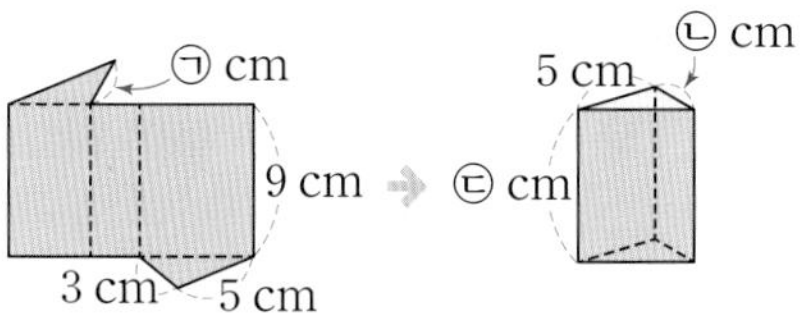

전개도에서 서로 맞닿는 부분의 길이는 같으므로 ㉠=3입니다. 전개도를 접었을 때 ㉠=㉡이므로 ㉡=3이고, 전개도에서 9 cm는 각기둥의 높이이므로 ㉢=9입니다.

16 점선으로 그려진 부분 옆에 남은 옆면을 그리고, 점선으로 그려진 부분 아래에 남은 밑면을 그립니다.

17 ㉢ (삼각뿔의 모서리의 수)$=3\times2=6$(개)
(사각기둥의 꼭짓점의 수)$=4\times2=8$(개)
삼각뿔의 모서리의 수는 사각기둥의 꼭짓점의 수보다 적습니다.

18 예 각기둥의 한 밑면의 변의 수를 □개라고 하면 각기둥의 모서리의 수는 (□$\times$3)개이므로
□$\times3=24$, □$=24\div3=8$입니다.」 ❶
한 밑면의 변의 수가 8개이므로 밑면의 모양은 팔각형입니다. 따라서 팔각기둥입니다.」 ❷

채점 기준

❶ 각기둥의 한 밑면의 변의 수 구하기	3점
❷ 각기둥의 이름 구하기	2점

19 정삼각형 4개로만 이루어진 입체도형은 밑면이 다각형이고 옆면이 모두 삼각형이므로 각뿔입니다. 따라서 밑면의 모양이 삼각형인 각뿔은 삼각뿔입니다.

20 밑면이 정오각형이므로 밑면의 한 변의 길이는 각각 6 cm입니다.
각기둥에서 길이가 6 cm인 모서리는 10개이고, 길이가 8 cm인 모서리는 5개입니다.
(모든 모서리의 길이의 합)$=6\times10+8\times5$
$=60+40=100$(cm)

29~31쪽 AI가 추천한 단원 평가 2회

01 ③, ⑤　02 라　03 오각뿔
04 삼각기둥
05 (위에서부터) 각뿔의 꼭짓점, 모서리, 높이, 옆면
06 오각기둥　07 10 cm　08 면 ㄴㄷㄹㅁ
09 6개　10 풀이 참고, 6개
11 ㉡　12 칠각형　13 면 마
14 6개　15 다　16 ㉡
17 예

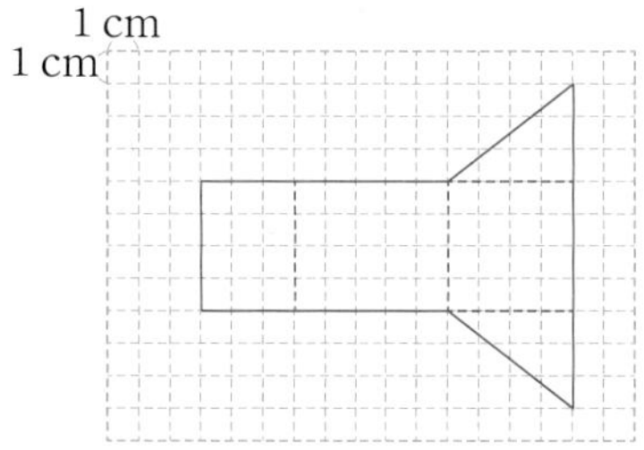

18 8개　19 십각뿔
20 풀이 참고, 11개

06 전개도를 접으면 밑면이 오각형인 각기둥이 만들어지므로 오각기둥입니다.

07 두 밑면 사이의 거리는 10 cm입니다.

09 (오각뿔의 꼭짓점의 수)$=5+1=6$(개)

10 예 팔각기둥의 밑면은 2개, 옆면은 8개입니다.」 ❶
따라서 옆면의 수와 밑면의 수의 차는
$8-2=6$(개)입니다.」 ❷

채점 기준

❶ 팔각기둥의 밑면의 수와 옆면의 수 각각 구하기	3점
❷ 팔각기둥의 옆면의 수와 밑면의 수의 차 구하기	2점

11 ㉠ 구각기둥의 밑면은 2개, 구각뿔의 밑면은 1개입니다.
㉡ 구각기둥과 구각뿔의 옆면은 각각 9개입니다.
㉢ 구각기둥의 옆면의 모양은 직사각형, 구각뿔의 옆면의 모양은 삼각형입니다.

12 각기둥의 옆면이 직사각형 7개이므로 칠각기둥의 전개도입니다.

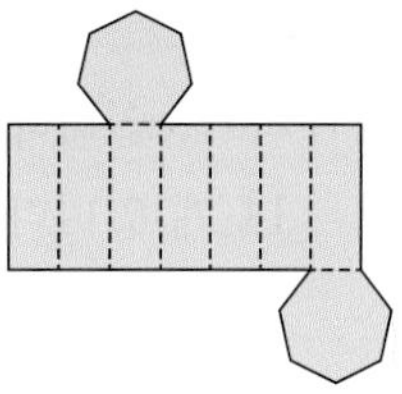

따라서 각기둥의 밑면의 모양은 칠각형입니다.

13 전개도를 접었을 때 만들어지는 입체도형은 삼각기둥입니다.
면 나와 면 마는 밑면이므로 서로 평행합니다.
따라서 면 나와 평행한 면은 면 마입니다.

14 전개도를 접었을 때 만들어지는 각기둥은 삼각기둥이므로 삼각기둥의 꼭짓점은 $3\times2=6$(개)입니다.

15 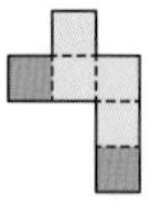 접었을 때 빨간색 두 면이 겹치므로 사각기둥을 만들 수 없습니다.
따라서 사각기둥을 만들 수 없는 것은 다입니다.

16 ㉠ (육각뿔의 모서리의 수)$=6\times2=12$(개)
㉡ (오각기둥의 모서리의 수)$=5\times3=15$(개)
㉢ (칠각기둥의 면의 수)$=7+2=9$(개)
→ $15>12>9$이므로 개수가 가장 많은 것은 ㉡입니다.

18 옆면이 직사각형 6개로 이루어진 각기둥은 한 밑면의 변의 수가 6개이므로 육각기둥입니다.
따라서 육각기둥의 면은 $6+2=8$(개)입니다.

19 밑면은 다각형으로 1개이고 옆면은 모두 삼각형인 입체도형은 각뿔입니다.
모서리는 20개이므로 각뿔의 밑면의 변의 수를 □개라고 하면 각뿔의 모서리의 수는 (□$\times2$)개입니다.
→ □$\times2=20$, □$=20\div2=10$
밑면의 변의 수가 10개이므로 밑면의 모양은 십각형입니다. 따라서 십각뿔입니다.

20 예 각기둥의 한 밑면의 변의 수를 □개라고 하면 각기둥의 꼭짓점의 수는 (□$\times2$)개이므로
□$\times2=18$, □$=18\div2=9$입니다.
한 밑면의 변의 수가 9개이므로 구각기둥입니다.」❶
따라서 구각기둥의 면은 $9+2=11$(개)입니다.」❷

채점 기준

❶ 각기둥의 이름 알아보기	3점
❷ 각기둥의 면의 수 구하기	2점

32~34쪽 AI가 추천한 단원 평가 3회

01 가, 바 / 나, 라
02 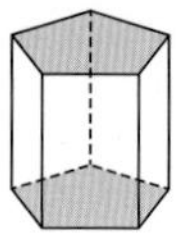
03 삼각뿔
04 오각형, 삼각형
05 6개
06 ㉡
07 7개
08 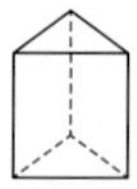
09 4개
10 풀이 참고
11 15 cm
12 점 ㅈ, 점 ㅋ
13 (왼쪽에서부터) 3, 2, 6
14 오각기둥
15 ㉢, ㉣, ㉡, ㉠
16 풀이 참고, 2
17 십일각기둥
18 34개
19 21 cm
20 504 cm^2

05 밑면에 수직인 면은 옆면이므로 6개입니다.

08 보이지 않는 모서리를 점선으로 그립니다.

09 두 밑면 사이의 거리가 높이이므로 높이가 될 수 있는 모서리는 4개입니다.

10 예 밑면이 삼각형이므로 삼각기둥의 전개도를 그린 것입니다.」❶
삼각기둥의 옆면은 3개인데 옆면이 4개이므로 잘못 그렸습니다.」❷

채점 기준

❶ 어느 각기둥의 전개도인지 알아보기	2점
❷ 잘못 그린 이유 쓰기	3점

11 각기둥의 높이는 7 cm이고 각뿔의 높이는 8 cm입니다.
따라서 두 높이의 합은 $7+8=15$(cm)입니다.

12 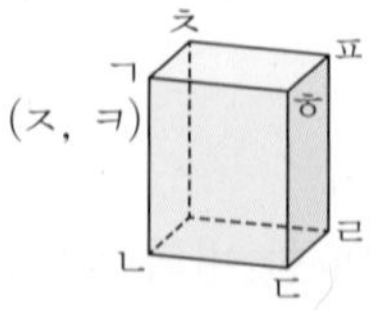

전개도를 접었을 때 점 ㄱ과 만나는 점은 점 ㅈ, 점 ㅋ입니다.

14 밑면이 다각형이고 옆면이 모두 직사각형인 입체도형은 각기둥입니다.
따라서 밑면의 모양이 오각형이므로 오각기둥입니다.

15 ㉠ (삼각기둥의 모서리의 수)$=3\times3=9$(개)
㉡ (오각뿔의 모서리의 수)$=5\times2=10$(개)
㉢ (육각기둥의 모서리의 수)$=6\times3=18$(개)
㉣ (팔각뿔의 모서리의 수)$=8\times2=16$(개)
➜ $18>16>10>9$이므로 모서리의 수가 많은 것부터 차례대로 기호를 쓰면 ㉢, ㉣, ㉡, ㉠입니다.

16 예 (칠각뿔의 꼭짓점의 수)$=7+1=8$
(칠각뿔의 면의 수)$=7+1=8$
(칠각뿔의 모서리의 수)$=7\times2=14$」❶
따라서 식의 결과는 $8+8-14=16-14=2$입니다.」❷

채점 기준

❶ 칠각뿔의 꼭짓점의 수, 면의 수, 모서리의 수 각각 구하기	3점
❷ 식의 결과 구하기	2점

17 각기둥의 한 밑면의 변의 수를 □개라고 하면 각기둥의 꼭짓점의 수는 (□$\times2$)개이므로 □$\times2=22$, □$=22\div2=11$입니다.
한 밑면의 변의 수가 11개이므로 밑면의 모양은 십일각형입니다. 따라서 십일각기둥입니다.

18 전개도를 접었을 때 만들어지는 각기둥은 팔각기둥입니다.
(팔각기둥의 면의 수)$=8+2=10$(개)
(팔각기둥의 모서리의 수)$=8\times3=24$(개)
➜ $10+24=34$(개)

19 (선분 ㄹㅁ의 길이)=5 cm
(선분 ㅁㅂ의 길이)=(선분 ㅅㅂ의 길이)=7 cm
두 밑면은 합동이므로
(선분 ㅂㅇ의 길이)=(선분 ㅊㅈ의 길이)
=(선분 ㄱㅊ의 길이)=9 cm
➜ (선분 ㄹㅇ의 길이)$=5+7+9=21$(cm)

20 각기둥의 전개도에서 모든 옆면의 넓이의 합은 (옆면의 가로의 합)×(옆면의 세로)입니다.
밑면의 모양이 정육각형이므로 옆면의 가로의 합은 $7\times6=42$(cm)이고, 옆면의 세로는 12 cm입니다.
➜ (모든 옆면의 넓이의 합)
$=42\times12=504$(cm^2)

35~37쪽 AI가 추천한 단원 평가 4회

01 각뿔 02 다 03 ③
04 삼각기둥, 사각기둥, 오각기둥 05 1개, 4개
06 팔각뿔 07 ③ 08 육각기둥
09 5개, 5개, 8개 10 ㉢
11 풀이 참고 12 선분 ㅈㅊ
13 면 가, 면 차 14 삼각기둥
15 예

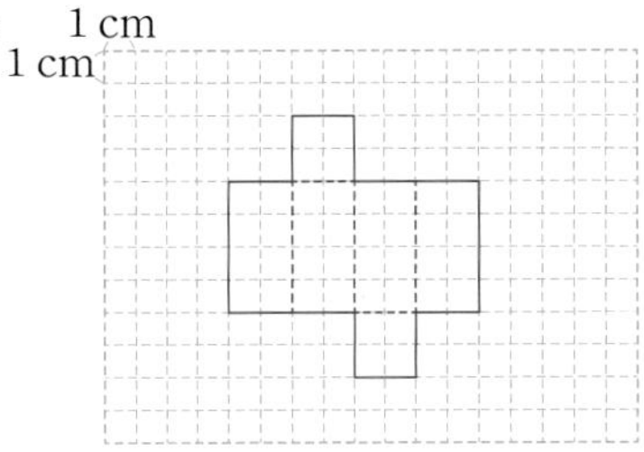

16 7개 17 4개
18 풀이 참고, 십각기둥 19 오각뿔
20 64 cm

03 높이는 두 밑면 사이의 거리입니다.

05 사각뿔의 밑면은 1개, 옆면은 4개입니다.

06 밑면이 팔각형인 각뿔은 팔각뿔입니다.

07 밑면은 서로 평행하고 합동이므로 면 ㄴㅂㅅㄷ이 밑면일 때 다른 밑면은 면 ㄱㅁㅇㄹ입니다.

08 전개도를 접으면 밑면이 육각형인 각기둥이 만들어지므로 육각기둥입니다.

09 • (사각뿔의 꼭짓점의 수)$=4+1=5$(개)
• (사각뿔의 면의 수)$=4+1=5$(개)
• (사각뿔의 모서리의 수)$=4\times2=8$(개)

10 ㉢ 오각기둥의 밑면은 2개입니다.

11 예 밑면의 모양이 육각형인 점이 같습니다.」❶
밑면의 수가 육각기둥은 2개이고, 육각뿔은 1개로 다릅니다.」❷

채점 기준

❶ 육각기둥과 육각뿔의 같은 점을 한 가지 쓰기	2점
❷ 육각기둥과 육각뿔의 다른 점을 한 가지 쓰기	3점

12 전개도를 접었을 때 점 ㅍ은 점 ㅈ과 만나고 점 ㅌ은 점 ㅊ과 만나므로 선분 ㅍㅌ과 맞닿는 선분은 선분 ㅈㅊ입니다.

13 면 마는 옆면이고 전개도를 접으면 밑면과 수직입니다. 따라서 전개도를 접었을 때 면 마와 수직으로 만나는 면은 밑면인 면 가, 면 차입니다.

14 밑면은 2개로 서로 평행하고 합동이므로 각기둥입니다. 옆면은 3개이고 직사각형이므로 밑면의 모양은 삼각형입니다. 따라서 설명하는 입체도형은 삼각기둥입니다.

16 (칠각기둥의 모서리의 수)$=7\times3=21$(개)
(칠각뿔의 모서리의 수)$=7\times2=14$(개)
➡ $21-14=7$(개)

17 각뿔의 옆면의 모양은 삼각형이므로 밑면의 모양도 삼각형인 각뿔은 삼각뿔입니다.
➡ (삼각뿔의 꼭짓점의 수)$=3+1=4$(개)

18 예 각기둥의 한 밑면의 변의 수를 □개라고 하면 각기둥의 모서리의 수는 (□$\times3$)개이므로 □$\times3=30$, □$=30\div3=10$입니다.」❶
한 밑면의 변의 수는 10개이므로 밑면의 모양은 십각형입니다. 따라서 십각기둥입니다.」❷

채점 기준

❶ 각기둥의 한 밑면의 변의 수 구하기	3점
❷ 각기둥의 이름 구하기	2점

19 밑면은 다각형으로 1개이고 옆면은 모두 삼각형인 입체도형은 각뿔입니다.
꼭짓점의 수와 면의 수의 합이 12개이므로 각뿔의 밑면의 변의 수를 □개라고 하면 각뿔의 꼭짓점의 수는 (□$+1$)개, 각뿔의 면의 수는 (□$+1$)개입니다.
➡ □$+1+$□$+1=12$, □$+$□$=10$, □$=5$
밑면의 변의 수가 5개이므로 밑면의 모양은 오각형입니다. 따라서 오각뿔입니다.

20 전개도를 접었을 때 만들어지는 각기둥의 밑면은 한 변의 길이가 각각 3 cm, 4 cm, 3 cm, 6 cm인 사각형이고, 각기둥의 높이는 8 cm입니다.
각기둥에서 길이가 3 cm, 4 cm, 3 cm, 6 cm인 모서리는 각각 2개이고, 길이가 8 cm인 모서리는 4개입니다.
➡ (모든 모서리의 길이의 합)
$=(3+4+3+6)\times2+8\times4$
$=32+32=64$(cm)

38~43쪽 틀린 유형 다시 보기

유형 1 9 cm　1-1 8 cm　1-2 10 cm
유형 2 예 서로 평행한 두 면이 합동이 아닙니다.
2-1 예 밑면이 다각형이 아닙니다.
2-2 예 옆면이 삼각형이 아닙니다. 밑면이 2개입니다.
유형 3 ㉠　3-1 ㉡　3-2 ㉢
유형 4 선분 ㄱㄴ　4-1 선분 ㅂㅁ　4-2 선분 ㅋㅌ
유형 5 예

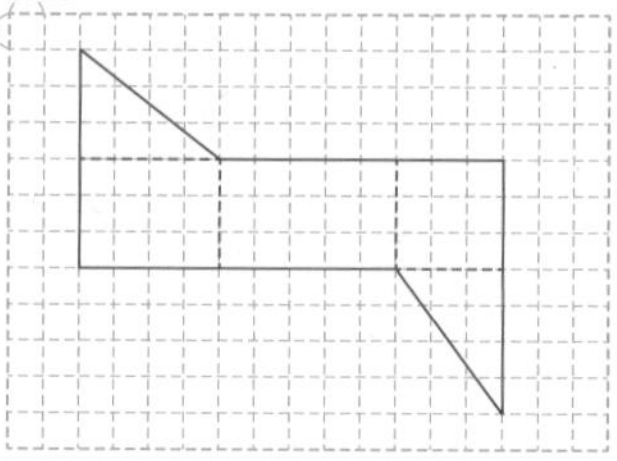

5-1 예

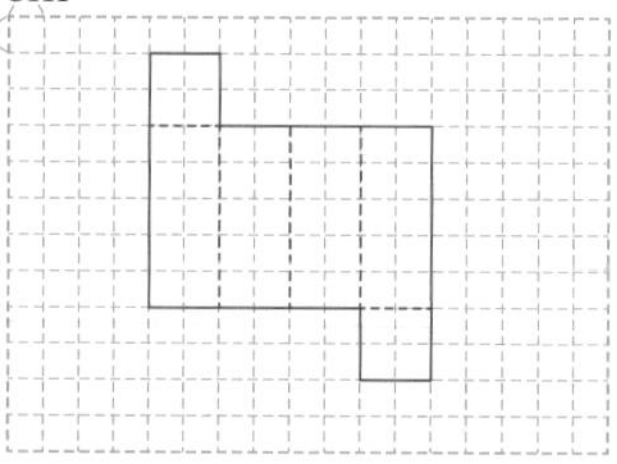

유형 6 육각기둥　6-1 팔각뿔　6-2 오각뿔
유형 7 4개　7-1 1개　7-2 ㉠
7-3 6개　유형 8 칠각기둥　8-1 구각뿔
8-2 십각뿔　8-3 ③　유형 9 22 cm
9-1 18 cm　9-2 13 cm　유형 10 사각뿔
10-1 육각기둥　10-2 팔각뿔　유형 11 69 cm
11-1 40 cm　11-2 80 cm　유형 12 216 cm^2
12-1 300 cm^2　12-2 96 cm^2

유형 1 각뿔의 꼭짓점에서 밑면에 수직인 선분의 길이는 9 cm입니다.

1-1 두 밑면 사이의 거리는 8 cm입니다.

1-2 전개도를 접었을 때 높이가 10 cm인 각기둥이 만들어집니다.

유형 3 ㉠ 오각기둥과 오각뿔에서 밑면의 모양은 오각형입니다.
㉡ 오각기둥의 옆면의 모양은 직사각형, 오각뿔의 옆면의 모양은 삼각형입니다.
㉢ 오각기둥의 밑면은 2개, 오각뿔의 밑면은 1개입니다.

3-1 ㉠ 사각기둥과 사각뿔에서 밑면의 모양은 사각형입니다.
㉡ 사각기둥의 옆면의 모양은 직사각형, 사각뿔의 옆면의 모양은 삼각형입니다.
㉢ 사각기둥과 사각뿔의 옆면은 각각 4개입니다.

3-2 ㉢ 각기둥은 밑면이 2개, 각뿔은 밑면이 1개입니다.

유형 4 전개도를 접었을 때 점 ㅅ은 점 ㄱ과 만나고 점 ㅂ은 점 ㄴ과 만나므로 선분 ㅅㅂ과 맞닿는 선분은 선분 ㄱㄴ입니다.

4-1 전개도를 접었을 때 점 ㄴ은 점 ㅂ과 만나고 점 ㄷ은 점 ㅁ과 만나므로 선분 ㄴㄷ과 맞닿는 선분은 선분 ㅂㅁ입니다.

4-2 전개도를 접었을 때 점 ㄱ은 점 ㅋ과 만나고 점 ㅎ은 점 ㅌ과 만나므로 선분 ㄱㅎ과 맞닿는 선분은 선분 ㅋㅌ입니다.

유형 5 각기둥의 모서리를 자르는 방법에 따라 여러 가지 모양의 전개도를 그릴 수 있습니다.

유형 6 밑면이 다각형이고 옆면이 모두 직사각형인 입체도형은 각기둥입니다.
따라서 밑면의 모양이 육각형이므로 육각기둥입니다.

6-1 밑면이 다각형이고 옆면이 모두 삼각형인 입체도형은 각뿔입니다.
따라서 밑면의 모양이 팔각형이므로 팔각뿔입니다.

6-2 밑면이 다각형이고 옆면이 모두 삼각형인 입체도형은 각뿔입니다. 옆면이 5개이므로 밑면의 모양은 오각형입니다.
따라서 오각뿔입니다.

유형 7 (오각기둥의 꼭짓점의 수)$=5\times2=10$(개)
(오각뿔의 꼭짓점의 수)$=5+1=6$(개)
➡ $10-6=4$(개)

7-1 (팔각기둥의 면의 수)$=8+2=10$(개)
(팔각뿔의 면의 수)$=8+1=9$(개)
➡ $10-9=1$(개)

7-2 ㉠ (칠각뿔의 모서리의 수)$=7\times2=14$(개)
㉡ (육각기둥의 꼭짓점의 수)$=6\times2=12$(개)
㉢ (사각기둥의 면의 수)$=4+2=6$(개)
➡ $14>12>6$이므로 개수가 가장 많은 것은 ㉠입니다.

7-3 오른쪽 도형은 육각형이므로 육각형을 밑면으로 하는 각기둥은 육각기둥, 각뿔은 육각뿔입니다.
(육각기둥의 모서리의 수)$=6\times3=18$(개)
(육각뿔의 모서리의 수)$=6\times2=12$(개)
따라서 두 입체도형의 모서리의 수의 차는 $18-12=6$(개)입니다.

유형 8 각기둥의 한 밑면의 변의 수를 □개라고 하면
각기둥의 면의 수는 (□$+2$)개이므로
□$+2=9$, □$=9-2=7$입니다.
한 밑면의 변의 수가 7개이므로 밑면의 모양은 칠각형입니다. 따라서 칠각기둥입니다.

8-1 각뿔의 밑면의 변의 수를 □개라고 하면
각뿔의 꼭짓점의 수는 (□$+1$)개이므로
□$+1=10$, □$=10-1=9$입니다.
밑면의 변의 수가 9개이므로 밑면의 모양은 구각형입니다. 따라서 구각뿔입니다.

8-2 각뿔의 밑면의 변의 수를 □개라고 하면
각뿔의 모서리의 수는 (□$\times2$)개이므로
□$\times2=20$, □$=20\div2=10$입니다.
밑면의 변의 수가 10개이므로 밑면의 모양은 십각형입니다. 따라서 십각뿔입니다.

8-3 각기둥의 한 밑면의 변의 수를 □개라고 하면
모서리의 수는 (□$\times3$)개이므로
□$\times3=15$, □$=15\div3=5$입니다.
한 밑면의 변의 수가 5개이므로 밑면의 모양은 오각형입니다. 따라서 오각기둥입니다.

유형 9

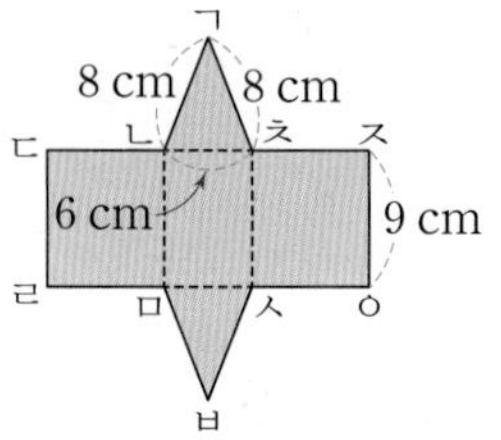

(선분 ㄷㄴ의 길이)=(선분 ㄱㄴ의 길이)=8 cm
(선분 ㄴㅊ의 길이)=6 cm
(선분 ㅊㅈ의 길이)=(선분 ㅊㄱ의 길이)=8 cm
➜ (선분 ㄷㅈ의 길이)=8+6+8=22(cm)

9-1

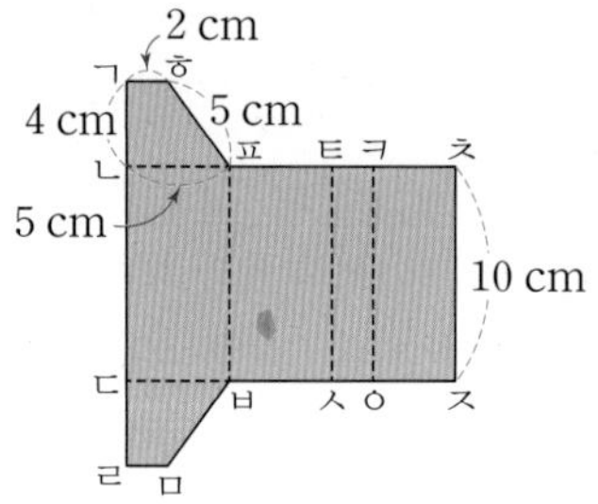

(선분 ㄱㄴ의 길이)=4 cm
(선분 ㄴㄷ의 길이)=(선분 ㅊㅈ의 길이)=10 cm
두 밑면은 합동이므로
(선분 ㄷㄹ의 길이)=(선분 ㄱㄴ의 길이)=4 cm
➜ (선분 ㄱㄹ의 길이)=4+10+4=18(cm)

9-2 전개도를 접었을 때 맞닿는 선분의 길이는 같습니다.

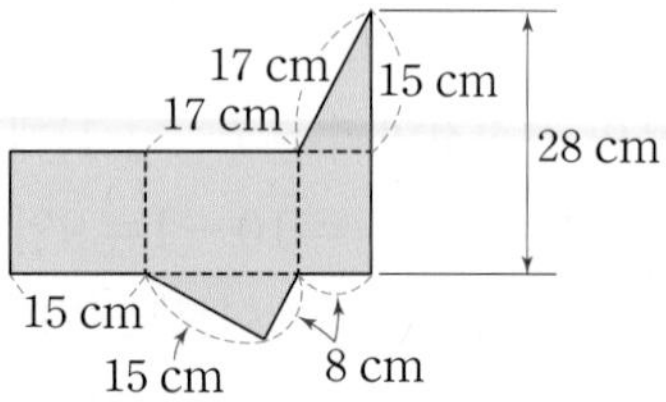

➜ (각기둥의 높이)=28−15=13(cm)

유형 10 밑면은 다각형으로 1개이고 옆면은 모두 삼각형인 입체도형은 각뿔입니다.
꼭짓점의 수와 면의 수의 합이 10개이므로
각뿔의 밑면의 변의 수를 □개라고 하면
각뿔의 꼭짓점의 수는 (□+1)개, 각뿔의 면의 수는 (□+1)개입니다.
➜ □+1+□+1=10, □+□=8,
□=4
밑면의 변의 수가 4개이므로 밑면의 모양은 사각형입니다. 따라서 사각뿔입니다.

10-1 밑면이 다각형이고 옆면이 모두 직사각형인 입체도형은 각기둥입니다.
꼭짓점의 수와 모서리의 수의 합이 30개이므로
각기둥의 한 밑면의 변의 수를 □개라고 하면
각기둥의 꼭짓점의 수는 (□×2)개,
각기둥의 모서리의 수는 (□×3)개입니다.
➜ □×2+□×3=30, □×5=30,
□=6
한 밑면의 변의 수가 6개이므로 밑면의 모양은 육각형입니다. 따라서 육각기둥입니다.

10-2 밑면은 다각형으로 1개이고 옆면이 모두 삼각형인 입체도형은 각뿔입니다. 꼭짓점의 수, 면의 수, 모서리의 수의 합이 34개이므로
각뿔의 밑면의 변의 수를 □개라고 하면
각뿔의 꼭짓점의 수는 (□+1)개,
각뿔의 면의 수는 (□+1)개,
각뿔의 모서리의 수는 (□×2)개입니다.
➜ □+1+□+1+□×2=34,
□×4=32, □=8
밑면의 변의 수가 8개이므로 밑면의 모양은 팔각형입니다. 따라서 팔각뿔입니다.

유형 11 각기둥에서 길이가 6 cm, 10 cm, 5 cm인 모서리는 각각 2개이고 길이가 9 cm인 모서리는 3개입니다.
(모든 모서리의 길이의 합)
=(6+10+5)×2+9×3
=42+27=69(cm)

11-1 옆면이 4개인 각뿔은 사각뿔이고 사각뿔의 밑면의 변은 4 cm이며 4개입니다.
각뿔에서 길이가 4 cm인 모서리는 4개이고 길이가 6 cm인 모서리는 4개입니다.
➜ (모든 모서리의 길이의 합)
=4×4+6×4
=16+24=40(cm)

11-2 전개도를 접었을 때 만들어지는 각기둥의 밑면은 가로가 8 cm, 세로가 5 cm인 직사각형이고, 각기둥의 높이는 7 cm입니다.
각기둥에서 길이가 8 cm, 5 cm인 모서리는 각각 4개이고, 길이가 7 cm인 모서리는 4개입니다.
→ (모든 모서리의 길이의 합)
$=8\times4+5\times4+7\times4$
$=32+20+28=80$(cm)

유형 12 각기둥의 전개도에서 모든 옆면의 넓이의 합은 (옆면의 가로의 합)×(옆면의 세로)입니다.
(옆면의 가로의 합)$=9+6+6+6=27$(cm)
(옆면의 세로)$=8$ cm
→ (모든 옆면의 넓이의 합)
$=27\times8=216$(cm^2)
다른 풀이 옆면의 가로는 각각 9 cm, 6 cm, 6 cm, 6 cm이고 세로는 8 cm입니다.
→ $9\times8+6\times8+6\times8+6\times8$
$=72+48+48+48=216$(cm^2)

12-1 밑면의 모양이 정육각형이므로 옆면의 가로의 합은 $5\times6=30$(cm)이고, 옆면의 세로는 10 cm입니다.
→ (모든 옆면의 넓이의 합)
$=30\times10=300$(cm^2)
다른 풀이 옆면의 가로는 각각 5 cm이고 세로는 10 cm입니다.
→ $(5\times10)\times6=50\times6=300$(cm^2)

12-2 각기둥의 전개도를 그리면 다음과 같습니다.

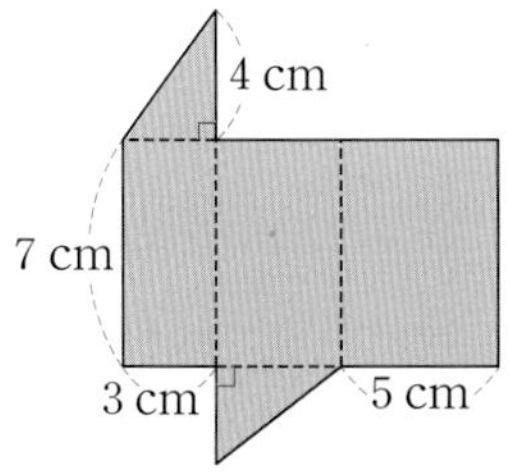

→ (그린 전개도의 넓이)
$=(3\times4\div2)\times2+(3+4+5)\times7$
$=12+84=96$(cm^2)
참고 두 밑면의 넓이와 옆면의 넓이를 모두 더하면 전개도의 넓이를 구할 수 있습니다.

3단원 소수의 나눗셈

46~48쪽 AI가 추천한 단원 평가 1회

01 21.3　02 95, 95, 19, 1.9
03 (위에서부터) $\frac{1}{100}$, 2.12
04 (위에서부터) 0, 9, 72　05 7.5
06 2.04　07 2.15　08 <
09 ㉠　10 2.75　11 풀이 참고
12 4.2 cm　13 ㉠　14 2.03배
15 ㉢　16 풀이 참고, 6.8
17 10개　18 0.4 km　19 2, 8 / 0.25
20 2.08 L

05
$$\begin{array}{r} 7.5 \\ 6\overline{)\,45.0} \\ 42 \\ \hline 3\,0 \\ 3\,0 \\ \hline 0 \end{array}$$

07 $6.45>3$ → $6.45\div3=2.15$

08 $12.2\div4=3.05$, $28.8\div4=7.2$
→ $3.05<7.2$

09 나누어지는 수가 나누는 수보다 작으면 몫이 1보다 작습니다.
㉠ $2.82<3$, ㉡ $6.4>4$이므로 몫이 1보다 작은 나눗셈은 ㉠입니다.

10 □$\times2=5.5$ → □$=5.5\div2=2.75$

11 예 5가 9보다 작으므로 몫의 자연수 자리에 0을 써야 합니다.」❶
$$\begin{array}{r} 0.58 \\ 9\overline{)\,5.22} \\ 4\,5 \\ \hline 7\,2 \\ 7\,2 \\ \hline 0 \end{array}$$
」❷

채점 기준

❶ 잘못 계산한 이유 쓰기	2점
❷ 바르게 계산하기	3점

12 (정오각형의 한 변의 길이)
=(정오각형의 둘레)÷5
=21÷5=4.2(cm)

13 나누어지는 수를 반올림하여 일의 자리까지 나타낸 다음 몫을 어림합니다.
15.6 → 16 ➔ 16÷8=2
따라서 몫이 약 2이므로 15.6÷8=1.95입니다.

14 (높이)÷(밑변의 길이)=8.12÷4=2.03(배)

15 주어진 나눗셈 모두 나누는 수가 7로 같으므로 나누어지는 수가 가장 작은 나눗셈의 계산 결과가 가장 작습니다.
따라서 0.49<4.9<49<490이므로 계산 결과가 가장 작은 나눗셈은 ㉢입니다.

16 예 ㉠ 9.36÷3=3.12, ㉡ 18.4÷5=3.68입니다.」❶
따라서 ㉠과 ㉡의 계산 결과의 합은
3.12+3.68=6.8입니다.」❷

채점 기준

❶ ㉠과 ㉡의 계산 결과를 각각 구하기	4점
❷ ㉠과 ㉡의 계산 결과의 합 구하기	1점

17 84÷8=10.5
따라서 10.5>□이므로 □ 안에 들어갈 수 있는 자연수는 1, 2, 3, 4, 5, 6, 7, 8, 9, 10으로 모두 10개입니다.

18 나무 사이의 간격 수와 원 모양의 호수 둘레에 심는 나무의 수는 같습니다.
(나무 사이의 간격)
=(호수의 둘레)÷(나무 사이의 간격 수)
=4.8÷12=0.4(km)

19 몫이 가장 작은 나눗셈식을 만들려면 나누어지는 수는 가장 작고, 나누는 수는 가장 커야 합니다.
2<5<6<8이므로 나누어지는 수는 2, 나누는 수는 8입니다.
➔ 2÷8=0.25

20 (벽의 넓이)=4×2=8(m^2)
(1 m^2의 벽을 칠하는 데 사용한 페인트의 양)
=(8 m^2의 벽을 칠하는 데 사용한 페인트의 양)÷8
=16.64÷8=2.08(L)

49~51쪽 AI가 추천한 단원 평가 2회

01 (위에서부터) $\frac{1}{10}$, 12.2
02 6, 150, 1.5
03 3, 9, 15, 45, 45 04 0.35
05 0.39 06 (위에서부터) 4.12, 1.03
07 ( )(○) 08 9, 8 [.] 9 [ ] 4 09 216
10 0.5 11 1.44배 12 ㉡
13 2.9 cm^2 14 4.05 kg 15 ㉠, ㉣
16 (위에서부터) 7, 8, 2, 0, 4, 40
17 8.84, 2.21 18 풀이 참고, 8.85
19 0.25 kg 20 풀이 참고, 55.5분

04

```
    0.3 5
 8 ) 2.8 0
    2 4
      4 0
      4 0
        0
```

05

```
    0.3 9
 3 ) 1.1 7
      9
      2 7
      2 7
        0
```

07 12.6÷4=3.15, 22.4÷7=3.2
따라서 계산 결과가 더 큰 나눗셈은 22.4÷7입니다.

08 나누어지는 수를 반올림하여 일의 자리까지 나타낸 다음 몫을 어림합니다.
44.7 → 45 ➔ 45÷5=9
따라서 몫이 약 9이므로 44.7÷5=8.94입니다.

09 1.92÷8=$\frac{192}{100}$÷8=$\frac{24}{100}$=0.24
➔ ㉠+㉡=192+24=216

10 4<5<7이므로 가장 작은 수는 4입니다.
따라서 가장 작은 수를 8로 나누면 4÷8이고, 몫을 소수로 나타내면 4÷8=0.5입니다.

11 (빨간색 끈의 길이)÷(파란색 끈의 길이)
=7.2÷5=1.44(배)

12 나누어지는 수를 반올림하여 일의 자리까지 나타낸 다음 몫을 어림합니다.
㉠ 2.7 → 3 ➔ 3÷3=1 ➔ 약 1
㉡ 10.4 → 10 ➔ 10÷2=5 ➔ 약 5
㉢ 11.7 → 12 ➔ 12÷6=2 ➔ 약 2
따라서 몫이 가장 큰 것은 ㉡입니다.

13 (색칠한 부분의 넓이)=(직사각형의 넓이)÷6
=17.4÷6=2.9(cm^2)

14 (한 포대에 담은 쌀의 무게)
=(전체 쌀의 무게)÷(포대 수)
=48.6÷12=4.05(kg)

15 나누어지는 수가 나누는 수보다 크면 몫이 1보다 큽니다.
㉠ 4.72>4, ㉡ 6.37<7, ㉢ 8.28<9, ㉣ 8>5
이므로 몫이 1보다 큰 나눗셈은 ㉠, ㉣입니다.

16
```
      4.㉠ 5
8 ) 3 ㉡.0 0
    3 ㉢
    ────
      6 ㉣
      5 6
    ────
        ㉤ 0
        ㉥
    ────
          0
```
• 8×5=㉥ ➜ ㉥=40
• ㉤0−40=0 ➜ ㉤=4
• 6㉣−56=4 ➜ ㉣=0
• 8×4=3㉢ ➜ ㉢=2
• 3㉡−32=6 ➜ ㉡=8
• 8×㉠=56 ➜ ㉠=7

17 구하려는 나눗셈식의 몫이 884÷4의 몫의 $\frac{1}{100}$배가 되려면 나누어지는 수가 884의 $\frac{1}{100}$배여야 합니다. ➜ 8.84÷4=2.21

18 예 어떤 수를 □라고 하면 □+6=59.1에서
□=59.1−6=53.1입니다.」❶
따라서 바르게 계산하면 53.1÷6=8.85입니다.」❷

채점 기준

❶ 어떤 수 구하기	3점
❷ 바르게 계산한 값 구하기	2점

19 (참외 한 봉지의 무게)
=(참외 4봉지의 무게)÷(봉지 수)
=5÷4=1.25(kg)
(참외 한 개의 무게)
=(참외 한 봉지의 무게)÷(참외 수)
=1.25÷5=0.25(kg)

20 예 1시간은 60분이므로
1시간 14분=60분+14분=74분입니다.
공원을 한 바퀴 도는 데 걸린 시간은
74÷4=18.5(분)입니다.」❶
따라서 같은 빠르기로 공원을 3바퀴 도는 데 걸린 시간은 18.5×3=55.5(분)입니다.」❷

채점 기준

❶ 공원을 한 바퀴 도는 데 걸린 시간 구하기	3점
❷ 공원을 3바퀴 도는 데 걸린 시간 구하기	2점

52~54쪽 AI가 추천한 단원 평가 3회

01 35, 35, 5, 0.5
02 234, 23.4, 2.34
03 13.1
04 4.66
05 0.8, 3.75
06 >
07 45, 9
08 4.9배
09 ㉡
10 14.02
11 0.4 L
12 1.02
13 0.35 cm
14 4.55
15 ㉢
16 풀이 참고, 8.5 cm
17 11.08
18 3.2분씩
19 9, 8, 4, 3
20 풀이 참고, 0.52 kg

03
```
      1 3.1
4 ) 5 2.4
    4
    ────
    1 2
    1 2
    ────
        4
        4
    ────
        0
```

04
```
      4.6 6
5 ) 2 3.3 0
    2 0
    ────
      3 3
      3 0
    ────
        3 0
        3 0
    ────
          0
```

06 9.66÷3=3.22 ➜ 3.22>3

07 44.55를 반올림하여 일의 자리까지 나타내면 45입니다. 따라서 44.55÷9를 어림한 식으로 표현하면 45÷9입니다.

08 9.8÷2=4.9(배)

09 24.3÷6을 어림하여 계산하면 24÷6=4이므로 24.3÷6의 몫은 4에 가까워야 합니다.
따라서 몫의 소수점 위치가 옳은 식은
㉡ 24.3÷6=4.05입니다.

10 42.06>21.45>3이므로 가장 큰 수를 가장 작은 수로 나눈 몫은 42.06÷3=14.02입니다.

11 (한 명이 마시는 물의 양)
=(전체 물의 양)÷(사람 수)
=2÷5=0.4(L)

12 35.7÷7=5.1이므로 ㉠=5.1입니다.
5.1÷5=1.02이므로 ㉡=1.02입니다.

13 (1분 동안 탄 양초의 길이)
=(30분 동안 탄 양초의 길이)÷30
=10.5÷30=0.35(cm)

14 어떤 수를 □라고 하면 □×8=36.4이므로
□=36.4÷8=4.55입니다.

15 ㉠ 10÷5=2이므로 8.05÷5의 몫은 2보다 작습니다.
㉡ 6.44<7이므로 6.44÷7의 몫은 1보다 작습니다.
㉢ 18÷9=2이므로 19.8÷9의 몫은 2보다 큽니다.
따라서 몫이 2보다 큰 나눗셈은 ㉢입니다.

16 예 삼각뿔의 모서리는 3×2=6(개)입니다.」 ❶
삼각뿔의 모든 모서리의 길이의 합이 51 cm이므로 삼각뿔의 한 모서리의 길이는 51÷6=8.5(cm)입니다.」 ❷

채점 기준

❶ 삼각뿔의 모서리의 수 구하기	2점
❷ 삼각뿔의 한 모서리의 길이 구하기	3점

17 가 대신에 35.4를 넣고, 나 대신에 5를 넣어서 계산합니다.
35.4♥5=35.4÷5+4=7.08+4=11.08

18 2주일은 14일입니다.
(하루에 빨라지는 시간)
=(2주일에 빨라지는 시간)÷14
=44.8÷14=3.2(분)

19 몫이 가장 큰 나눗셈식을 만들려면 나누어지는 수는 가장 크고, 나누는 수는 가장 작아야 합니다.
9>8>4>3이므로 나누어지는 수는 9.84, 나누는 수는 3입니다.
➜ 9.84÷3=3.28

20 예 고구마 12개의 무게는
6.54−0.3=6.24(kg)입니다.」 ❶
따라서 고구마 1개의 무게는
6.24÷12=0.52(kg)입니다.」 ❷

채점 기준

❶ 고구마 12개의 무게 구하기	2점
❷ 고구마 1개의 무게 구하기	3점

참고 고구마 12개가 들어 있는 상자의 무게에서 빈 상자의 무게를 빼면 고구마 12개의 무게를 알 수 있습니다.

55~57쪽 AI가 추천한 단원 평가 4회

01 264, 264, 132, 132, 13.2
02 (위에서부터) 7, 2, 42, 12, 12
03 0.39
04 3.95
05 $8.32 \div 4 = \frac{832}{100} \div 4 = \frac{832 \div 4}{100} = \frac{208}{100} = 2.08$
06 0.75
07 ㉠
08 (○)(　)
09 9.33
10 7[.]0[ ]2
11 0.94
12 6.6 cm
13 8.15 g
14 ㉠
15 1.2 m
16 (위에서부터) 4, 8, 7, 2, 3, 36
17 풀이 참고, 5.44 cm
18 풀이 참고, 4개
19 3.55 km
20 오전 8시 2분 30초

03
```
     0.3 9
 7 ) 2.7 3
     2 1
       6 3
       6 3
         0
```

04
```
      3.9 5
 4 ) 1 5.8 0
     1 2
       3 8
       3 6
         2 0
         2 0
           0
```

06 6<8 ➜ 6÷8=0.75

07 ㉠ 6.2÷5=1.24 ㉡ 7.63÷7=1.09
따라서 계산 결과가 옳은 것은 ㉠입니다.

08 나누어지는 수가 나누는 수보다 작으면 몫이 1보다 작습니다.
1.75<5, 9.54>9이므로 몫이 1보다 작은 나눗셈은 1.75÷5입니다.

09 나누는 수가 같고 몫이 $\frac{1}{100}$배가 되었으므로 나누어지는 수도 $\frac{1}{100}$배가 되어야 합니다.

10 56.16 → 56 ➜ 56÷8=7
따라서 몫이 약 7이므로 56.16÷8=7.02입니다.

11 □×4=3.76 ➜ □=3.76÷4=0.94

12 (직사각형의 넓이)=(가로)×(세로)
➜ (세로)=(직사각형의 넓이)÷(가로)
=46.2÷7=6.6(cm)

13 (연필 한 자루의 무게)
=(연필 1타의 무게)÷12
=97.8÷12=8.15(g)

14 ㉠ 9÷6=1.5 ㉡ 1.29÷3=0.43
㉢ 9.2÷8=1.15
따라서 계산 결과가 가장 큰 것은 ㉠입니다.

다른 풀이 ㉡은 나누어지는 수가 나누는 수보다 작으므로 몫이 1보다 작고 ㉠, ㉢은 몫이 1보다 큽니다. 따라서 ㉠과 ㉢ 중 계산 결과가 더 큰 것을 찾으면 ㉠ 9÷6=1.5, ㉢ 9.2÷8=1.15이므로 ㉠입니다.

15 5000원은 1000원의 5배이므로 1000원으로 살 수 있는 리본은 6÷5=1.2(m)입니다.

16
```
     1.㉠ 6
6 ) ㉡.㉢ 6
    6
    2 7
    ㉣ 4
       ㉤ 6
       ㉥
         0
```
• 6×6=㉥ → ㉥=36
• ㉤6−36=0 → ㉤=3
• 27−㉣4=3 → ㉣=2
• 6×㉠=24 → ㉠=4
• ㉡−6=2 → ㉡=8
• ㉢에서 내려온 수가 7 → ㉢=7

17 예 정사각형의 둘레는 6.8×4=27.2(cm)입니다. 정사각형과 정오각형의 둘레가 같으므로 정오각형의 둘레도 27.2 cm입니다.」❶
따라서 정오각형의 한 변의 길이는 27.2÷5=5.44(cm)입니다.」❷

채점 기준

❶ 정오각형의 둘레 구하기	2점
❷ 정오각형의 한 변의 길이 구하기	3점

18 예 7.86÷3=2.62입니다.」❶
2.62<2.□6이므로 □ 안에 들어갈 수 있는 자연수는 6, 7, 8, 9로 모두 4개입니다.」❷

채점 기준

❶ 7.86÷3의 몫 구하기	3점
❷ □ 안에 들어갈 수 있는 자연수의 개수 구하기	2점

19 도로의 한쪽에 세우려는 표지판은 18÷2=9(개)이므로 표지판 사이의 간격은 9−1=8(군데)입니다.
(표지판 사이의 간격)
=(도로의 길이)÷(표지판 사이의 간격 수)
=28.4÷8=3.55(km)

20 일주일은 7일입니다.
(하루에 빨라지는 시간)=17.5÷7
=2.5(분) → 2분 30초
따라서 다음 날 오전 8시에 이 시계가 가리키는 시각은 오전 8시+2분 30초=오전 8시 2분 30초입니다.

58~63쪽 틀린 유형 다시 보기

유형 1 ㉡ 1-1 ㉢ 1-2 ㉢, ㉡, ㉠
유형 2 1.8 2-1 6.05 2-2 0.9
2-3 1.45
유형 3
```
     0.4 3
8 ) 3.4 4
    3 2
      2 4
      2 4
        0
```
3-1
```
    1.9
3 ) 5.7
    3
    2 7
    2 7
      0
```
3-2 예 2는 5보다 작으므로 몫의 소수 첫째 자리에 0을 쓰고 5를 내려 계산해야 합니다.
```
     3.0 5
5 ) 1 5.2 5
    1 5
        2 5
        2 5
          0
```
유형 4 12.25 cm^2 4-1 3.8 cm^2
4-2 10.7 cm^2 유형 5 (위에서부터) 9, 6, 6, 3
5-1 (위에서부터) 8, 3, 3, 30
5-2 (위에서부터) 2, 5, 0, 2, 20 유형 6 3.2 m
6-1 2.03 m 6-2 2.5 m
유형 7 1, 2, 3, 4, 5 7-1 9
7-2 3개 7-3 2개 유형 8 9.74
8-1 8.7 8-2 6.25 8-3 2.69
유형 9 2.8 9-1 10.5 9-2 4.01
9-3 0.24 유형 10 4.5 cm 10-1 1.05 km
10-2 0.25 km 유형 11 8, 5, 4, 2 / 42.7
11-1 3, 6 / 0.5 11-2 21.9 유형 12 82.5초
12-1 77.5초 12-2 10.5분 12-3 7.6분

유형 1 나누어지는 수를 반올림하여 일의 자리까지 나타낸 다음 몫을 어림합니다.
㉠ 30.3 → 30 → 30÷6=5 → 약 5
㉡ 39.8 → 40 → 40÷5=8 → 약 8
㉢ 6.65 → 7 → 7÷7=1 → 약 1
따라서 몫이 가장 큰 것은 ㉡입니다.

다른 풀이 ㉠ 30.3÷6=5.05
㉡ 39.8÷5=7.96
㉢ 6.65÷7=0.95
따라서 몫이 가장 큰 것은 ㉡입니다.

1-1 나누어지는 수를 반올림하여 일의 자리까지 나타낸 다음 몫을 어림합니다.

㉠ 15.3 → 15 ➡ 15÷3=5 ➡ 약 5
㉡ 39.6 → 40 ➡ 40÷4=10 ➡ 약 10
㉢ 6.2 → 6 ➡ 6÷2=3 ➡ 약 3

따라서 몫이 가장 작은 것은 ㉢입니다.

다른 풀이 ㉠ 15.3÷3=5.1
㉡ 39.6÷4=9.9
㉢ 6.2÷2=3.1

따라서 몫이 가장 작은 것은 ㉢입니다.

1-2 나누어지는 수를 반올림하여 일의 자리까지 나타낸 다음 몫을 어림합니다.

㉠ 19.8 → 20 ➡ 20÷5=4 ➡ 약 4
㉡ 42.12 → 42 ➡ 42÷6=7 ➡ 약 7
㉢ 26.7 → 27 ➡ 27÷3=9 ➡ 약 9

따라서 몫이 큰 것부터 차례대로 기호를 쓰면 ㉢, ㉡, ㉠입니다.

다른 풀이 ㉠ 19.8÷5=3.96
㉡ 42.12÷6=7.02
㉢ 26.7÷3=8.9

따라서 몫이 큰 것부터 차례대로 기호를 쓰면 ㉢, ㉡, ㉠입니다.

유형 2 □×5=9 ➡ □=9÷5=1.8

2-1 2×□=12.1 ➡ □=12.1÷2=6.05

2-2 □×6=5.4 ➡ □=5.4÷6=0.9

2-3 어떤 수를 □라고 하면 □×4=5.8이므로 □=5.8÷4=1.45입니다.

유형 3 나누어지는 수가 나누는 수보다 작으므로 몫의 자연수 자리에 0을 써야 합니다.

3-1 몫의 소수점은 나누어지는 수의 소수점 위치에 맞추어 올려 찍습니다.

3-2 수를 하나 내려도 나누어지는 수가 나누는 수보다 작으면 몫에 0을 쓰고 수를 하나 더 내려 계산합니다.

유형 4 색칠한 부분은 정사각형을 똑같이 4부분으로 나눈 것 중의 한 부분입니다.

(색칠한 부분의 넓이)=(정사각형의 넓이)÷4
$=49\div4=12.25(\text{cm}^2)$

4-1 색칠한 부분은 정삼각형을 똑같이 4부분으로 나눈 것 중의 한 부분입니다.

(색칠한 부분의 넓이)=(정삼각형의 넓이)÷4
$=15.2\div4=3.8(\text{cm}^2)$

4-2 색칠한 부분은 직사각형을 똑같이 8부분으로 나눈 것 중의 두 부분입니다.

(나눈 한 칸의 넓이)=(직사각형의 넓이)÷8
$=42.8\div8=5.35(\text{cm}^2)$

(색칠한 부분의 넓이)=(한 칸의 넓이)×2
$=5.35\times2=10.7(\text{cm}^2)$

다른 풀이 색칠한 부분은 직사각형을 똑같이 4부분으로 나눈 것 중의 한 부분과 같습니다.

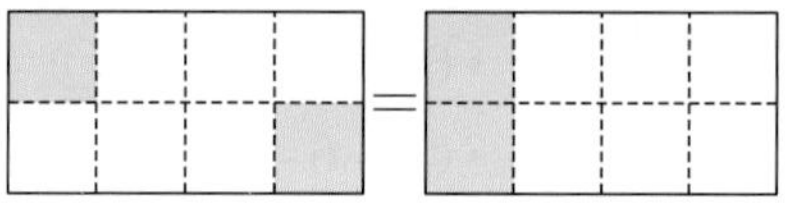

(색칠한 부분의 넓이)$=42.8\div4=10.7(\text{cm}^2)$

유형 5

```
      3 . 2  1
3 ) ㉠.㉡  3
    9
      6
      ㉢
         ㉣
         3
         0
```

• ㉠−9=0 ➡ ㉠−9
• ㉡에서 내려온 수가 6 ➡ ㉡=6
• 3×2=㉢ ➡ ㉢=6
• ㉣에서 내려온 수가 3 ➡ ㉣=3

5-1

```
     0.㉠ 6
5 ) 4.㉡ 0
    4  0
       ㉢ 0
       ㉣
          0
```

• 5×6=30 ➡ ㉣=30
• ㉢0−30=0 ➡ ㉢=3
• ㉡−0=3 ➡ ㉡=3
• 5×㉠=40 ➡ ㉠=8

5-2

```
       6 .㉠ 5
4 ) 2 ㉡.0  0
    2  4
       1 ㉢
         8
        ㉣ 0
        ㉤
           0
```

• 4×5=㉤ ➡ ㉤=20
• ㉣0−20=0 ➡ ㉣=2
• 1㉢−8=2 ➡ ㉢=0
• ㉡−4=1 ➡ ㉡=5
• 4×㉠=8 ➡ ㉠=2

유형 6 (사각뿔의 모서리의 수)=4×2=8(개)

(사각뿔의 한 모서리의 길이)
=(모든 모서리의 길이의 합)÷(모서리의 수)
=25.6÷8=3.2(m)

참고 각뿔의 밑면의 변의 수를 □개라고 하면 각뿔의 모서리의 수는 (□×2)개입니다.

6-1 (삼각기둥의 모서리의 수)=3×3=9(개)
(삼각기둥의 한 모서리의 길이)
=(모든 모서리의 길이의 합)÷(모서리의 수)
=18.27÷9=2.03(m)
참고 각기둥의 한 밑면의 변의 수를 □개라고 하면 각기둥의 모서리의 수는 (□×3)개입니다.

6-2 각뿔의 밑면의 변의 수를 □개라고 하면 면의 수는 (□+1)개입니다.
→ □+1=4, □=3
각뿔의 밑면의 변의 수는 3개이므로 삼각뿔입니다.
(삼각뿔의 모서리의 수)=3×2=6(개)
(삼각뿔의 한 모서리의 길이)
=(모든 모서리의 길이의 합)÷(모서리의 수)
=15÷6=2.5(m)

유형 7 66÷12=5.5
5.5>□이므로 □ 안에 들어갈 수 있는 자연수는 1, 2, 3, 4, 5입니다.

7-1 57.4÷7=8.2
□>8.2이므로 □ 안에 들어갈 수 있는 자연수는 9, 10, 11……이고, 가장 작은 자연수는 9입니다.

7-2 3.9÷6=0.65
0.□5>0.65이므로 □ 안에 들어갈 수 있는 자연수는 7, 8, 9로 모두 3개입니다.
주의 0.□5>0.65에서 □ 안에 들어갈 수 있는 수에 6을 포함시키지 않도록 주의합니다.

7-3 15.8÷5=3.16, 6.88÷2=3.44
3.16<3.□6<3.44이므로 □ 안에 들어갈 수 있는 자연수는 2, 3으로 모두 2개입니다.
주의 3.16<3.□6<3.44에서 □ 안에 들어갈 수 있는 수에 1과 4를 포함시키지 않도록 주의합니다.

유형 8 어떤 수를 □라고 하면 □+5=53.7에서
□=53.7−5=48.7입니다.
따라서 바르게 계산하면 48.7÷5=9.74입니다.

8-1 어떤 수를 □라고 하면 □+4=38.8에서
□=38.8−4=34.8입니다.
따라서 바르게 계산하면 34.8÷4=8.7입니다.

8-2 어떤 수를 □라고 하면 □×8=100에서
□=100÷8=12.5입니다.
따라서 바르게 계산하면 12.5÷2=6.25입니다.

8-3 어떤 수를 □라고 하면 □×6=48.42에서
□=48.42÷6=8.07입니다.
따라서 바르게 계산하면 8.07÷3=2.69입니다.

유형 9 가 대신에 12를 넣고, 나 대신에 15를 넣어서 계산합니다.
12★15=12÷15+2=0.8+2=2.8
참고 나눗셈과 덧셈이 섞여 있는 식에서는 나눗셈을 먼저 계산합니다.

9-1 가 대신에 16.8을 넣고, 나 대신에 8을 넣어서 계산합니다.
16.8◎8=16.8÷8×5=2.1×5=10.5
참고 나눗셈과 곱셈이 섞여 있는 식에서는 앞에서부터 차례대로 계산합니다.

9-2 가 대신에 21.07을 넣고, 나 대신에 7을 넣어서 계산합니다.
21.07◆7=(21.07+7)÷7
=28.07÷7=4.01
참고 ( )가 있는 식에서는 ( ) 안을 먼저 계산합니다.

9-3 가 대신에 4.96을 넣고, 나 대신에 4를 넣어서 계산합니다.
4.96▲4=(4.96−4)÷4=0.96÷4=0.24

유형 10 (점 사이의 간격 수)=6−1=5(군데)
(점 사이의 간격)
=(선분의 길이)÷(점 사이의 간격 수)
=22.5÷5=4.5(cm)

참고
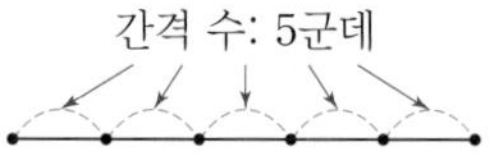

10-1 도로의 한쪽에 심으려는 나무는 26÷2=13(그루)이므로 나무 사이의 간격은 13−1=12(군데)입니다.
(나무 사이의 간격)
=(도로의 길이)÷(나무 사이의 간격 수)
=12.6÷12=1.05(km)

10-2 가로등 사이의 간격 수와 원 모양의 호수 둘레에 세우는 가로등의 수는 같습니다.
(가로등 사이의 간격)
=(호수의 둘레)÷(가로등 사이의 간격 수)
=3.5÷14=0.25(km)

유형 11 몫이 가장 큰 나눗셈식을 만들려면 나누어지는 수는 가장 크고, 나누는 수는 가장 작아야 합니다.
8>5>4>2이므로 나누어지는 수는 85.4, 나누는 수는 2입니다.
➜ 85.4÷2=42.7

11-1 몫이 가장 작은 나눗셈식을 만들려면 나누어지는 수는 가장 작고, 나누는 수는 가장 커야 합니다.
3<4<5<6이므로 나누어지는 수는 3, 나누는 수는 6입니다.
➜ 3÷6=0.5

11-2 몫이 가장 큰 나눗셈식을 만들려면 나누어지는 수는 가장 크고, 나누는 수는 가장 작아야 합니다.
8>7>6>5>4이므로 나누어지는 수는 87.6, 나누는 수는 4입니다.
➜ 87.6÷4=21.9
참고 수 카드 4장으로 만들 수 있는
(소수 한자리 수)÷(한 자리 수)
➜ □□.□÷□

유형 12 1분은 60초이므로
5분 30초=5분+30초
=300초+30초=330초입니다.
(운동장을 한 바퀴 도는 데 걸린 시간)
=(운동장을 4바퀴 도는 데 걸린 시간)
÷(바퀴 수)
=330÷4=82.5(초)

12-1 1분은 60초이므로
10분 20초=10분+20초
=600초+20초=620초입니다.
(산책로를 한 바퀴 도는 데 걸린 시간)
=(산책로를 8바퀴 도는 데 걸린 시간)
÷(바퀴 수)
=620÷8=77.5(초)

12-2 1시간은 60분이므로
1시간 3분=1시간+3분
=60분+3분=63분입니다.
(트랙을 한 바퀴 도는 데 걸린 시간)
=(트랙을 6바퀴 도는 데 걸린 시간)
÷(바퀴 수)
=63÷6=10.5(분)

12-3 1시간은 60분이므로
1시간 16분=1시간+16분
=60분+16분=76분입니다.
(공원을 한 바퀴 도는 데 걸린 시간)
=(공원을 5바퀴 도는 데 걸린 시간)
÷(바퀴 수)
=76÷5=15.2(분)
(공원을 반 바퀴 도는 데 걸린 시간)
=(공원을 한 바퀴 도는 데 걸린 시간)÷2
=15.2÷2=7.6(분)
참고 반 바퀴는 한 바퀴의 반이므로 한 바퀴 도는 데 걸린 시간을 2로 나누면 반 바퀴 도는 데 걸린 시간을 알 수 있습니다.

4단원 비와 비율

66~68쪽 AI가 추천한 단원 평가 1회

01 4　　02 5, 4, 5　　03 9, 12
04 13, 50　　05 $\frac{7}{20}$, 0.35　　06 83 %
07 (위에서부터) 16, 24, 32 / 2　　08 45 %
09 (○)(　) 10 7 : 9　　11 $\frac{13}{15}$
12 풀이 참고, 48 %
13 7000 : 10000　　14 $\frac{300}{60}$(=5)
15 0.26　　16 12 %
17 풀이 참고, 가 공장　　18 11400원
19 3120 cm²　　20 가 비커

08 전체 20칸 중 색칠한 부분은 9칸입니다.
➜ $\frac{9}{20}\times100=45(\%)$

09 9 : 10 → $\frac{9}{10}$
5에 대한 4의 비 → 4 : 5 → $\frac{4}{5}=\frac{8}{10}$
➜ $\frac{9}{10}>\frac{8}{10}$

10 책 수와 공책 수의 비는 7 : 9입니다.

11 검은색 바둑돌 수에 대한 흰색 바둑돌 수의 비는 13 : 15이므로 비율을 분수로 나타내면 $\frac{13}{15}$입니다.

12 예 은우네 반 전체 학생은 12+13=25(명)입니다.」❶
은우네 반 전체 학생 수에 대한 남학생 수의 비는 12 : 25이므로 비율은 $\frac{12}{25}$입니다.」❷
따라서 $\frac{12}{25}\times100=48(\%)$입니다.」❸

채점 기준

❶ 은우네 반 전체 학생 수 구하기	1점
❷ 전체 학생 수에 대한 남학생 수의 비율 구하기	2점
❸ 전체 학생 수에 대한 남학생 수의 비율을 백분율로 나타내기	2점

13 (남은 금액)=10000−3000=7000(원)
따라서 전체 용돈에 대한 남은 금액의 비는 7000 : 10000입니다.

14 (걸린 시간에 대한 간 거리의 비율)
$=\frac{(\text{간 거리})}{(\text{걸린 시간})}=\frac{300}{60}=5$

15 (전체 타수에 대한 안타 수의 비율)
$=\frac{(\text{안타 수})}{(\text{전체 타수})}=\frac{52}{200}=\frac{26}{100}=0.26$

16 청소년 기본요금에 대한 단체 관람으로 할인받은 금액의 비율은 $\frac{(\text{할인받은 금액})}{(\text{기본요금})}$입니다.
(할인받은 금액)=1000−880=120(원)
따라서 비율을 백분율로 나타내면
$\frac{120}{1000}=\frac{12}{100}$ → 12 %입니다.

17 예 가 공장의 불량률은 $\frac{10}{500}\times100=2(\%)$입니다.
나 공장의 불량률은 $\frac{9}{300}\times100=3(\%)$입니다.」❶
2<3이므로 불량률이 더 낮은 공장은 가 공장입니다.」❷

채점 기준

❶ 두 공장의 불량률 각각 구하기	3점
❷ 불량률이 더 낮은 공장 구하기	2점

18 (할인율)=(할인 금액)÷(원래 가격)
➜ (할인 금액)=(원래 가격)×(할인율)
$=12000\times\frac{5}{100}=600$(원)
(판매 가격)=12000−600=11400(원)
참고 (비율)=(비교하는 양)÷(기준량)
➜ (비교하는 양)=(기준량)×(비율)

19 (새로 만든 직사각형의 세로)
$=40+40\times\frac{30}{100}=52$(cm)
➜ (새로 만든 직사각형의 넓이)
$=60\times52=3120(cm^2)$

20 가 비커와 나 비커의 소금물 양에 대한 소금 양의 비율을 각각 구합니다.
(가 비커의 소금물의 양)=40+360=400(g)
가 비커: $\frac{40}{400}=\frac{1}{10}=0.1$
(나 비커의 소금물의 양)=21+279=300(g)
나 비커: $\frac{21}{300}=\frac{7}{100}=0.07$
0.1>0.07이므로 가 비커에 들어 있는 소금물이 더 진합니다.

69~71쪽 AI가 추천한 단원 평가 2회

01 2, 2　02 3, 5　03 ㉣
04 ⑤　05 $\frac{13}{20}$, 0.65
06 (위에서부터) 15, 16, 11, 12 / 4
07 34 %　08 2 : 5　09 0.52
10 ㉡　11 ㉢
12 풀이 참고, $\frac{13}{22}$　13 5 : 13
14 36개　15 정우
16 풀이 참고, 44 %　17 별 마을
18 52 : 80　19 $\frac{3}{8}$, 0.375　20 가 은행

09 세로에 대한 가로의 비는 13 : 25이므로 비율을 소수로 나타내면 $\frac{13}{25}=\frac{52}{100}=0.52$입니다.

10 기준량이 비교하는 양보다 작으면 비율은 1보다 높고, 백분율은 100 %보다 높습니다.
㉠ 95<100 ㉡ $\frac{21}{20}>1$
➔ 기준량이 비교하는 양보다 작은 것은 ㉡입니다.

11 ㉢ 비율을 소수로 나타내면 $\frac{50}{40}=1.25$입니다.

12 예 안경을 쓰지 않은 학생은 22−9=13(명)입니다.」❶
전체 학생 수에 대한 안경을 쓰지 않은 학생 수의 비는 13 : 22이므로 비율을 분수로 나타내면 $\frac{13}{22}$입니다.」❷

채점 기준

❶ 안경을 쓰지 않은 학생 수 구하기	2점
❷ 전체 학생 수에 대한 안경을 쓰지 않은 학생 수의 비율을 분수로 나타내기	3점

13 (전체 구슬 수)=8+5=13(개)
따라서 전체 구슬 수에 대한 노란색 구슬 수의 비는 5 : 13입니다.

14 전체 사탕 수에 대한 사과 맛 사탕 수의 비율은 $\frac{5}{12}$입니다.
전체 사탕 수를 □개라고 하면
$\frac{(\text{사과 맛 사탕 수})}{(\text{전체 사탕 수})}=\frac{15}{\square}=\frac{5}{12}=\frac{15}{36}$이므로
□=36입니다. 따라서 전체 사탕은 36개입니다.

15 민서와 정우의 공을 던진 횟수에 대한 골대에 넣은 횟수의 비율을 각각 구합니다.
민서: $\frac{18}{24}=\frac{3}{4}=\frac{75}{100}=0.75$
정우: $\frac{16}{20}=\frac{80}{100}=0.8$
0.75<0.8이므로 공을 던진 횟수에 대한 골대에 넣은 횟수의 비율이 더 높은 사람은 정우입니다.

16 예 전체 투표수는 6+11+8=25(표)입니다.」❶
당선자는 가장 많은 표인 11표를 얻은 나 후보이므로 당선자의 득표율은 $\frac{11}{25}\times100=44(\%)$입니다.」❷

채점 기준

❶ 전체 투표수 구하기	2점
❷ 당선자의 득표율 구하기	3점

17 별 마을과 달 마을의 넓이에 대한 인구의 비율을 각각 구합니다.
별 마을: $\frac{8040}{6}=1340$, 달 마을: $\frac{5960}{5}=1192$
1340>1192이므로 인구가 더 밀집한 마을은 별 마을입니다.

18 65 % → $\frac{65}{100}=\frac{13}{20}$
$\frac{13}{20}$은 분모와 분자의 차가 20−13=7입니다.
$\frac{13}{20}$과 크기가 같고 분모와 분자의 차가 28인 분수는 28÷7=4에서 $\frac{13}{20}=\frac{13\times4}{20\times4}=\frac{52}{80}$입니다.
따라서 **조건**을 모두 만족하는 비는 52 : 80입니다.

19 • 만들 수 있는 두 자리 수 : 20, 24, 25, 29, 40, 42, 45, 49, 50, 52, 54, 59, 90, 92, 94, 95
➔ 16개
• 만들 수 있는 홀수 : 25, 29, 45, 49, 59, 95
➔ 6개
따라서 만들 수 있는 두 자리 수의 개수에 대한 홀수의 개수의 비율을 기약분수로 나타내면 $\frac{6}{16}=\frac{3}{8}$이고 소수로 나타내면 0.375입니다.

20 (가 은행의 이자)=624000−600000=24000(원)
(가 은행의 이자율)=$\frac{24000}{600000}\times100=4(\%)$
(나 은행의 이자)=721000−700000=21000(원)
(나 은행의 이자율)=$\frac{21000}{700000}\times100=3(\%)$
4>3이므로 가 은행의 이자율이 더 높습니다.

72~74쪽 AI가 추천한 단원 평가 3회

01 백분율　02 ㉠　03 4, 5

04 5, 4　05 10, 9, $\frac{9}{10}$, 0.9

06 1.07　07 ㉡　08 예 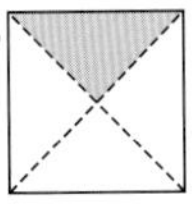

09 ④　10 9 : 21　11 ㉡

12 0.3　13 풀이 참고

14 $\frac{280}{20}$(=14)　15 15 %　16 105 cm

17 풀이 참고, 나 자동차　18 25 : 80

19 2반　20 10 %

02 ㉡ $12 \div 3 = 4$이므로 초콜릿 수는 사탕 수의 4배입니다.

07 ㉡ 9의 11에 대한 비는 9 : 11입니다.

08 25 % → $\frac{25}{100}=\frac{1}{4}$이므로 4칸 중 1칸을 색칠합니다.

09 ④ 0.08 → 8 %

10 전체 학생 수에 대한 동생이 있는 학생 수의 비는 9 : 21입니다.

11 비율을 모두 소수로 나타내어 비교합니다.

㉠ $\frac{1}{4}=\frac{25}{100}=0.25$

㉡ 50에 대한 19의 비 → $\frac{19}{50}=\frac{38}{100}=0.38$

㉢ 19 % → 0.19

➡ $0.38>0.25>0.19$이므로 비율이 가장 높은 것은 ㉡입니다.

참고 백분율로 나타내어 비교해도 됩니다.

12 전체 과일 수에 대한 복숭아 수의 비는 6 : 20이므로 비율을 소수로 나타내면 $\frac{6}{20}=\frac{3}{10}=0.3$입니다.

13 예 잘못 말한 사람은 해은이입니다.」❶
분홍색 구슬 수가 기준량이므로 분홍색 구슬 수에 대한 파란색 구슬 수의 비율을 분수로 나타내면 $\frac{5}{4}=1\frac{1}{4}$입니다.」❷

채점 기준

❶ 잘못 말한 사람의 이름 쓰기	2점
❷ 잘못 말한 이유 쓰기	3점

14 (연비)$=\frac{(주행 거리)}{(연료)}=\frac{280}{20}=14$

15 (소금물 양)$=680+120=800$(g)
(소금물 양에 대한 소금 양의 비율)
$=\frac{(소금 양)}{(소금물 양)}=\frac{120}{800}=\frac{15}{100}$ → 15 %

16 (그림자 길이)=(세호의 키)×(세호의 키에 대한 그림자 길이의 비율)
$=150\times0.7=105$(cm)

17 예 두 자동차의 걸린 시간에 대한 간 거리의 비율을 구합니다.
가 자동차: $\frac{10}{12}$, 나 자동차: $\frac{55}{60}=\frac{11}{12}$」❶
$\frac{10}{12}<\frac{11}{12}$이므로 나 자동차가 더 빠릅니다.」❷

채점 기준

❶ 두 자동차의 걸린 시간에 대한 간 거리의 비율 각각 구하기	3점
❷ 어느 자동차가 더 빠른지 구하기	2점

참고 같은 시간 동안 더 멀리 가면 빠르므로 걸린 시간에 대한 간 거리의 비율이 더 높으면 더 빠릅니다.

18 (동화책 수)$=17+3=20$(권)
(전체 책 수)$=25+20+17+18=80$(권)
따라서 전체 책 수에 대한 위인전 수의 비는 25 : 80입니다.

19 1반의 찬성률: $\frac{18}{24}\times100=75$(%)
2반의 찬성률: $\frac{21}{25}\times100=84$(%)
3반의 찬성률: $\frac{16}{20}\times100=80$(%)
$84>80>75$이므로 찬성률이 가장 높은 반은 2반입니다.

20 1 kg에 5000원 하는 고구마가 1 kg에 $11000\div2=5500$(원)으로 올랐습니다.
(인상 금액)$=5500-5000=500$(원)
➡ (인상률)$=\frac{500}{5000}\times100=10$(%)

75~77쪽 AI가 추천한 단원 평가 4회

01 비율　02 3, 5　03 6, 4

04 24, 32 / 8　05 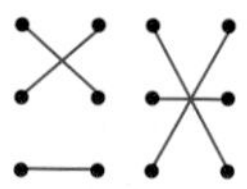　06 (　) (○)

07 (위에서부터) 29, $\frac{17}{100}$, 17　08 $\frac{17}{20}$

09 35 : 50　10 0.2　11 ㉡, ㉣

12 60 %　13 $\frac{7}{20}$, 0.35　14 8 %

15 $\frac{5}{16}$　16 5500 : 10000

17 풀이 참고　18 티셔츠　19 450 g

20 풀이 참고, 517500원

04 봉지가 1개일 때 귤은 8개, 봉지가 2개일 때 귤은 16개이므로 귤 수는 항상 봉지 수의 8배입니다.

08 85 % → $\frac{85}{100}=\frac{17}{20}$

09 전체 딸기 수에 대한 먹은 딸기 수의 비는 35 : 50입니다.

10 포도주스 양에 대한 포도 원액 양의 비는 50 : 250이므로 비율을 소수로 나타내면 $\frac{50}{250}=\frac{1}{5}=\frac{2}{10}=0.2$입니다.

11 기준량이 비교하는 양보다 크면 비율은 1보다 낮고, 백분율은 100 %보다 낮습니다.

㉠ $1.3>1$　㉡ $\frac{3}{7}<1$

㉢ $120>100$　㉣ $82<100$

따라서 기준량이 비교하는 양보다 큰 것은 ㉡, ㉣입니다.

12 (예매율)$=\frac{540}{900}\times100=60$(%)

13 (직사각형의 넓이)$=5\times8=40$(cm^2)

(마름모의 넓이)$=4\times7\div2=14$(cm^2)

직사각형의 넓이에 대한 마름모의 넓이의 비는 14 : 40이므로 비율을 기약분수로 나타내면 $\frac{14}{40}=\frac{7}{20}$이고 소수로 나타내면 0.35입니다.

14 이번 주 미술관 관람객 수는 지난주 미술관 관람객 수에 비해 $\frac{40}{500}\times100=8$(%) 늘었습니다.

15 (전체 당첨 쪽지 수)$=1+5+10=16$(장)

전체 당첨 쪽지 수에 대한 2등 당첨 쪽지 수의 비는 5 : 16이므로 비율을 분수로 나타내면 $\frac{5}{16}$입니다.

16 (남은 용돈)$=10000-3000-1500=5500$(원)

남은 용돈과 처음 용돈의 비는 5500 : 10000입니다.

17 예 「주희와 동생의 키에 대한 그림자 길이의 비율을 소수로 각각 나타내면

$\frac{96}{160}=\frac{6}{10}=0.6$, $\frac{66}{110}=\frac{6}{10}=0.6$입니다.」 ❶

「같은 시각에 두 사람의 키에 대한 그림자 길이의 비율은 같습니다.」 ❷

채점 기준

❶ 주희와 동생의 키에 대한 그림자 길이의 비율을 소수로 나타내기	2점
❷ 알게 된 점 쓰기	3점

18 (티셔츠의 할인 금액)$=15000-12000=3000$(원)

(티셔츠의 할인율)$=\frac{3000}{15000}\times100=20$(%)

(바지의 할인 금액)$=25000-21000=4000$(원)

(바지의 할인율)$=\frac{4000}{25000}\times100=16$(%)

$20>16$이므로 할인율이 더 높은 물건은 티셔츠입니다.

19 25 % → $\frac{25}{100}$입니다. $\frac{(\text{설탕 양})}{(\text{설탕물 양})}=\frac{25}{100}$이므로

(설탕 양)$=600\times\frac{25}{100}=150$(g)입니다.

따라서 물은 $600-150=450$(g) 필요합니다.

20 예 「3.5 % → $\frac{35}{1000}$입니다.

$\frac{(\text{이자})}{(\text{저금한 돈})}=\frac{35}{1000}$이므로

(이자)$=500000\times\frac{35}{1000}=17500$(원)입니다.」 ❶

「이자가 17500원이므로 1년 후에 찾을 수 있는 돈은 $500000+17500=517500$(원)입니다.」 ❷

채점 기준

❶ 이자 구하기	2점
❷ 1년 후에 찾을 수 있는 돈 구하기	3점

참고 1년 후에 찾을 수 있는 돈은 (저금한 돈)+(이자)입니다.

78~83쪽 틀린 유형 다시 보기

유형 1 ㉠ 1-1 ㉡
1-2 ㉠, ㉢, ㉣, ㉡ 유형 2 ㉠, ㉣
2-1 ㉡, ㉣ 2-2 4개 유형 3 5 : 13
3-1 3 : 7 3-2 10 : 19 3-3 50 : 21
유형 4 $\frac{3}{10}$, 0.3 4-1 $1\frac{3}{5}$, 1.6 4-2 $\frac{77}{120}$
유형 5 10개 5-1 18장 5-2 5개
5-3 72명 유형 6 $\frac{364}{4}$(=91)
6-1 $\frac{310}{5}$(=62) 6-2 빨간 버스
6-3 나은 유형 7 $\frac{18000}{40}$(=450)
7-1 나 마을 7-2 사랑 마을
유형 8 $\frac{289}{17}$(=17) 8-1 12.5
8-2 $\frac{360}{24}$(=15) 8-3 가 자동차
유형 9 20 % 9-1 12 % 9-2 나 비커
9-3 가 비커 유형 10 20 : 25 10-1 9 : 15
10-2 35 : 50 유형 11 0.25 11-1 색연필
11-2 햄 피자 유형 12 나 은행 12-1 햇님 은행
12-2 나 은행

유형 1 비율을 백분율로 나타내어 비교합니다.
㉠ 3 : 4 → $\frac{3}{4}$ → $\frac{3}{4}\times100=75(\%)$
㉡ $\frac{2}{5}\times100=40(\%)$
75>40이므로 비율이 더 높은 것은 ㉠입니다.
참고 비율을 소수 또는 분수로 나타낸 다음 크기를 비교해도 됩니다.

1-1 비율을 모두 소수로 나타내어 비교합니다.
㉠ 0.51
㉡ 8에 대한 3의 비 → 3 : 8
→ $\frac{3}{8}=\frac{375}{1000}=0.375$
㉢ 46 % → 0.46
0.375<0.46<0.51이므로 비율이 가장 낮은 것은 ㉡입니다.

1-2 ㉠ 35 % → 0.35 ㉡ $\frac{2}{50}=\frac{4}{100}=0.04$
㉢ 6 : 20 → $\frac{6}{20}=\frac{3}{10}=0.3$ ㉣ 0.09
0.35>0.3>0.09>0.04이므로 비율이 높은 것부터 차례대로 기호를 쓰면 ㉠, ㉢, ㉣, ㉡입니다.

유형 2 기준량이 비교하는 양보다 크면 비율은 1보다 낮고, 백분율은 100 %보다 낮습니다.
㉠ 80<100 ㉡ $\frac{12}{11}>1$
따라서 기준량이 비교하는 양보다 큰 것은 ㉠입니다.

2-1 기준량이 비교하는 양보다 작으면 비율은 1보다 높고, 백분율은 100 %보다 높습니다.
㉠ 0.42<1 ㉡ $\frac{8}{7}>1$
㉢ 67<100 ㉣ 110>100
따라서 기준량이 비교하는 양보다 작은 것은 ㉡, ㉣입니다.

2-2 기준량이 비교하는 양보다 크면 비율은 1보다 낮고, 백분율은 100 %보다 낮습니다.
$\frac{3}{50}<1$, 101>100, 2.05>1, $\frac{5}{4}>1$,
60<100, 0.9<1, $\frac{7}{10}<1$
따라서 기준량이 비교하는 양보다 큰 것은 $\frac{3}{50}$, 60 %, 0.9, $\frac{7}{10}$로 모두 4개입니다.

유형 3 (전체 과일 수)=5+8=13(개)
따라서 전체 과일 수에 대한 사과 수의 비는 5 : 13입니다.

3-1 (전체 인형 수)=4+3=7(개)
따라서 전체 인형 수에 대한 토끼 인형 수의 비는 3 : 7입니다.

3-2 (전체 옷 수)=10+9=19(벌)
따라서 전체 옷 수에 대한 바지 수의 비는 10 : 19입니다.

3-3 (출발점에서부터 도착점까지의 거리)
=29+21=50(m)
따라서 출발점에서부터 도착점까지의 거리와 장애물에서부터 도착점까지의 거리의 비는 50 : 21입니다.

유형 4 (직사각형의 넓이)$=8\times10=80(cm^2)$
(삼각형의 넓이)$=6\times8\div2=24(cm^2)$
직사각형의 넓이에 대한 삼각형의 넓이의 비는 24 : 80이므로 비율을 기약분수로 나타내면 $\frac{24}{80}=\frac{3}{10}$이고 소수로 나타내면 0.3입니다.

4-1 (마름모의 넓이)$=8\times2\times6\times2\div2$
$=16\times12\div2=96(cm^2)$
(평행사변형의 넓이)$=12\times5=60(cm^2)$
마름모의 넓이와 평행사변형의 넓이의 비는 96 : 60이므로 비율을 기약분수로 나타내면 $\frac{96}{60}=1\frac{36}{60}=1\frac{3}{5}$이고 소수로 나타내면 1.6입니다.

4-2 직사각형의 세로를 □ cm라고 하면 $(15+□)\times2=46$, $15+□=23$, $□=8$이므로 직사각형의 세로는 8 cm입니다.
(직사각형의 넓이)$=15\times8=120(cm^2)$
(사다리꼴의 넓이)$=(13+9)\times7\div2=77(cm^2)$
직사각형의 넓이에 대한 사다리꼴의 넓이의 비는 77 : 120이므로 비율을 분수로 나타내면 $\frac{77}{120}$입니다.
참고 직사각형의 세로를 구한 다음, 직사각형의 넓이를 구합니다.

유형 5 전체 공 수에 대한 야구공 수의 비율은 $\frac{2}{9}$입니다.
(야구공 수)
=(전체 공 수)×(전체 공 수에 대한 야구공 수의 비율)
$=45\times\frac{2}{9}=10$(개)

5-1 (빨간색 색종이 수)
=(파란색 색종이 수)×(파란색 색종이 수에 대한 빨간색 색종이 수의 비율)
$=30\times0.6=18$(장)

5-2 전체 채소 수에 대한 가지 수의 비율은 $\frac{1}{5}$입니다.
(가지 수)
=(전체 채소 수)×(전체 채소 수에 대한 가지 수의 비율)
$=25\times\frac{1}{5}=5$(개)

5-3 (여학생 수)=(6학년 학생 수)×(여학생의 비율)
$=160\times0.55=88$(명)
여학생이 88명이므로 남학생은 $160-88=72$(명)입니다.
다른 풀이 여학생의 비율이 0.55이므로 남학생의 비율은 $1-0.55=0.45$입니다.
(남학생 수)$=160\times0.45=72$(명)

유형 6 (걸린 시간에 대한 간 거리의 비율)
$=\frac{(\text{간 거리})}{(\text{걸린 시간})}=\frac{364}{4}=91$

6-1 (걸린 시간에 대한 간 거리의 비율)
$=\frac{(\text{간 거리})}{(\text{걸린 시간})}=\frac{310}{5}=62$

6-2 두 버스의 걸린 시간에 대한 간 거리의 비율을 구합니다.
빨간 버스: $\frac{210}{3}=70$
파란 버스: $\frac{134}{2}=67$
$70>67$이므로 빨간 버스가 더 빠릅니다.

6-3 두 사람의 걸린 시간에 대한 간 거리의 비율을 구합니다.
이준: $\frac{222}{3}=74$, 나은: $\frac{160}{2}=80$
$74<80$이므로 나은이가 더 빨리 걸었습니다.

유형 7 (넓이에 대한 인구의 비율)
$=\frac{(\text{인구})}{(\text{넓이})}=\frac{18000}{40}=450$

7-1 두 마을의 넓이에 대한 인구의 비율을 구합니다.
가 마을: $\frac{6020}{5}=1204$
나 마을: $\frac{5280}{4}=1320$
$1204<1320$이므로 인구가 더 밀집한 마을은 나 마을입니다.

7-2 두 마을의 넓이에 대한 인구의 비율을 구합니다.

사랑 마을: $\frac{19440}{12}=1620$

행복 마을: $\frac{16000}{10}=1600$

$1620>1600$이므로 인구가 더 밀집한 마을은 사랑 마을입니다.

참고 넓이에 대한 인구의 비율은 분수로 비교하기 어렵습니다. 자연수나 소수로 나타내어 비교하는 것이 편리합니다.

유형 8 (연비)$=\frac{(주행\ 거리)}{(연료)}=\frac{289}{17}=17$

8-1 (연비)$=\frac{(주행\ 거리)}{(연료)}=\frac{100}{8}=12.5$

8-2 (연비)$=\frac{(주행\ 거리)}{(연료)}=\frac{360}{24}=15$

8-3 두 자동차의 연비를 구합니다.

가 자동차: $\frac{570}{30}=19$, 나 자동차: $\frac{450}{25}=18$

$19>18$이므로 연비가 더 높은 자동차는 가 자동차입니다.

유형 9 (소금물 양)$=320+80=400$(g)

(소금물 양에 대한 소금 양의 비율)

$=\frac{(소금\ 양)}{(소금물\ 양)}=\frac{80}{400}=\frac{20}{100} \rightarrow 20\ \%$

9-1 (설탕물 양)$=220+30=250$(g)

(설탕물 양에 대한 설탕 양의 비율)

$=\frac{(설탕\ 양)}{(설탕물\ 양)}=\frac{30}{250}=\frac{3}{25}=\frac{12}{100} \rightarrow 12(\%)$

9-2 두 비커의 소금물 양에 대한 소금 양의 비율을 구합니다.

가 비커: $\frac{48}{300}=\frac{16}{100}=0.16$

나 비커: $\frac{100}{500}=\frac{20}{100}=0.2$

$0.16<0.2$이므로 나 비커에 들어 있는 소금물이 더 진합니다.

9-3 두 비커의 설탕물 양에 대한 설탕 양의 비율을 구합니다.

(가 비커의 설탕물 양)$=28+172=200$(g)

가 비커: $\frac{28}{200}=\frac{14}{100}=0.14$

(나 비커의 설탕물 양)$=50+350=400$(g)

나 비커: $\frac{50}{400}=\frac{1}{8}=\frac{125}{1000}=0.125$

$0.14>0.125$이므로 가 비커에 들어 있는 설탕물이 더 진합니다.

유형 10 $0.8=\frac{8}{10}=\frac{4}{5}$

$\frac{4}{5}$는 분모와 분자의 차가 $5-4=1$입니다.

$\frac{4}{5}$와 크기가 같고 분모와 분자의 차가 5인 분수는 $5\div1=5$에서 $\frac{4}{5}=\frac{4\times5}{5\times5}=\frac{20}{25}$입니다.

따라서 **조건**을 모두 만족하는 비는 20 : 25입니다.

10-1 $0.6=\frac{6}{10}=\frac{3}{5}$

$\frac{3}{5}$은 분모와 분자의 차가 $5-3=2$입니다.

$\frac{3}{5}$과 크기가 같고 분모와 분자의 차가 6인 분수는 $6\div2=3$에서 $\frac{3}{5}=\frac{3\times3}{5\times3}=\frac{9}{15}$입니다.

따라서 **조건**을 모두 만족하는 비는 9 : 15입니다.

10-2 $70\ \% \rightarrow \frac{7}{10}$

$\frac{7}{10}$은 분모와 분자의 합이 $10+7=17$입니다.

$\frac{7}{10}$과 크기가 같고 분모와 분자의 합이 85인 분수는 $85\div17=5$에서 $\frac{7}{10}=\frac{7\times5}{10\times5}=\frac{35}{50}$입니다.

따라서 **조건**을 모두 만족하는 비는 35 : 50입니다.

유형 11 (할인 금액)$=800-600=200$(원)

(할인율)$=\frac{200}{800}=\frac{25}{100}=0.25$

11-1 (필통의 할인 금액)$=4000-3600=400$(원)

(필통의 할인율)$=\frac{400}{4000}=\frac{10}{100} \rightarrow 10\ \%$

(색연필의 할인 금액)$=2000-1700=300$(원)

(색연필의 할인율)$=\frac{300}{2000}=\frac{15}{100} \rightarrow 15\ \%$

$10<15$이므로 할인율이 더 높은 물건은 색연필입니다.

11-2 (햄 피자의 할인 금액)

$=15000-12750=2250$(원)

(햄 피자의 할인율)

$=\frac{2250}{15000}\times 100=15(\%)$

(고구마 피자의 할인 금액)

$=16000-12800=3200$(원)

(고구마 피자의 할인율)

$=\frac{3200}{16000}\times 100=20(\%)$

$15<20$이므로 할인율이 더 낮은 피자는 햄 피자입니다.

유형 12 (가 은행의 이자율)$=\frac{1200}{60000}\times 100=2(\%)$

(나 은행의 이자율)$=\frac{1100}{50000}\times 100=2.2(\%)$

$2<2.2$이므로 이자율이 더 높은 나 은행에 저금하는 것이 좋습니다.

12-1 (햇님 은행의 이자율)$=\frac{2400}{80000}\times 100=3(\%)$

(달님 은행의 이자율)

$=\frac{2500}{100000}\times 100=2.5(\%)$

$3>2.5$이므로 이자율이 더 높은 햇님 은행에 저금하는 것이 좋습니다.

12-2 (가 은행의 이자)

$=515000-500000=15000$(원)

(가 은행의 이자율)$=\frac{15000}{500000}\times 100=3(\%)$

(나 은행의 이자)

$=414000-400000=14000$(원)

(나 은행의 이자율)$=\frac{14000}{400000}\times 100=3.5(\%)$

$3<3.5$이므로 나 은행의 이자율이 더 높습니다.

5단원 여러 가지 그래프

86~88쪽 AI가 추천한 단원 평가 1회

01 원그래프　02 35 %　03 떡

04 2배　05 20, 15

06 40, 20, 15, 100　07 100 %

08 좋아하는 계절별 학생 수

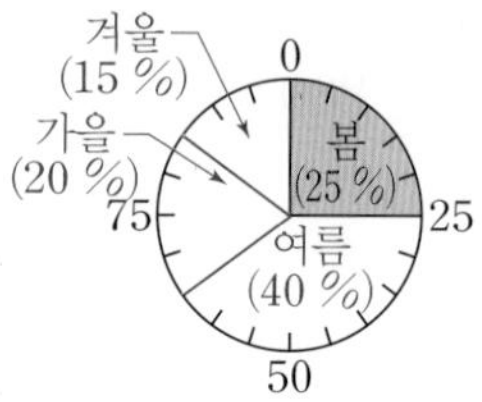

09 70만 t

10 광주 · 전라 권역　11 22만 t

12 ㉠

13 (위에서부터) 60, 50, 40, 30, 20, 200 / 30, 25, 20, 15, 10, 100

14 장래 희망별 학생 수

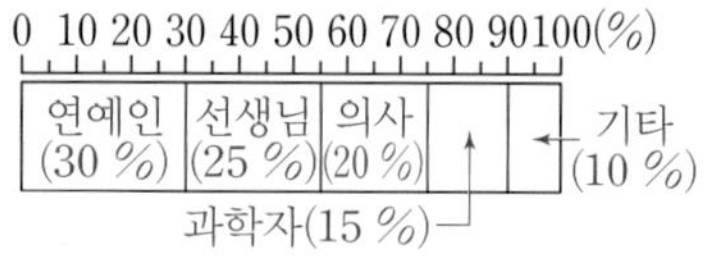

15 12 %　16 52 %

17 풀이 참고, 7명　18 35 %

19 풀이 참고, 150명　20 7 cm

03 띠의 길이가 가장 짧은 것은 떡입니다.

04 떡볶이: 40 %, 빵: 20 %

→ $40\div 20=2$(배)

참고 비율이 2배이면 항목의 수도 2배입니다.

08 각 항목의 백분율의 크기만큼 선을 그어 원을 나누고, 나눈 부분에 각 항목의 내용과 백분율을 씁니다.

10 ▢의 수가 가장 많은 광주 · 전라 권역이 쌀 생산량이 가장 많습니다.

11 서울 · 인천 · 경기 권역의 쌀 생산량: 35만 t

강원 권역의 쌀 생산량: 13만 t

→ 35만$-$13만$=$22만(t)

12 시간의 흐름에 따른 키의 변화는 꺾은선그래프로 나타내는 것이 좋습니다.

13 연예인: $\frac{60}{200}\times100=30(\%)$,

선생님: $\frac{50}{200}\times100=25(\%)$,

의사: $\frac{40}{200}\times100=20(\%)$,

과학자: $\frac{30}{200}\times100=15(\%)$,

기타: $\frac{20}{200}\times100=10(\%)$,

합계: $30+25+20+15+10=100(\%)$

15 장난감: $100-(40+28+20)=12(\%)$

16 게임기: 40 %, 장난감: 12 %

→ $40+12=52(\%)$

17 예 지갑을 받고 싶어 하는 학생 수는 전체 학생 수의 28 %입니다.」 ❶

따라서 지갑을 받고 싶어 하는 학생은

$25\times\frac{28}{100}=7$(명)입니다.」 ❷

채점 기준

❶ 지갑을 받고 싶어 하는 학생 수의 비율 구하기	2점
❷ 지갑을 받고 싶어 하는 학생 수 구하기	3점

18 형제 수가 2명 이상인 학생 수는 형제 수가 2명인 학생 수와 3명 이상인 학생 수의 합을 구합니다.

형제 수가 2명: 25 %, 형제 수가 3명 이상: 10 %

→ $25+10=35(\%)$

19 예 형제 수가 3명 이상인 학생 수는 전체 학생 수의 10 %이고, 형제 수가 1명인 학생 수는 전체 학생 수의 30 %이므로 형제 수가 1명인 학생 수는 형제 수가 3명 이상인 학생 수의 $30\div10=3$(배)입니다.」 ❶

따라서 형제 수가 1명인 학생은 $50\times3=150$(명)입니다.」 ❷

채점 기준

❶ 형제 수가 1명인 학생 수는 형제 수가 3명 이상인 학생 수의 몇 배인지 알기	3점
❷ 형제 수가 1명인 학생 수 구하기	2점

20 형제 수가 0명인 학생 수는 전체 학생 수의 35 %이므로 띠그래프에서 형제 수가 0명인 학생 수가 차지하는 부분의 길이는 $20\times\frac{35}{100}=7$(cm)입니다.

89~91쪽 AI가 추천한 단원 평가 2회

01 띠그래프 02 450, 330, 520, 420

03 서점별 판매한 책의 수

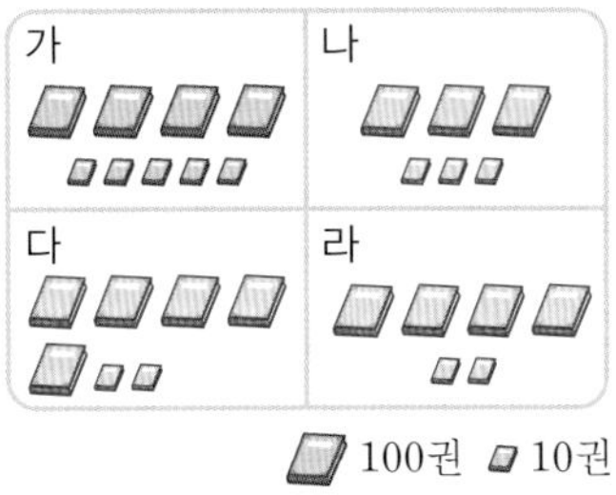

04 다 서점 05 25 % 06 널뛰기, 씨름

07 3배

08 체험하고 싶어 하는 민속 놀이

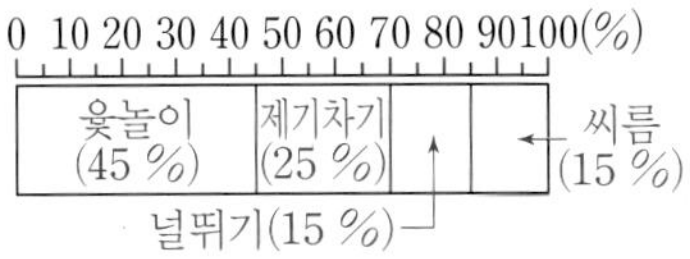

09 30, 14, 10, 6, 100

10 가고 싶어 하는 수학여행지별 학생 수

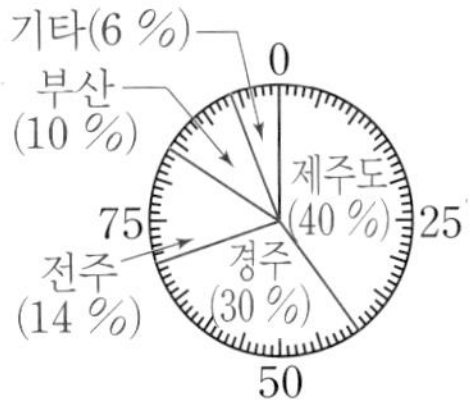

11 ㉡, ㉢ 12 가야금, 피아노

13 피아노 14 ㉢

15 10 %, 10 % 16 풀이 참고 17 700 kg

18 73 % 19 2시간 이상 20 풀이 참고

06 널뛰기, 씨름을 체험하고 싶어 하는 학생 수가 전체 학생 수의 15 %로 서로 같습니다.

07 윷놀이: 45 %, 널뛰기: 15 %

→ $45\div15=3$(배)

10 각 항목의 백분율의 크기만큼 선을 그어 원을 나누고, 나눈 부분에 각 항목의 내용과 백분율을 씁니다.

11 시각별 운동장의 온도 변화는 시간의 흐름에 따라 변화하는 것이므로 꺾은선그래프로 나타내기에 알맞습니다.

12 피아노: $100-(45+15+10+5)=25(\%)$

배우고 싶어 하는 학생 수가 전체 학생 수의 20 % 이상을 차지하는 악기는 가야금(45 %), 피아노(25 %)입니다.

13 띠의 길이가 두 번째로 긴 것은 피아노이므로 두 번째로 많은 학생이 배우고 싶어 하는 악기는 피아노입니다.

14 ㉢ 피아노: 25 %, 장구: 10 %
➔ 25÷10=2.5(배)
따라서 잘못 설명한 것은 ㉢입니다.

15 눈금 한 칸의 크기가 5 %이고, 나 마을과 라 마을은 각각 눈금 2칸이므로 두 마을의 쓰레기 배출량은 각각 전체 쓰레기 배출량의 10 %입니다.

16 예 가 마을의 쓰레기 배출량은 전체 쓰레기 배출량의 20 %입니다.」❶
마 마을의 쓰레기 배출량은 다 마을의 쓰레기 배출량의 40÷20=2(배)입니다.」❷

채점 기준

❶ 알 수 있는 점 한 가지 쓰기	2점
❷ 알 수 있는 점 다른 한 가지 쓰기	3점

참고 원그래프를 보고 알 수 있는 점을 두 가지 쓰면 정답으로 인정합니다.

17 다 마을의 쓰레기 배출량은 전체 쓰레기 배출량의 20 %이고 100 %는 20 %의 5배이므로 전체 쓰레기 배출량은 모두 140×5=700(kg)입니다.

18 2022년에 책 읽는 시간이 1시간 이상 2시간 미만인 학생 수와 2시간 이상인 학생 수의 합을 구합니다.
1시간 이상 2시간 미만: 46 %, 2시간 이상: 27 %
➔ 46+27=73(%)

19 2023년보다 2024년에 차지하는 띠의 길이가 길어진 것은 2시간 이상입니다.

20 예 2022년부터 2024년까지 송연이네 학교 학생들의 책 읽는 시간이 늘어나고 있습니다.」❶
2022년부터 2024년까지 1시간 미만과 1시간 이상 2시간 미만이 차지하는 띠의 길이가 점점 짧아지고 2시간 이상이 차지하는 띠의 길이가 점점 길어지고 있기 때문입니다.」❷

채점 기준

❶ 학생들의 책 읽는 시간이 늘어나고 있는지 줄어들고 있는지 쓰기	2점
❷ 이유 설명하기	3점

92~94쪽 AI가 추천한 단원 평가 3회

01 원그래프 02 5 % 03 20 %

04 코끼리, 사슴 05 $\frac{5}{20}$, 100, 25

06 35, 25, 25, 15, 100

07 고민 유형별 학생 수

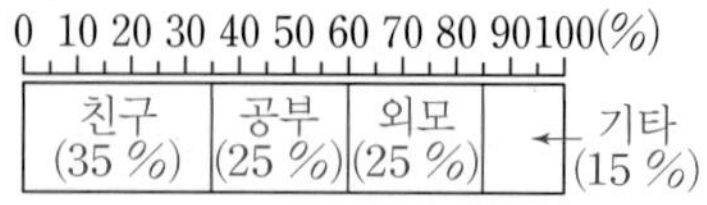

08 친구 09 만화책 10 2배

11 1300, 800 / 지역별 초등학교 수

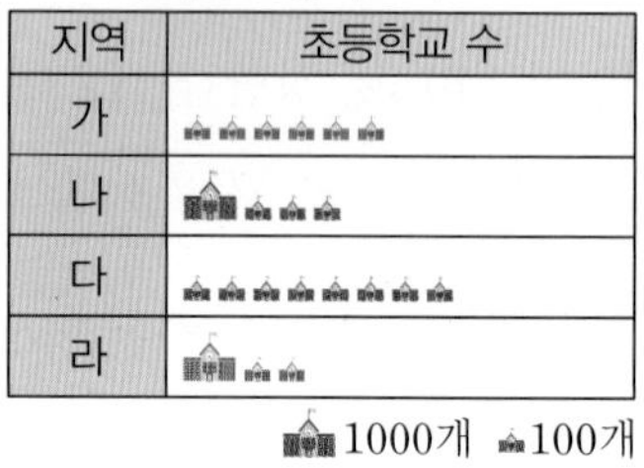

12 ④, ⑤ 13 30 %

14 풀이 참고, 커피, 생과일주스, 에이드, 스무디

15 후보자별 득표수

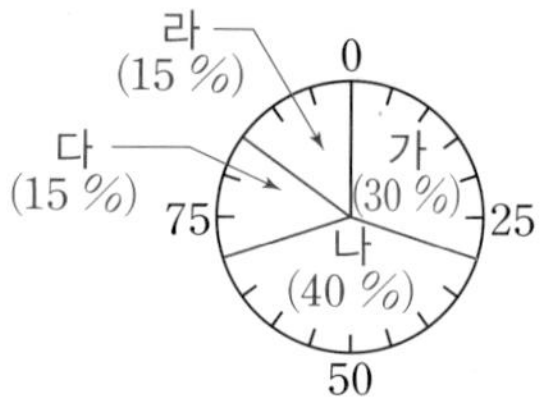

16 (위에서부터) 3200, 2000, 1600, 1200, 8000 / 40, 25, 20, 15, 100

17 제품별 판매량

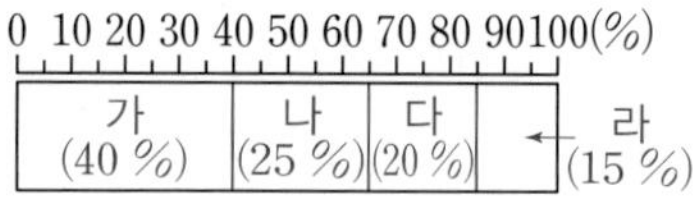

18 풀이 참고, 남학생, 1명 19 20명

20 40 cm

02 눈금 5칸이 25 %이므로 눈금 한 칸은 25÷5=5(%)입니다.

04 코끼리, 사슴을 좋아하는 학생 수가 전체 학생 수의 15 %로 서로 같습니다.

07 각 항목의 백분율의 크기만큼 선을 그어 띠를 나누고, 나눈 부분에 각 항목의 내용과 백분율을 씁니다.

08 띠의 길이가 가장 긴 것은 친구입니다.

09 띠의 길이가 가장 짧은 것은 만화책입니다.

10 위인전: 32 %, 만화책: 16 %
➡ $32 \div 16 = 2$(배)

13 에이드: 20 %, 스무디: 10 %
➡ $20 + 10 = 30$(%)

14 예 생과일주스 판매량은 전체 판매량의
$100 - (20 + 40 + 10) = 30$(%)입니다.」❶
$40 > 30 > 20 > 10$이므로 많이 팔린 음료부터 차례대로 쓰면 커피, 생과일주스, 에이드, 스무디입니다.」❷

채점 기준

❶ 생과일주스의 비율 구하기	2점
❷ 많이 팔린 음료부터 차례대로 쓰기	3점

15 다 후보자와 라 후보자의 득표수의 비율:
$100 - (30 + 40) = 30$(%)
두 후보자의 득표수가 같으므로 다 후보자와 라 후보자의 득표수는 각각 $30 \div 2 = 15$(%)입니다.

18 예 수학을 좋아하는 남학생은
$80 \times \frac{20}{100} = 16$(명)이고, 수학을 좋아하는 여학생은
$60 \times \frac{25}{100} = 15$(명)입니다.」❶
따라서 남학생이 $16 - 15 = 1$(명) 더 많습니다.」❷

채점 기준

❶ 수학을 좋아하는 남학생 수와 여학생 수 각각 구하기	3점
❷ 수학을 좋아하는 학생은 남학생과 여학생 중 누가 몇 명 더 많은지 구하기	2점

19 단풍나무를 좋아하는 학생 수는 전체 학생 수의 $100 - (30 + 25 + 10 + 15) = 20$(%)이고 100 %는 20 %의 5배이므로 조사한 학생은 모두 $4 \times 5 = 20$(명)입니다.

20 소나무를 좋아하는 학생 수는 전체 학생 수의 25 %이고 100 %는 25 %의 4배이므로 띠그래프의 전체 길이는 $10 \times 4 = 40$(cm)입니다.

95~97쪽 AI가 추천한 단원 평가 4회

01 1 % 02 어묵
03 떡볶이, 36 % 04 2배 05 200개
06 제주 권역 07 5배 08 550개
09 태권도, 수영, 검도 10 수영
11 배우고 싶어 하는 운동별 학생 수

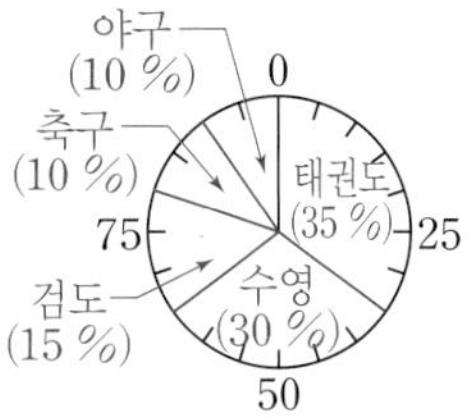

12 ㉢ 13 15 % 14 8명
15 40 % 16 풀이 참고, 100명
17 24 cm 18 90명 19 50명
20 풀이 참고

03 원그래프에서 가장 넓은 부분을 차지하는 것은 떡볶이이고 36 %입니다.

04 순대: 24 %, 튀김: 12 %
➡ $24 \div 12 = 2$(배)

07 대구 · 부산 · 울산 · 경상 권역: 300개,
강원 권역: 60개
➡ $300 \div 60 = 5$(배)

08 서울 · 인천 · 경기 권역: 520개, 제주 권역: 30개
➡ $520 + 30 = 550$(개)

09 띠의 길이가 긴 것부터 차례대로 3가지 쓰면 태권도, 수영, 검도입니다.

10 축구: 10 %
비율이 $10 \times 3 = 30$(%)인 운동은 수영입니다.

13 박물관: $100 - (20 + 40 + 25) = 15$(%)

14 놀이공원에 가고 싶은 학생 수는 과학관에 가고 싶어 하는 학생 수의 $40 \div 20 = 2$(배)입니다.
따라서 놀이공원에 가고 싶어 하는 학생은
$4 \times 2 = 8$(명)입니다.

15 나 마을: 25 %, 다 마을: 15 %
➡ 25+15=40(%)

16 예 마 마을의 학생 수는 전체 학생 수의
100−(30+25+15+10)=20(%)입니다.」❶
따라서 마 마을의 학생은 $500\times\frac{20}{100}$=100(명)입니다.」❷

채점 기준

❶ 마 마을의 비율 구하기	2점
❷ 마 마을의 학생 수 구하기	3점

17 가 마을의 학생 수는 전체 학생 수의 30 %이므로 띠그래프에서 가 마을 학생 수가 차지하는 부분의 길이는 $80\times\frac{30}{100}$=24(cm)입니다.

18 (남학생 수)=$500\times\frac{60}{100}$=300(명)
댄스 동아리 활동을 하는 남학생 수는 전체 남학생 수의 30 %이므로 $300\times\frac{30}{100}$=90(명)입니다.
주의 댄스 동아리 활동을 하는 남학생 수를 구할 때 기준량은 전체 남학생 수임에 주의합니다.

19 (여학생 수)=$500\times\frac{40}{100}$=200(명)
영화 감상 동아리 활동을 하는 여학생 수는 전체 여학생 수의 25 %이므로 $200\times\frac{25}{100}$=50(명)입니다.
다른 풀이 (여학생 수)=(전체 학생 수)−(남학생 수)
=500−300=200(명)
영화 감상 동아리 활동을 하는 여학생 수는 전체 여학생 수의 25 %이므로 $200\times\frac{25}{100}$=50(명)입니다.

20 예 남학생 중 가장 적은 학생이 활동하는 동아리는 도예입니다.」❶
댄스 동아리 활동을 하는 남학생 수는 도예 동아리 활동을 하는 남학생 수의 2배입니다.」❷

채점 기준

❶ 알 수 있는 점 한 가지 쓰기	2점
❷ 알 수 있는 점 다른 한 가지 쓰기	3점

참고 두 그래프를 보고 알 수 있는 점을 쓰면 정답으로 인정합니다.

98~103쪽 틀린 유형 다시 보기

유형 1 2200 / 마을별 사과 생산량

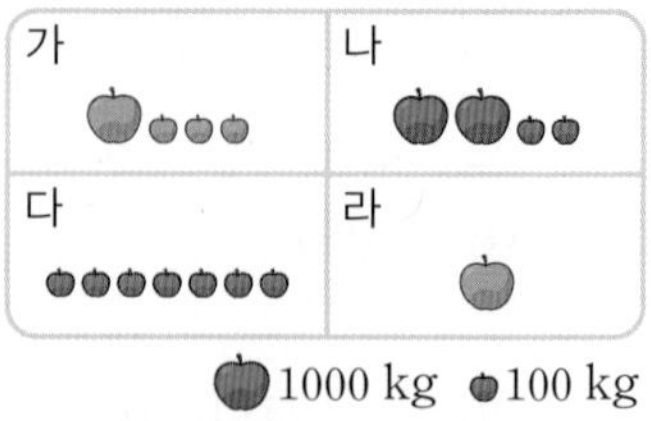

1-1 3100 / 지역별 강수량

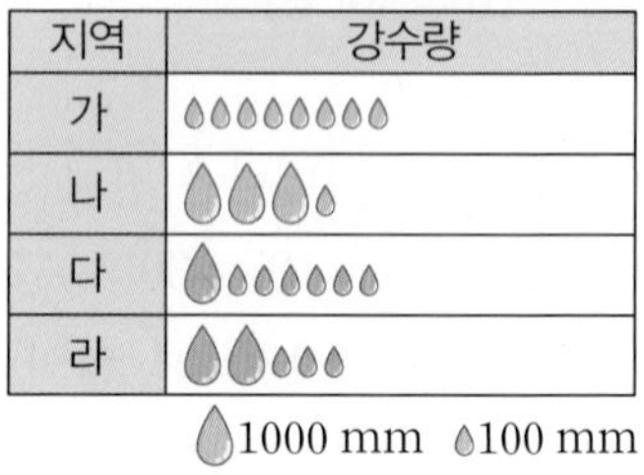

유형 2 피자 2-1 앵무새
2-2 과학, 수학, 국어, 사회
유형 3 좋아하는 운동별 학생 수

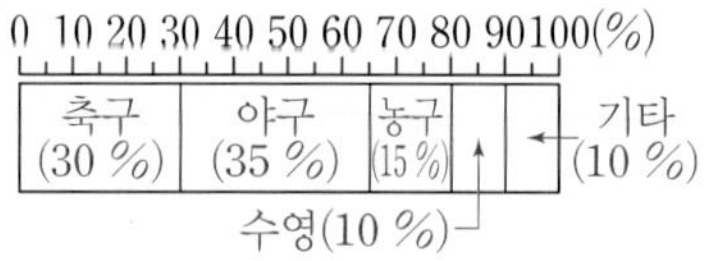

3-1 좋아하는 채소별 학생 수

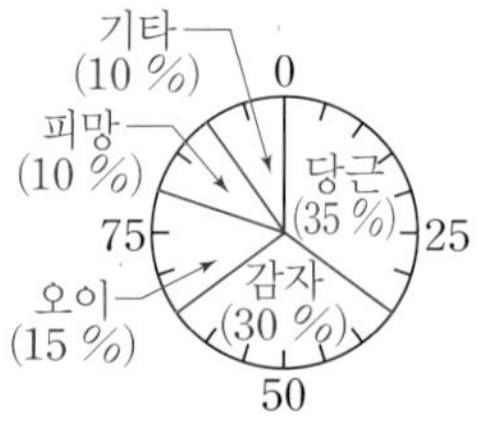

유형 4 ㉡ 4-1 ㉢ 4-2 ㉢, ㉣

유형 5 취미별 학생 수

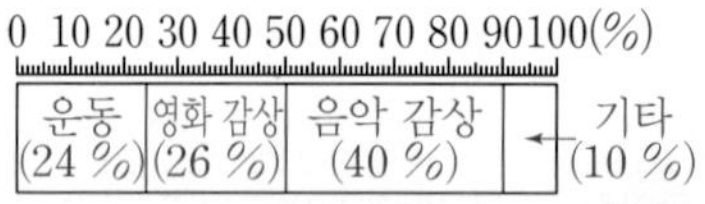

5-1 빌린 책의 종류별 권수

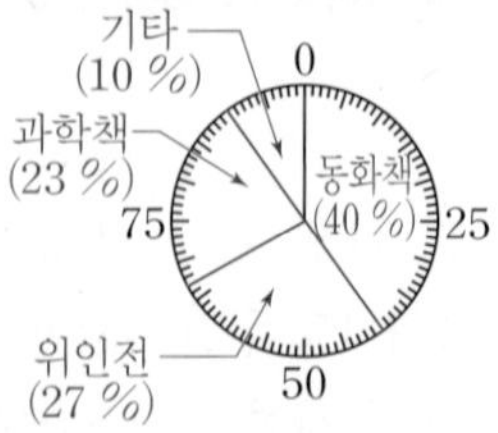

유형 6 32 m^2
6-1 20명
유형 7 20명
7-1 500명
유형 8 240명
8-1 60명

유형 9 컴퓨터 9-1 에어컨
유형 10 5학년, 4명 10-1 수호네 학교, 12명
유형 11 6 cm 11-1 8 cm 11-2 50 cm
유형 12 189명 12-1 54명

유형 1 표를 보고 그림그래프를 완성하고, 그림그래프를 보고 표를 완성합니다.

1-1 표를 보고 그림그래프를 완성하고, 그림그래프를 보고 표를 완성합니다.

유형 2 치킨을 좋아하는 학생 수는 전체 학생 수의 $100-(35+25+10)=30(\%)$입니다.
$35>30>25>10$이므로 가장 많은 학생이 좋아하는 음식은 피자입니다.
참고 작은 눈금 한 칸의 크기는 5 %이므로 치킨을 좋아하는 학생 수는 전체 학생 수의 $5\times6=30(\%)$로 구할 수도 있습니다.
다른 풀이 가장 많은 학생이 좋아하는 음식은 띠의 길이가 가장 긴 피자입니다.

2-1 앵무새를 좋아하는 학생 수는 전체 학생 수의 $100-(25+30+20+15)=10(\%)$입니다.
$10<15<20<25<30$이므로 가장 적은 학생이 좋아하는 동물은 앵무새입니다.
참고 눈금 한 칸의 크기는 5 %이므로 앵무새를 좋아하는 학생 수는 전체 학생 수의 $5\times2=10(\%)$로 구할 수도 있습니다.
다른 풀이 가장 적은 학생이 좋아하는 동물은 가장 좁은 부분을 차지하는 앵무새입니다.

2-2 수학을 좋아하는 학생 수는 전체 학생 수의 $100-(20+15+35)=30(\%)$입니다.
$35>30>20>15$이므로 많은 학생이 좋아하는 과목부터 차례대로 쓰면 과학, 수학, 국어, 사회입니다.
참고 작은 눈금 한 칸의 크기는 5 %이므로 수학을 좋아하는 학생 수는 전체 학생 수의 $5\times6=30(\%)$로 구할 수도 있습니다.
다른 풀이 띠의 길이가 긴 과목부터 차례대로 쓰면 과학, 수학, 국어, 사회입니다.

유형 3 농구를 좋아하는 학생 수의 백분율을 구하고 띠그래프로 나타냅니다.
농구를 좋아하는 학생 수는 전체 학생 수의 $100-(30+35+10+10)=15(\%)$입니다.

3-1 피망을 좋아하는 학생 수와 기타에 속하는 학생 수의 백분율을 구하고 원그래프로 나타냅니다.
피망을 좋아하는 학생 수와 기타에 속하는 학생 수의 합은 전체 학생 수의 $100-(35+30+15)=20(\%)$이고, 피망을 좋아하는 학생 수와 기타에 속하는 학생 수가 같으므로 피망을 좋아하는 학생 수와 기타에 속하는 학생 수는 각각 $20\div2=10(\%)$입니다.

유형 4 시간의 흐름에 따른 키의 변화는 꺾은선그래프로 나타내는 것이 좋습니다.

4-1 우리 반 학생들이 좋아하는 간식의 비율은 띠그래프로 나타내는 것이 좋습니다.

4-2 종류별 쓰레기의 비율을 나타내기에 알맞은 그래프는 띠그래프, 원그래프입니다.

유형 5 취미별 학생 수의 백분율을 구하고 띠그래프로 나타냅니다.
운동: $\frac{120}{500}\times100=24(\%)$,
영화 감상: $\frac{130}{500}\times100=26(\%)$,
음악 감상: $\frac{200}{500}\times100=40(\%)$,
기타: $\frac{50}{500}\times100=10(\%)$
참고 각 항목의 백분율의 합계가 100 %가 되는지 확인합니다.
합계: $24+26+40+10=100(\%)$

5-1 빌린 전체 책은 $80+54+46+20=200$(권)입니다.
빌린 책의 종류별 권수의 백분율을 구하고 원그래프로 나타냅니다.
동화책: $\frac{80}{200}\times100=40(\%)$,
위인전: $\frac{54}{200}\times100=27(\%)$,
과학책: $\frac{46}{200}\times100=23(\%)$,
기타: $\frac{20}{200}\times100=10(\%)$
참고 각 항목의 백분율의 합계가 100 %가 되는지 확인합니다.
합계: $40+27+23+10=100(\%)$

유형 6 (상추를 기르는 땅의 넓이)
$=80\times\frac{40}{100}=32(m^2)$

6-1 (동물원에 가고 싶어 하는 학생 수)
$=200\times\frac{25}{100}=50$(명)
(박물관에 가고 싶어 하는 학생 수)
$=200\times\frac{15}{100}=30$(명)
따라서 동물원에 가고 싶어 하는 학생은 박물관에 가고 싶어 하는 학생보다 $50-30=20$(명) 더 많습니다.

유형 7 미국에 가고 싶어 하는 학생 수는 전체 학생 수의 25 %이고 100 %는 25 %의 4배이므로 조사한 학생은 모두 $5\times4=20$(명)입니다.

7-1 오렌지주스를 좋아하는 학생 수는 전체 학생 수의 $100-(28+25+20+15)=12$(%)입니다.
오렌지주스를 좋아하는 학생이 60명이고 전체 학생 수의 12 %이므로 전체 학생 수의 1 %는 $60\div12=5$(명)입니다.
따라서 조사한 학생은 모두 100 %이므로 $5\times100=500$(명)입니다.

유형 8 독일어: 10 %, 프랑스어: 40 %
프랑스어를 배우고 싶어 하는 학생 수는 독일어를 배우고 싶어 하는 학생 수의 $40\div10=4$(배)입니다.
따라서 프랑스어를 배우고 싶어 하는 학생은 $60\times4=240$(명)입니다.
다른 풀이 조사한 학생 수의 10 %가 60명이므로 1 %는 6명입니다.
따라서 프랑스어를 배우고 싶어 하는 학생은 $6\times40=240$(명)입니다.

8-1 부산: 36 %, 강릉: 12 %
강릉에 가고 싶어 하는 학생 수는 부산에 가고 싶어 하는 학생 수의 $12\div36=\frac{1}{3}$(배)입니다.
따라서 강릉에 가고 싶어 하는 학생은 $180\times\frac{1}{3}=60$(명)입니다.
다른 풀이 조사한 학생 수의 36 %가 180명이므로 전체 학생 수의 1 %는 $180\div36=5$(명)입니다. 따라서 강릉에 가고 싶어 하는 학생은 $5\times12=60$(명)입니다.

유형 9 2023년보다 2024년에 차지하는 띠의 길이가 짧아진 것은 컴퓨터입니다.

9-1 2023년보다 2024년에 차지하는 띠의 길이가 길어진 것은 에어컨입니다.

유형 10 • 6학년에서 점심시간에 독서를 하는 학생 수는 전체 학생 수의 20 %입니다.
(6학년에서 점심시간에 독서를 하는 학생 수)
$=200\times\frac{20}{100}=40$(명)
• 5학년에서 점심시간에 독서를 하는 학생 수는 전체 학생 수의 20 %입니다.
(5학년에서 점심시간에 독서를 하는 학생 수)
$=220\times\frac{20}{100}=44$(명)
따라서 점심시간에 독서를 하는 학생은 5학년이 $44-40=4$(명) 더 많습니다.
주의 5학년과 6학년의 학생 수가 다름에 주의합니다.

10-1 • 민지네 학교에서 가수를 좋아하는 학생 수는 전체 학생 수의 32 %입니다.
(민지네 학교에서 가수를 좋아하는 학생 수)
$=400\times\frac{32}{100}=128$(명)
• 수호네 학교에서 가수를 좋아하는 학생 수는 전체 학생 수의 28 %입니다.
(수호네 학교에서 가수를 좋아하는 학생 수)
$=500\times\frac{28}{100}=140$(명)
따라서 가수를 좋아하는 학생은 수호네 학교가 $140-128=12$(명) 더 많습니다.

유형 11 B형인 학생 수는 전체 학생 수의 30 %이므로 띠그래프에서 B형이 차지하는 부분의 길이는 $20\times\frac{30}{100}=6$(cm)입니다.

11-1 저금: $100-(40+30+10)=20$(%)
저금은 전체 용돈의 20 %이므로 띠그래프에서 저금이 차지하는 부분의 길이는 $40\times\frac{20}{100}=8$(cm)입니다.
참고 저금의 백분율을 구하고, 저금이 차지하는 부분의 길이를 구합니다.
(저금이 차지하는 부분의 길이)
=(전체 길이)×(저금의 백분율)

11-2 귤: $100-(40+28+10)=22$(%)
귤 판매량은 전체 판매량의 22 %이므로 전체 판매량의 2 %가 띠그래프에서 차지하는 부분의 길이는 $11\div11=1$(cm)입니다.
전체 100 %는 2 %의 50배이므로 띠그래프의 전체 길이는 $1\times50=50$(cm)입니다.

유형 12 (체육 대회에 참가하는 학생 수)
$=600\times\frac{90}{100}=540$(명)
참가 종목 중 달리기에 참가하는 학생 수는 체육 대회에 참가하는 학생 수의 35 %입니다.
따라서 달리기에 참가하는 학생은 $540\times\frac{35}{100}=189$(명)입니다.
주의 달리기에 참가하는 학생 수를 구할 때 기준량은 체육 대회에 참가하는 학생 수임에 주의합니다.

12-1 (여학생 수)$=400\times\frac{45}{100}=180$(명)
체육을 좋아하는 여학생 수는 전체 여학생 수의 $100-(25+30+15)=30$(%)입니다.
따라서 체육을 좋아하는 여학생은 $180\times\frac{30}{100}=54$(명)입니다.
주의 체육을 좋아하는 여학생 수를 구할 때 기준량은 전체 여학생 수임에 주의합니다.

6단원 직육면체의 부피와 겉넓이

106~108쪽 AI가 추천한 단원 평가 1회

01 (○)( ) 02 12, 12 03 4, 3, 84
04 4, 4, 6, 96 05 729 cm^3 06 208 cm^2
07 6000000 08 40, 40000000
09 312 cm^2 10 360 cm^3
11 풀이 참고, 5400 cm^2 12 가
13 424 cm^2 14 11 15 ㉠, ㉡, ㉢
16 수아, 12 cm^2 17 512 cm^3
18 144 cm^2 19 풀이 참고, 1728 cm^3
20 6

06 (직육면체의 겉넓이)$=(8\times4+4\times6+8\times6)\times2$
$=104\times2=208(cm^2)$

08 (직육면체의 부피)$=2\times5\times4$
$=40(m^3)$ → 40000000 cm^3

09 (직육면체의 겉넓이)
$=6\times6\times2+(6+6+6+6)\times10$
$=72+240=312(cm^2)$

10 (직육면체의 부피)$=5\times9\times8=360(cm^3)$

11 예 전개도를 접어서 만들 수 있는 정육면체 모양의 선물 상자의 한 모서리의 길이는 $90\div3=30$(cm)입니다.」 ❶
따라서 이 선물 상자의 겉넓이는 $30\times30\times6=5400(cm^2)$입니다.」 ❷

채점 기준

❶ 선물 상자의 한 모서리의 길이 구하기	2점
❷ 선물 상자의 겉넓이 구하기	3점

12 (가의 부피)$=3\times7\times6=126(cm^3)$
(나의 부피)$=5\times5\times5=125(cm^3)$
126＞125이므로 부피가 더 큰 것은 가입니다.

13 (필통의 겉넓이)$=(15\times8+8\times4+15\times4)\times2$
$=212\times2=424(cm^2)$

14 직육면체의 부피가 385 cm^3이므로
$\square\times7\times5=385$, $\square\times35=385$,
$\square=385\div35=11$입니다.

15 ㉠ $8\ m^3$
㉡ $7000000\ cm^3 = 7\ m^3$
㉢ $810000\ cm^3 = 0.81\ m^3$
➜ $8 > 7 > 0.81$이므로 부피가 큰 것부터 차례대로 기호를 쓰면 ㉠, ㉡, ㉢입니다.

16 지민이가 만든 상자의 겉넓이는
$(6\times4+4\times5+6\times5)\times2=74\times2=148(cm^2)$,
수아가 만든 상자의 겉넓이는
$(4\times4+4\times8+4\times8)\times2=80\times2=160(cm^2)$
입니다.
따라서 $148<160$이므로 수아가 만든 상자의 겉넓이가 $160-148=12(cm^2)$ 더 넓습니다.

17 한 면의 넓이가 $64\ cm^2$이고 $8\times8=64$이므로 정육면체의 한 모서리의 길이는 8 cm입니다.
➜ (정육면체의 부피)$=8\times8\times8=512(cm^3)$

18 위, 앞, 옆에서 본 모양을 이용하여 직육면체의 겨냥도를 그리면 다음과 같습니다.

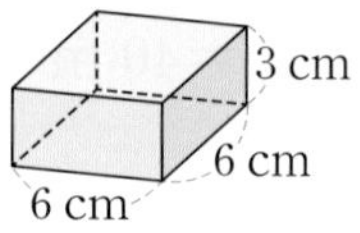

➜ (직육면체의 겉넓이)
$=(6\times6+6\times3+6\times3)\times2$
$=72\times2=144(cm^2)$

19 예 직육면체 모양의 식빵을 잘라 가장 큰 정육면체 모양을 만들기 위해서는 한 모서리를 식빵의 가장 짧은 모서리의 길이인 12 cm로 해야 합니다.」❶
따라서 만들 수 있는 가장 큰 정육면체 모양의 부피는 $12\times12\times12=1728(cm^3)$입니다.」❷

채점 기준

❶ 만들 수 있는 가장 큰 정육면체 모양의 모서리의 길이 구하기	2점
❷ 만들 수 있는 가장 큰 정육면체 모양의 부피 구하기	3점

20 (왼쪽 직육면체의 겉넓이)
$=(6\times10+10\times3+6\times3)\times2$
$=108\times2=216(cm^2)$
(오른쪽 정육면체의 겉넓이)
$=\square\times\square\times6=216(cm^2)$
$\square\times\square\times6=216$, $\square\times\square=36$, $\square=6$이므로 정육면체의 한 모서리의 길이는 6 cm입니다.

109~111쪽 AI가 추천한 단원 평가 2회

01 >
02 $1\ cm^3$, 1 세제곱센티미터
03 50
04 6, 6, 188
05 $343\ cm^3$
06 $294\ cm^2$
07 $140\ cm^3$
08 10
09 $310\ cm^2$
10 $189\ m^3$
11 <
12 $54\ cm^2$
13 풀이 참고, $1260\ cm^3$
14 $15000000\ cm^3$
15 풀이 참고, 2 cm
16 $24\ cm^3$
17 $286\ cm^2$
18 $150\ cm^2$
19 $648\ cm^3$
20 3000개

04 (직육면체의 겉넓이)$=(7\times4+4\times6+7\times6)\times2$
$=94\times2=188(cm^2)$

05 (정육면체의 부피)$=7\times7\times7=343(cm^3)$

06 (정육면체의 겉넓이)$=7\times7\times6=294(cm^2)$

07 (직육면체의 부피)$=$(밑면의 넓이)$\times$(높이)
$=20\times7=140(cm^3)$

08 $1000000\ cm^3=1\ m^3$이므로
$10000000\ cm^3=10\ m^3$입니다.

09 (직육면체의 겉넓이)
$=7\times5\times2+(7+5+7+5)\times10$
$=70+240=310(cm^2)$
참고 (직육면체의 겉넓이)
$=$(한 밑면의 넓이)$\times2+$(옆면의 넓이)

10 $600\ cm=6\ m$이므로 직육면체의 부피는
$4.5\times6\times7=189(m^3)$입니다.

11 $67000000\ cm^3=67\ m^3$이므로
$6.7\ m^3<67\ m^3$입니다.

12 (블록의 겉넓이)$=3\times3\times6=54(cm^2)$

13 예 직육면체의 부피는 (가로)$\times$(세로)$\times$(높이)이므로 가로가 9 cm, 세로가 7 cm, 높이가 20 cm인 직육면체 모양의 선물 상자의 부피는
$9\times7\times20$을 계산하면 구할 수 있습니다.」❶
따라서 선물 상자의 부피는
$9\times7\times20=1260(cm^3)$입니다.」❷

채점 기준

❶ 부피 구하는 방법 알기	2점
❷ 선물 상자의 부피 구하기	3점

14 부피가 1 m^3인 정육면체 모양의 상자 15개로 만든 직육면체의 부피는 15 m^3입니다.
➔ 15 m^3=15000000 cm^3

15 예 정육면체의 한 모서리의 길이를 □ cm라고 하면 □×□×6=24입니다.」 ❶
□×□×6=24, □×□=4, □=2이므로 정육면체의 한 모서리의 길이는 2 cm입니다.」 ❷

채점 기준

❶ 정육면체의 한 모서리의 길이를 □ cm라고 하고 겉넓이 구하는 식 쓰기	2점
❷ 정육면체의 한 모서리의 길이 구하기	3점

16 (직육면체의 부피)=8×6×5=240(cm^3)
(정육면체의 부피)=6×6×6=216(cm^3)
➔ 240−216=24(cm^3)

17 (직육면체의 높이)=45÷5=9(cm)
(직육면체의 겉넓이)=(7×5+5×9+7×9)×2
=143×2=286(cm^2)

18 정육면체의 한 면의 넓이는 100÷4=25(cm^2)이므로 정육면체의 겉넓이는 25×6=150(cm^2)입니다.
다른 풀이 정육면체의 한 면의 넓이는 100÷4=25(cm^2)이므로 정육면체의 한 모서리의 길이를 □ cm라고 하면 □×□=25, □=5이므로 정육면체의 한 모서리의 길이는 5 cm입니다. 따라서 정육면체의 겉넓이는 5×5×6=150(cm^2)입니다.

19 큰 정육면체의 부피에서 뚫린 작은 직육면체의 부피를 빼면 입체도형의 부피가 됩니다.
➔ (큰 정육면체의 부피)−(작은 직육면체의 부피)
=9×9×9−3×3×9
=729−81=648(cm^3)

20 창고의 가로는 8 m=800 cm,
세로는 4 m=400 cm,
높이는 6 m=600 cm입니다.
(가로에 쌓을 수 있는 상자 수)=800÷40=20(개)
(세로에 쌓을 수 있는 상자 수)=400÷40=10(개)
(높이에 쌓을 수 있는 상자 수)=600÷40=15(개)
따라서 정육면체 모양의 상자를
20×10×15=3000(개)까지 쌓을 수 있습니다.

112~114쪽 AI가 추천한 단원 평가 3회

01 (○)(   ) 02 24 cm^3 03 3, 96
04 21, 2, 162 05 1331 cm^3 06 96 cm^2
07 36 cm^3 08 72 cm^2 09 ㉡, ㉢
10 2.1 m^3 11 216 cm^2
12 27, 27000000 13 1980 cm^2
14 풀이 참고, 72 cm^2
15 풀이 참고, 294 cm^2 16 ㉠, ㉢, ㉡
17 8배 18 6 cm 19 1448 cm^3
20 2400 cm^3

02 쌓기나무가 한 층에 12개씩 2층이므로 12×2=24(개)입니다.
따라서 직육면체의 부피는 24 cm^3입니다.

04 (직육면체의 겉넓이)
=(6×7+7×3+6×3)×2
=(42+21+18)×2=81×2=162(cm^2)

05 (정육면체의 부피)=11×11×11=1331(cm^3)

06 (정육면체의 겉넓이)=(한 면의 넓이)×6
=16×6=96(cm^2)

07 전개도를 접어서 만들 수 있는 직육면체의 가로는 6 cm, 세로는 2 cm, 높이는 3 cm입니다.
➔ (직육면체의 부피)=6×2×3=36(cm^3)

08 (직육면체의 겉넓이)
=6×2×2+(6+2+6+2)×3
=24+48=72(cm^2)

10 1000000 cm^3=1 m^3이므로 서윤이 침대의 부피는 2100000 cm^3=2.1 m^3입니다.

11 전개도를 접어서 만들 수 있는 정육면체의 한 모서리의 길이는 12÷2=6(cm)입니다.
➔ (정육면체의 겉넓이)=6×6×6=216(cm^2)

12 (정육면체의 부피)=3×3×3
=27(m^3) → 27000000 cm^3

13 필요한 포장지의 넓이는 직육면체 모양 상자의 겉넓이와 같습니다.
(필요한 포장지의 넓이)
=(30×12+12×15+30×15)×2
=990×2=1980(cm^2)

14 예 (직육면체의 부피)=(밑면의 넓이)×(높이)이므로 색칠한 면의 넓이를 □ cm^2라고 하면 □×5=360입니다.」 ❶
□×5=360, □=360÷5=72이므로 색칠한 면의 넓이는 72 cm^2입니다.」 ❷

채점 기준

❶ 색칠한 면의 넓이를 □ cm^2라고 하고 부피 구하는 식 쓰기	2점
❷ 색칠한 면의 넓이 구하기	3점

15 예 주어진 도화지 6장을 사용하여 정육면체 모양의 상자를 만들면 한 모서리의 길이가 7 cm인 정육면체 모양의 상자가 만들어집니다.」 ❶
따라서 만든 상자의 겉넓이는
7×7×6=294(cm^2)입니다.」 ❷

채점 기준

❶ 만들어지는 정육면체 모양 상자의 한 모서리의 길이 구하기	2점
❷ 만든 상자의 겉넓이 구하기	3점

16 ㉠ 110000 cm^3=0.11 m^3
㉡ 1.2 m^3
㉢ 300×400=120000(cm^3) → 0.12 m^3
➜ 0.11<0.12<1.2이므로 부피가 작은 것부터 차례대로 기호를 쓰면 ㉠, ㉢, ㉡입니다.

17 모서리의 길이를 2배로 늘이면 부피는 처음 부피의 2×2×2=8(배)가 됩니다.
다른 풀이 (처음 직육면체의 부피)
=5×5×5=125(cm^3)
(늘인 직육면체의 부피)
=10×10×10=1000(cm^3)
➜ 1000÷125=8(배)

18 직육면체의 높이를 □ cm라고 하면
직육면체의 겉넓이가 108 cm^2이므로
3×4×2+(3+4+3+4)×□=108,
24+14×□=108,
14×□=84, □=84÷14=6입니다.
따라서 직육면체의 높이는 6 cm입니다.

19 큰 직육면체의 부피에서 뚫린 작은 직육면체의 부피를 빼면 입체도형의 부피가 됩니다.
➜ (큰 직육면체의 부피)−(작은 직육면체의 부피)
=12×15×10−(12−4)×(15−4)×4
=1800−352=1448(cm^3)

20 (돌의 부피)=(늘어난 물의 부피)
=20×30×4=2400(cm^3)

115~117쪽 AI가 추천한 단원 평가 4회

01 없습니다 02 >
03 1000000 04 10, 10, 10, 1000
05 240 cm^3 06 248 cm^2 07 54 cm^2
08 (○) ( ) 09 0.512 m^3 10 486 cm^2
11 1080 cm^3 12 136 cm^2 13 큐브
14 풀이 참고, 294 cm^2 15 4 cm
16 가, 32 cm^2 17 4 cm 18 768 cm^3
19 풀이 참고, 96 cm 20 192 cm^2

04 (정육면체의 부피)=10×10×10=1000(cm^3)

05 (직육면체의 부피)=6×4×10=240(cm^3)

06 (직육면체의 겉넓이)=(6×4+4×10+6×10)×2
=124×2=248(cm^2)

07 (정육면체의 겉넓이)=3×3×6=54(cm^2)

08 4000000 cm^3=4 m^3이므로 6 m^3>4 m^3입니다.

09 (정육면체의 부피)=80×80×80
=512000 cm^3 → 0.512 m^3

10 (정육면체의 겉넓이)=9×9×6=486(cm^2)

11 (직육면체의 부피)=10×12×9=1080(cm^3)

12 (비누 상자의 겉넓이)=(8×4+4×3+8×3)×2
=68×2=136(cm^2)

13 (선물 상자의 부피)=9×9×6=486(cm^3)
(큐브의 부피)=8×8×8=512(cm^3)
486<512이므로 부피가 더 큰 것은 큐브입니다.

14 예 정육면체의 한 면은 정사각형이므로 정육면체의 한 모서리의 길이는 28÷4=7(cm)입니다.」 ❶
따라서 이 정육면체의 겉넓이는
7×7×6=294(cm^2)입니다.」 ❷

채점 기준

❶ 정육면체의 한 모서리의 길이 구하기	2점
❷ 정육면체의 겉넓이 구하기	3점

15 정육면체의 한 모서리의 길이를 □ cm라고 하면
정육면체의 부피가 64 cm^3이므로
□×□×□=64, 4×4×4=64이므로
□=4입니다.
따라서 정육면체의 한 모서리의 길이는 4 cm입니다.

16 (가의 겉넓이)
$=(7\times4+4\times4+7\times4)\times2=144(cm^2)$
(나의 겉넓이)
$=(3\times10+10\times2+3\times2)\times2=112(cm^2)$
따라서 $144>112$이므로 가의 겉넓이가
$144-112=32(cm^2)$ 더 넓습니다.

17 (가의 부피)$=2\times8\times5=80(cm^3)$
두 직육면체 가와 나의 부피가 같으므로
(나의 부피)$=4\times5\times\square=80(cm^3)$입니다.
$4\times5\times\square=80$, $20\times\square=80$,
$\square=80\div20=4$이므로 직육면체 나의 높이는
4 cm입니다.

18 입체도형을 오른쪽과 같이 가와 나로 나누어 각각의 부피를 구한 후 더합니다.

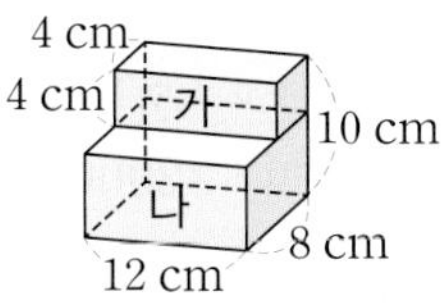

(가의 부피)+(나의 부피)
$=12\times4\times4+12\times8\times(10-4)$
$=192+576=768(cm^3)$

19 예 정육면체의 한 모서리의 길이를 $\square$ cm라고 하면 $\square\times\square\times6=384$, $\square\times\square=64$, $\square=8$이므로 정육면체의 한 모서리의 길이는 8 cm입니다.」❶
정육면체의 모서리는 12개이므로 정육면체의 모든 모서리의 길이의 합은 $8\times12=96(cm)$입니다.」❷

채점 기준

❶ 정육면체의 한 모서리의 길이 구하기	3점
❷ 정육면체의 모든 모서리의 길이의 합 구하기	2점

20

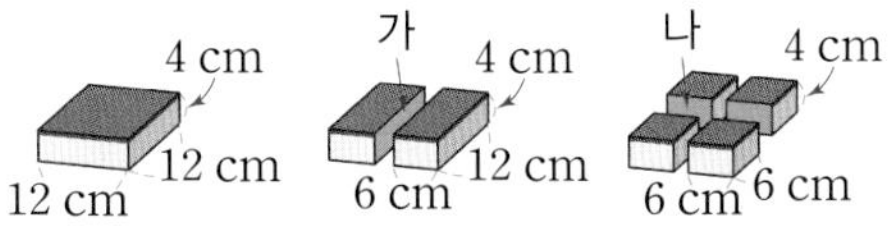

처음 2조각 4조각

• 직육면체 모양의 빵을 똑같이 2조각으로 자르면 가 면이 2개 늘어납니다.
즉, 빵 2조각의 겉넓이의 합은 처음 빵의 겉넓이보다 $(12\times4)\times2=96(cm^2)$ 늘어납니다.
• 직육면체 모양의 빵을 똑같이 4조각으로 자르면 똑같이 2조각으로 자를 때보다 나 면이 4개 늘어납니다.
즉, 빵 4조각의 겉넓이의 합은 빵 2조각의 겉넓이의 합보다 $(4\times6)\times4=96(cm^2)$ 늘어납니다.
따라서 빵 4조각의 겉넓이의 합은 처음 빵의 겉넓이보다 $96+96=192(cm^2)$ 늘어납니다.

118~123쪽 틀린 유형 다시 보기

- 유형 1 15 m^3
- 1-1 60 m^3
- 1-2 120000000 cm^3
- 유형 2 384 cm^2
- 2-1 294 cm^2
- 2-2 236 cm^2
- 유형 3 5
- 3-1 12
- 3-2 8
- 유형 4 3 cm
- 4-1 12 cm
- 4-2 5
- 4-3 120 cm
- 유형 5 ㉡, ㉠, ㉢
- 5-1 ㉠, ㉡, ㉢
- 5-2 ㉠, ㉢, ㉡
- 유형 6 5
- 6-1 8
- 6-2 3 cm
- 유형 7 310 cm^2
- 7-1 486 cm^2
- 7-2 358 cm^2
- 유형 8 1248 cm^3
- 8-1 666 cm^3
- 8-2 840 cm^3
- 유형 9 1331 cm^3
- 9-1 1000 cm^3
- 9-2 637 cm^3
- 유형 10 3750개
- 10-1 6000개
- 유형 11 780 cm^3
- 11-1 1020 cm^3
- 11-2 1200 cm^3
- 유형 12 200 cm^2
- 12-1 560 cm^2

유형 1 250 cm$=$2.5 m, 200 cm$=$2 m
(직육면체의 부피)$=3\times2.5\times2=15(m^3)$

1-1 300 cm$=$3 m, 400 cm$=$4 m
(직육면체의 부피)$=3\times4\times5=60(m^3)$

1-2 400 cm$=$4 m
(직육면체의 부피)$=6\times5\times4$
$=120(m^3)$
$\rightarrow 120000000\ cm^3$
다른 풀이 6 m$=$600 cm, 5 m$=$500 cm
(직육면체의 부피)$=600\times500\times400$
$=120000000(cm^3)$

유형 2 전개도를 접어서 만들 수 있는 정육면체의 한 모서리의 길이는 $24\div3=8(cm)$입니다.
➜ (정육면체의 겉넓이)$=8\times8\times6$
$=384(cm^2)$

2-1 전개도를 접어서 만들 수 있는 정육면체의 한 모서리의 길이는 $28\div4=7(cm)$입니다.
➜ (정육면체의 겉넓이)$=7\times7\times6$
$=294(cm^2)$

2-2 전개도를 접어서 만들 수 있는 직육면체의 가로는 8 cm, 세로는 $11-6=5$(cm), 높이는 6 cm입니다.

→ (직육면체의 겉넓이)
$=8\times5\times2+(8+5+8+5)\times6$
$=80+156=236(cm^2)$

유형 3 직육면체의 부피가 315 cm^3이므로
$9\times7\times\square=315$, $63\times\square=315$,
$\square=315\div63=5$입니다.

3-1 직육면체의 부피가 480 cm^3이므로
$5\times\square\times8=480$, $40\times\square=480$,
$\square=480\div40=12$입니다.

3-2 정육면체의 부피가 512 cm^3이므로
$\square\times\square\times\square=512$, $8\times8\times8=512$이므로
$\square=8$입니다.

유형 4 정육면체의 한 모서리의 길이를 $\square$ cm라고 하면
$\square\times\square\times6=54$, $\square\times\square=9$, $\square=3$입니다.
따라서 정육면체의 한 모서리의 길이는 3 cm입니다.

4-1 정육면체의 한 모서리의 길이를 $\square$ cm라고 하면
$\square\times\square\times6=864$, $\square\times\square=144$, $\square=12$입니다.
따라서 정육면체의 한 모서리의 길이는 12 cm입니다.

4-2 $\square\times\square\times6=150$, $\square\times\square=25$, $\square=5$입니다.
따라서 정육면체의 한 모서리의 길이는 5 cm입니다.

4-3 정육면체의 한 모서리의 길이를 $\square$ cm라고 하면
$\square\times\square\times6=600$, $\square\times\square=100$, $\square=10$이므로 정육면체의 한 모서리의 길이는 10 cm입니다.
정육면체의 모서리는 12개이므로 정육면체의 모든 모서리의 길이의 합은
$10\times12=120$(cm)입니다.

유형 5 ㉠ 4.8 m^3
㉡ 5000000 cm^3 = 5 m^3
㉢ 790000 cm^3 = 0.79 m^3
→ $5>4.8>0.79$이므로 부피가 큰 것부터 차례대로 기호를 쓰면 ㉡, ㉠, ㉢입니다.

다른 풀이 ㉠ 4.8 m^3 = 4800000 cm^3
㉡ 5000000 cm^3
㉢ 790000 cm^3
→ $5000000>4800000>790000$이므로 부피가 큰 것부터 차례대로 기호를 쓰면 ㉡, ㉠, ㉢입니다.

5-1 ㉠ 1.6 m^3
㉡ 3200000 cm^3 = 3.2 m^3
㉢ 10 m^3
→ $1.6<3.2<10$이므로 부피가 작은 것부터 차례대로 기호를 쓰면 ㉠, ㉡, ㉢입니다.

5-2 ㉠ 0.09 m^3
㉡ $400\times100=40000(cm^3)$ → 0.04 m^3
㉢ 80000 cm^3 = 0.08 m^3
→ $0.09>0.08>0.04$이므로 부피가 큰 것부터 차례대로 기호를 쓰면 ㉠, ㉢, ㉡입니다.

유형 6 직육면체의 겉넓이가 166 cm^2이므로
$7\times4\times2+(7+4+7+4)\times\square=166$,
$56+22\times\square=166$,
$22\times\square=110$, $\square=110\div22=5$입니다.

참고 (직육면체의 겉넓이)
=(한 밑면의 넓이)×2+(옆면의 넓이)

6-1 직육면체의 겉넓이가 152 cm^2이므로
$6\times2\times2+(6+2+6+2)\times\square=152$,
$24+16\times\square=152$, $16\times\square=128$,
$\square=128\div16=8$입니다.

6-2 직육면체의 높이를 $\square$ cm라고 하면
$10\times6\times2+(10+6+10+6)\times\square=216$,
$120+32\times\square=216$, $32\times\square=96$,
$\square=96\div32=3$입니다.
따라서 직육면체의 높이는 3 cm입니다.

다른 풀이 직육면체의 높이를 □ cm라고 하면
$(10\times6+6\times\square+10\times\square)\times2=216$,
$60+16\times\square=108$, $16\times\square=48$,
$\square=48\div16=3$입니다.
따라서 직육면체의 높이는 3 cm입니다.

유형 7 위, 앞, 옆에서 본 모양을 이용하여 직육면체의 겨냥도를 그리면 다음과 같습니다.

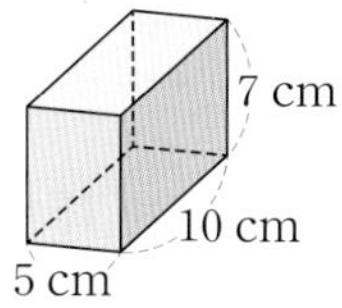

→ (직육면체의 겉넓이)
$=(5\times10+10\times7+5\times7)\times2$
$=155\times2=310(\text{cm}^2)$

7-1 위, 앞, 옆에서 본 모양을 이용하여 직육면체의 겨냥도를 그리면 다음과 같은 정육면체가 됩니다.

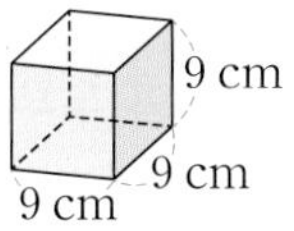

→ (정육면체의 겉넓이)
$=9\times9\times6=486(\text{cm}^2)$

7-2 위, 앞, 옆에서 본 모양을 이용하여 직육면체의 겨냥도를 그리면 다음과 같습니다.

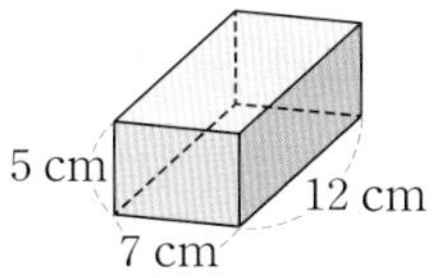

→ (직육면체의 겉넓이)
$=(7\times12+12\times5+7\times5)\times2$
$=179\times2=358(\text{cm}^2)$

유형 8 입체도형을 가와 나로 나누어 각각 부피를 구한 후 더합니다.

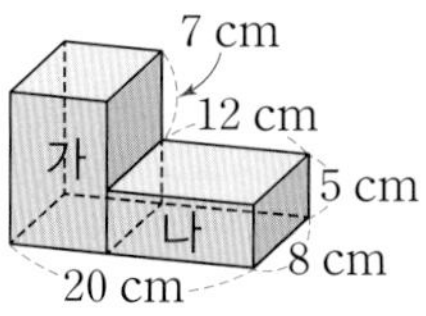

(가의 부피)+(나의 부피)
$=(20-12)\times8\times(7+5)+12\times8\times5$
$=768+480=1248(\text{cm}^3)$

다른 풀이 입체도형을 가와 나로 나누어 각각의 부피를 구한 후 더합니다.

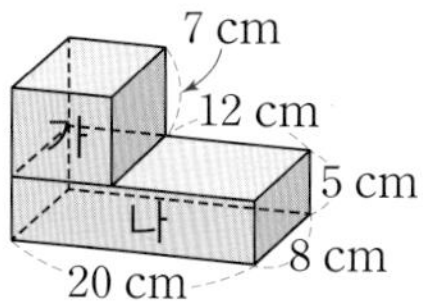

(가의 부피)+(나의 부피)
$=(20-12)\times8\times7+20\times8\times5$
$=448+800=1248(\text{cm}^3)$

참고 큰 직육면체 가의 부피에서 작은 직육면체 나의 부피를 빼도 입체도형의 부피를 구할 수 있습니다.

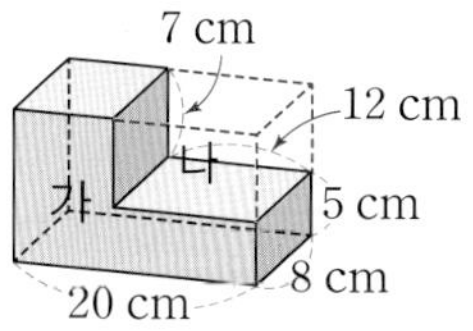

8-1 입체도형을 가와 나로 나누어 각각의 부피를 구한 후 더합니다.

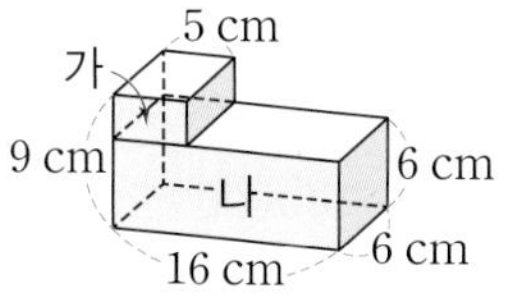

(가의 부피)+(나의 부피)
$=5\times6\times(9-6)+16\times6\times6$
$=90+576=666(\text{cm}^3)$

8-2 큰 직육면체 가에서 작은 직육면체 나를 빼서 부피를 구합니다.

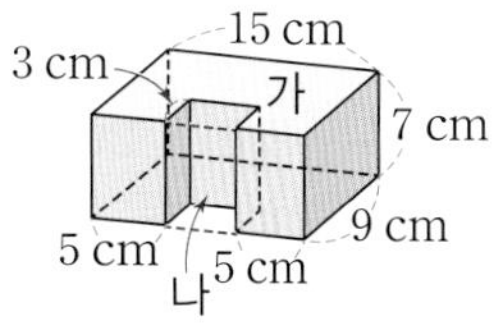

(가의 부피)−(나의 부피)
$=15\times9\times7-(15-5-5)\times3\times7$
$=945-105=840(\text{cm}^3)$

유형 9 직육면체 모양의 식빵을 잘라 가장 큰 정육면체 모양을 만들기 위해서는 한 모서리를 식빵의 가장 짧은 모서리의 길이인 11 cm로 해야 합니다.
→ (만들 수 있는 가장 큰 정육면체 모양의 부피)
$=11\times11\times11=1331(\text{cm}^3)$

9-1 직육면체 모양의 떡을 잘라 가장 큰 정육면체 모양을 만들기 위해서는 한 모서리를 떡의 가장 짧은 모서리의 길이인 10 cm로 해야 합니다.
➜ (만들 수 있는 가장 큰 정육면체 모양의 부피)
$=10\times10\times10=1000(cm^3)$

9-2 직육면체 모양의 나무토막을 잘라 가장 큰 정육면체 모양을 만들기 위해서는 한 모서리를 나무토막의 가장 짧은 모서리의 길이인 7 cm로 해야 합니다.
➜ (남은 나무토막의 부피)
=(처음 나무토막의 부피)
−(잘라 낸 나무토막의 부피)
$=14\times7\times10-7\times7\times7$
$=980-343=637(cm^3)$

유형 10 창고의 가로는 5 m=500 cm,
세로는 2 m=200 cm,
높이는 3 m=300 cm입니다.
(가로에 쌓을 수 있는 상자 수)
$=500\div20=25$(개)
(세로에 쌓을 수 있는 상자 수)
$=200\div20=10$(개)
(높이에 쌓을 수 있는 상자 수)
$=300\div20=15$(개)
따라서 정육면체 모양의 상자를
$25\times10\times15=3750$(개)까지 쌓을 수 있습니다.

10-1 상자의 가로는 2 m=200 cm,
세로는 3 m=300 cm,
높이는 1 m=100 cm입니다.
(가로에 쌓을 수 있는 쌓기나무 수)
$=200\div10=20$(개)
(세로에 쌓을 수 있는 쌓기나무 수)
$=300\div10=30$(개)
(높이에 쌓을 수 있는 쌓기나무 수)
$=100\div10=10$(개)
따라서 정육면체 모양의 쌓기나무를
$20\times30\times10=6000$(개)까지 쌓을 수 있습니다.

유형 11 (돌의 부피)
=(늘어난 물의 부피)
$=13\times20\times3=780(cm^3)$

11-1 (벽돌의 부피)
=(늘어난 물의 부피)
$=30\times17\times2=1020(cm^3)$

11-2 높아진 물의 높이는 $15-10=5$(cm)입니다.
(돌의 부피)=(늘어난 물의 부피)
$=20\times12\times5=1200(cm^3)$

유형 12

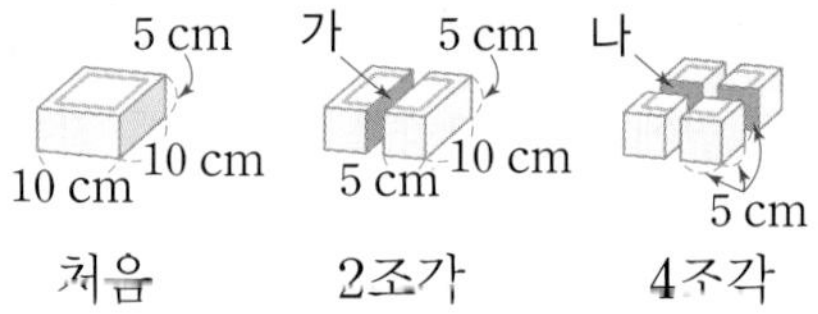

• 직육면체 모양의 두부를 똑같이 2조각으로 자르면 가 면이 2개 늘어납니다.
즉, 두부 2조각의 겉넓이의 합은 처음 두부의 겉넓이보다 $(10\times5)\times2=100(cm^2)$ 늘어납니다.
• 직육면체 모양의 두부를 똑같이 4조각으로 자르면 똑같이 2조각으로 자를 때보다 나 면이 4개 늘어납니다.
즉, 두부 4조각의 겉넓이의 합은 두부 2조각의 겉넓이의 합보다 $(5\times5)\times4=100(cm^2)$ 늘어납니다.
따라서 두부 4조각의 겉넓이의 합은 처음 두부의 겉넓이보다 $100+100=200(cm^2)$ 늘어납니다.

12-1 직육면체 모양의 나무토막을 똑같이 3조각으로 자르면 $(14\times10)\ cm^2$인 면이 4개 늘어납니다.

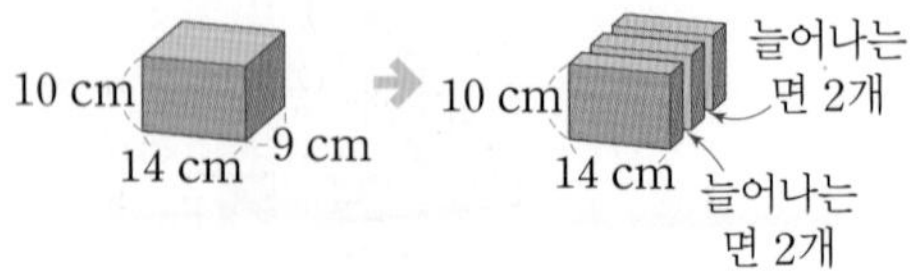

따라서 자른 나무토막 3조각의 겉넓이의 합은 처음 나무토막의 겉넓이보다
$(14\times10)\times4=560(cm^2)$ 늘어납니다.

아이스크림 더 실전